U0249016

人工智能分析与实战

李 娅 ◎ 编著

清華大學出版社
北京

内 容 简 介

本书以 Python 3.10.7 为平台，以实际应用为背景，通过“概述＋经典应用”相结合的形式，深入浅出地介绍 Python 人工智能分析与实战相关知识。全书共 8 章，主要内容包括人工智能绪论、Python 编程与进阶、Python 数学与算法、机器学习大战、神经网络大战、深度学习大战、强化学习大战、人工智能大战等内容。通过本书的学习，读者不仅能领略到 Python 的简单、易学、易读、易维护等特点，还能感受到利用 Python 实现人工智能的普遍性与专业性。

本书可作为高等院校相关专业本科生和研究生的教学用书，也可作为相关专业科研人员、学者、工程技术人员的参考用书。

本书封面贴有清华大学出版社防伪标签，无标签者不得销售。
版权所有，侵权必究。举报：010-62782989，beiqinquan@tup.tsinghua.edu.cn。

图书在版编目(CIP)数据

Python 人工智能分析与实战/李娅编著. —北京：清华大学出版社，2024.5(2025.1重印)
(清华开发者书库. Python)
ISBN 978-7-302-66365-2

Ⅰ. ①P… Ⅱ. ①李… Ⅲ. ①软件工具—程序设计 Ⅳ. ①TP311.561

中国国家版本馆 CIP 数据核字(2024)第 107742 号

责任编辑：盛东亮　古　雪
封面设计：刘　键
责任校对：李建庄
责任印制：沈　露

出版发行：清华大学出版社
网　　址：https://www.tup.com.cn，https://www.wqxuetang.com
地　　址：北京清华大学学研大厦 A 座　　**邮　　编**：100084
社 总 机：010-83470000　　**邮　　购**：010-62786544
投稿与读者服务：010-62776969，c-service@tup.tsinghua.edu.cn
质量反馈：010-62772015，zhiliang@tup.tsinghua.edu.cn
课件下载：https://www.tup.com.cn，010-83470236
印 装 者：三河市君旺印务有限公司
经　　销：全国新华书店
开　　本：185mm×260mm　　**印　　张**：18.25　　**字　　数**：447 千字
版　　次：2024 年 6 月第 1 版　　**印　　次**：2025 年 1 月第 2 次印刷
印　　数：1501～2300
定　　价：79.00 元

产品编号：106677-01

前言

PREFACE

人工智能(artificial intelligence,AI)通常是指通过普通计算机程序来呈现人类智能的技术。AI 的核心问题包括建构能够跟人类相似甚至超越人类的推理、知识、规划、学习、交流、感知、移物、使用工具和操控机械的能力等。

AI 是计算机科学的一个分支,它试图了解智能的实质,并生产出一种新的能以人类智能相似的方式做出反应的智能机器。它是一门包罗万象、极富挑战性的科学,由不同的领域组成,如机器学习、计算机视觉等。总的来说,AI 研究的一个主要目标是使机器能够胜任一些通常要人类智能才能完成的复杂(高危)工作。但不同的时代、不同的人对这种"复杂(高危)工作"的理解是不同的。

AI 的应用非常广泛,主要表现在以下几个领域:

(1) 问题求解。把困难的问题分解成一些较容易的子问题,发展成为搜索和问题归纳这样的人工智能基本技术。

(2) 逻辑推理与定理证明。在逻辑推理中特别重要的是要找到一些方法,只把注意力集中在一个大型的数据库中的有关事实上,留意可信的证明,并在出现新信息时适时修正这些证明。定理寻找一个证明或反证,不仅需要有根据假设进行演绎的能力,而且许多非形式的工作(如医疗诊断和信息检索)都可以和定理证明问题一样加以形式化。

(3) 自然语言处理。其主要课题是计算机系统如何以主题和对话情境为基础,注意大量的常识,生成和理解自然语言。

(4) 智能信息检索技术。将人工智能技术应用于这一领域的研究是人工智能走向广泛实际应用的契机和突破口。

(5) 专家系统。专家系统是目前人工智能中最活跃、最有成效的一个研究领域,它是一种具有特定领域内大量知识与经验的程序系统。

本书为什么会在众多语言当中选择 Python 来实现人工智能分析与实战呢?其主要原因是:Python 是一种效率极高的语言,相比众多其他语言,使用 Python 编写程序时具有简单、易学、易读、易维护等特点。此外,对程序员来说,社区是非常重要的,大多数程序员都需要向解决过类似问题的人寻求建议,在需要有人帮助解决问题时,有一个联系紧密、互帮互助的社区至关重要,Python 社区就是这样一个社区。

本书将人工智能的基本理论与应用实践联系起来,通过这种方式让读者聚焦于如何正确地提出问题、解决问题。书中讲解了如何利用 Python 的核心代码以及强大的函数库实现人工智能的分析与实战。不管你是人工智能的初学者,还是想进一步拓展对人工智能领域的认知,本书都是一个重要且不可错过的资源,它能帮助你了解如何使用 Python 实现人工智能的各种实战问题。

本书编写特色主要表现在以下几方面。

1. 内容浅显易懂

本书不会纠缠于晦涩难懂的概念,而是整本书力求用浅显易懂的语言引出概念,用常用的方式介绍编程,用清晰的逻辑解释思路。

2. 知识点全面

书中从人工智能绪论出发,接着介绍 Python 的用法,然后介绍 Python 数学与算法,再由实例总结巩固人工智能在各领域中的大战,全面系统地由浅到深贯穿整本书内容。

3. 实用性强

书中每章节都做到理论与实例相结合,内容丰富、实用,帮助读者快速领会知识要点。书中的实例与经典应用具有超强的实用性,并且书中源代码、数据集等读者都可免费、轻松获得。

全书共 8 章,各章的主要内容包括:

第 1 章为人工智能绪论,主要包括人工智能的定义、人工智能的研究方向、人工智能的三大学派、新一代人工智能等。

第 2 章为 Python 编程与进阶,主要包括 Python 特点、Python 搭建环境、Python 语法基础、程序控制等。

第 3 章为 Python 数学与算法,主要包括枚举算法、递推算法、模拟算法、逻辑推理、冒泡排序等。

第 4 章为机器学习大战,主要包括机器学习概述、监督学习、非监督学习、半监督学习等。

第 5 章为神经网络大战,主要包括深度学习、人工神经网络基础、卷积神经网络、循环神经网络等。

第 6 章为深度学习大战,主要包括 TensorFlow 深度学习概述、迈进 TensorFlow、CTC 模型及实现、自编码网络实战、生成对抗网络实战等。

第 7 章为强化学习大战,主要包括深度强化学习的数学模型、SARSA 算法、Q-Learning 算法、DQN 算法等。

第 8 章为人工智能大战,主要包括爬虫实战、智能聊天机器人实战、餐饮菜单推荐引擎、人脸识别等。

互联网、物联网对全球的覆盖,以及计算机技术的不断提升,推动了人工智能技术的快速发展,并且使其在各个行业领域中得到广泛应用。通过本书的学习,我们要学会利用 Python 解决人工智能中的各种实际问题,达到应用自如的程度。

本书由佛山科学技术学院李娅编写。

由于时间仓促,加之作者水平有限,书中错误和疏漏之处在所难免。诚恳地期望得到各领域的专家和广大读者的批评指正。

作　者
2024 年 4 月

目录

CONTENTS

第1章 人工智能绪论

CHAPTER 1

人工智能是研究、开发用于模拟、延伸和扩展人的智能的理论、方法、技术及应用系统的一门新的技术科学。

1.1 人工智能的定义

人工智能是计算机科学的一个分支,它试图了解智能的实质,并生产出一种新的能与人类智能相似的方式做出反应的智能机器。该领域的研究包括机器人、语言识别、图像识别、自然语言处理和专家系统等。人工智能从诞生以来,理论和技术日益成熟,应用领域也不断扩大,可以设想,未来人工智能带来的科技产品,将会是人类智慧的"容器"。人工智能可以对人的意识、思维的信息过程进行模拟。人工智能不是人的智能,但能像人那样思考,也可能超过人的智能。

人工智能是一门内容丰富的科学,它由不同的领域组成,如机器学习、计算机视觉等。总的来说,人工智能研究的一个主要目标是使机器能够胜任一些通常需要人类智能才能完成的复杂工作。但不同的时代、不同的人对这种"复杂工作"的理解是不同的。

1.2 人工智能的研究方向

人工智能的研究涵盖了许多领域和方向,其主要内容包括:知识表示、自动推理和搜索方法、机器学习和知识获取、知识处理系统、自然语言理解、计算机视觉、智能机器人、自动程序设计等方面。

(1) 知识表示是人工智能的基本问题之一,推理和搜索都与表示方法密切相关。常用的知识表示方法有:逻辑表示法、产生式表示法、语义网络表示法和框架表示法等。

(2) 常识,自然为人们所关注,已提出多种方法,如非单调推理、定性推理就是从不同角度来表示常识和处理常识的。

(3) 问题求解中的自动推理是知识的使用过程,由于有多种知识表示方法,相应的有多种推理方法。推理过程一般可分为演绎推理和非演绎推理。谓词逻辑是演绎推理的基础。结构化表示下的继承性能推理是非演绎性的。由于知识处理的需要,近几年来提出了多种非演绎的推理方法,如连接机制推理、类比推理、基于示例的推理、反绎推理和受限推理等。

(4) 搜索是工智能的一种问题的求解方法，搜索策略决定着问题求解的一个推理步骤中知识被使用的优先关系。可分为无信息导引的盲目搜索和利用经验知识导引的启发式搜索。启发式知识常由启发式函数来表示，启发式知识利用得越充分，求解问题的搜索空间就越小。典型的启发式搜索方法有A*、AO*算法等。近几年搜索方法研究开始注意那些具有百万节点的超大规模的搜索问题。

(5) 机器学习是人工智能的另一重要课题。机器学习是指在一定的知识表示意义下获取新知识的过程，按照学习机制的不同，主要有归纳学习、分析学习、连接机制学习和遗传学习等。

(6) 知识处理系统主要由知识库和推理机组成。知识库存储系统所需要的知识，当知识量较大而又有多种表示方法时，知识的合理组织与管理是非常重要的。推理机在问题求解时，规定使用知识基本方法和策略，推理过程中为记录结果或通信需设数据库或采用黑板机制。如果在知识库中存储的是某一领域(如医疗诊断)的专家知识，则这样的知识系统称为专家系统。为适应复杂问题的求解需要，单一的专家系统向多主体的分布式人工智能系统发展，此时知识共享、主体间的协作、矛盾的出现和处理将是研究的关键问题。

人工智能的核心问题包括推理、知识、规划、学习、交流、感知、移动和操作物体的能力等。强人工智能目前仍是该领域的长远目标。目前比较流行的方法包括统计方法、计算智能和传统意义的人工智能。目前有大量的工具应用了人工智能，其中包括搜索和数学优化、逻辑推演。而基于仿生学、认知心理学，以及基于概率论和经济学的算法等等也逐步在搜索当中。

1.3 三大类人工智能

人工智能之父图灵说：人工智能就是制造智能的机器，更特指制作人工智能的程序。人工智能模仿人类的思考方式让计算机能智能地思考问题，并且研究人类大脑的思考、学习和工作方式，然后将研究结果作为开发智能软件和系统的基础。

按照人工智能的实力将其分成以下三大类。

1. 弱人工智能

弱人工智能(artificial narrow intelligence，ANI)是擅长于单个方面的人工智能。例如，能战胜象棋世界冠军的人工智能，但是它只会下象棋，如果要问它怎样更好地在磁盘上存储数据，它就不知道怎样回答了。例如，第一个击败人类职业围棋选手、第一个战胜围棋世界冠军的人工智能机器人AlphaGo，其实也是一个弱人工智能。

2. 强人工智能

强人工智能又称通用人工智能或完全人工智能，指的是可以胜任人类所有工作的人工智能。一个可以称得上强人工智能的程序，大概需要具备以下几方面的能力：存在不确定因素时进行推理、使用策略、解决问题、制定决策的能力；知识表示的能力，包括常识性知识的表示能力；规划能力；学习能力；使用自然语言进行交流沟通的能力；将上述能力整合起来实现既定目标的能力。

3. 超人工智能

假设计算机程序通过不断发展，可以比世界上最聪明、最有天赋的人类还聪明，那么由此产生的人工智能系统就可以被称为超人工智能。超人工智能的定义最为模糊，因为没人知道，超越人类最高水平的智慧到底会表现为何种能力。如果说对于强人工智能，还存在从技术角度进行探讨的可能性的话，那么，对于超人工智能，现在就只能从哲学或科幻的角度加以解析了。

1.4 人工智能的三大学派

从学术的观察分析，人工智能主要分三大学派，分别是符号主义学派、连接主义学派和行为主义学派。

1.4.1 符号主义学派

符号主义学派又称逻辑主义学派、心理学派或计算机学派。符号主义是一种基于逻辑推理的智能模拟方法，认为人工智能源于数学逻辑，其原理主要为物理符号系统（即符号操作系统）假设和有限合理性原理。

该学派认为人类认知和思维的基本单元是符号，智能是符号的表征和运算过程，计算机同样也是一个物理符号系统，因此符号主义主张将智能形式化为符号、知识、规划和算法，并用计算机实现符号、知识、规则和算法的表征和计算，从而实现用计算机来模拟人的智能行为。符号主义走过了一条启发式算法—专家系统—知识工程的发展道路。

专家系统是一种程序，能够依据一组从专门知识中推演出的逻辑规则在某一特定领域回答或解决问题。专家系统的能力来自于它们存储的专业知识，知识库系统和知识工程成为了 20 世纪 80 年代 AI 研究的主要方向。专家系统仅限于一个专业细分的知识领域，从而避免了常识问题，其简单的设计又使它能够被较为容易地编程实现或修改。

20 世纪 80 年代末，符号主义学派开始日益衰落，其重要原因是：符号主义追求的是如同数学定理般的算法规则，试图将人的思想、行为活动及其结果，抽象化为简洁深入而又包罗万象的规则定理。但是，人的大脑是宇宙中最复杂的东西，人的思想无比复杂而又广阔无垠，人类智能也远非逻辑和推理。另一个重要原因是：人类抽象出的符号，源头是身体对物理世界的感知，人类能够通过符号进行交流，是因为人类拥有类似的身体。计算机只处理符号，就不可能有人类感知，人类可意会而不能言传的“潜智能”，不必或不能形式化为符号，更是计算机不能触及的。要实现类人乃至超人智能，就不能仅仅依靠计算机。

1997 年 5 月，IBM（国际商业机器）公司的“深蓝”超级计算机（图 1-1）打败了国际象棋世界冠军卡斯帕罗夫，这一事件在当时也曾轰动世界，其实本质

图 1-1 “深蓝”超级计算机

上,“深蓝”就是符号主义在博弈领域的成果。

1.4.2 连接主义学派

连接主义学派又称仿生学派或生理学派。连接主义是一种基于神经网络和网络间的连接机制与学习算法的智能模拟方法。连接主义强调智能活动是由大量简单单元通过复杂连接后,并行运行的结果,其基本思想是:既然生物智能是由神经网络产生的,那就通过人工方式构造神经网络,再训练人工神经网络产生智能。

1943 年形式化神经元模型(M-P 模型)被提出,从此开启了连接主义学派起伏不平的发展之路。1957 年感知器被发明,之后连接主义学派一度沉寂。1982 年霍普菲尔德网络、1985 年受限玻尔兹曼机、1986 多层感知器被陆续发明,1986 年反向传播法解决了多层感知器的训练问题,1987 年卷积神经网络开始被用于语音识别。此后,连接主义势头大振,从模型到算法,从理论分析到工程实现,为神经网络计算机走向市场打下基础。

与符号主义学派强调对人类逻辑推理的模拟不同,连接主义学派强调对人类大脑的直接模拟。如果说神经网络模型是对大脑结构和机制的模拟,那么连接主义的各种机器学习方法就是对大脑学习和训练机制的模拟。学习和训练是需要有内容的,数据就是机器学习、训练的内容。

在人工智能的算法、算力、数据三要素齐备后,连接主义学派就开始大放光彩了。近年来,连接主义学派在人工智能领域取得了辉煌成绩,以至于现在业界大佬所谈论的人工智能基本上都是指连接主义学派的技术,相对而言,符号主义被称作传统的人工智能。

图 1-2 连接主义发展

虽然连接主义在当下如此强势(图 1-2),但可能阻碍它未来发展的隐患已悄然浮现。连接主义以仿生学为基础,但现在的发展严重受到了脑科学的制约。正因如此,目前也不明确什么样的网络能够产生预期的智能水准,因此大量的探索最终失败。

1.4.3 行为主义学派

行为主义学派又称进化主义学派或控制论学派。行为主义是一种基于“感知—行动”的行为智能模拟方法,思想来源是进化论和控制论。其原理为控制论以及感知—动作型控制系统。

该学派认为:智能取决于感知和行为,取决于对外界复杂环境的适应,而不是表示和推理,不同的行为表现出不同的功能和不同的控制结构。

相比于智能是什么,行为主义对如何实现智能行为更感兴趣。在行为主义者眼中,只要机器能够具有和智能生物相同的表现,那它就是智能的。这一学派的代表作首推六足行走机器人(图 1-3),它被看作新一代的“控制论动物”——一个基于感知—动作模式模拟昆虫行为的控制系统。

行为主义学派在诞生之初就具有很强的目的性，这也导致它的优劣都很明显。其主要优势在于行为主义重视结果，或者说机器自身的表现，实用性很强。不过也许正是因为过于重视表现形式，行为主义侧重应用技术的发展，它无法如同其他两个学派一般，在某个重要理论获得突破后，迎来爆发式增长。这或许也是行为主义无法与连接主义抗衡的主要原因之一。

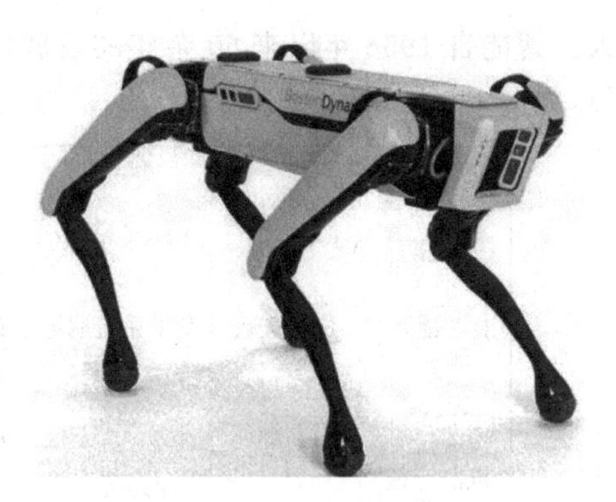

图 1-3 六足行走机器人

三种主义之间的长处与短板都很明显，意味着彼此之间可以取长补短，共同合作创造更强大的人工智能。比如说将连接主义的“大脑”安装在行为主义的“身体”上，使机器人不但能够对环境做出本能的反应，还能够思考和推理。再比如，是否可以用符号主义的方法将人类的智能尽可能地赋予机器，再按连接主义的学习方法进行训练？这也许可以缩短获得更强机器智能的时间。

相信随着人工智能研究的不断深入，这三大学派会融会贯通，共同为人工智能的实际应用发挥作用，也会为人工智能的理论解释找到最终答案。

1.5 人工智能的发展史

近年来，人工智能在科技领域的发展也是有目共睹，从无人驾驶汽车发展而引起的争论，到 AlphaGo 战胜了围棋顶级高手等，都使得人工智能吸引了足够多的眼球。人工智能是如何一步步发展起来的？下面就让我们一起探索人工智能的发展史。

1.5.1 人工智能的起源

1950 年，“计算机科学之父”图灵在论文“机器能思考吗？”中提出了机器思维的概念，并提出图灵测试(图 1-4)。在测试者与被测试者(一个人和一台机器)隔开的情况下，通过一些装置(如键盘)向被测试者随意提问。多次测试(一般为 5min 之内)，如果有超过 30%的测试者不能确定被测试者是人还是机器，那么这台机器就通过了测试，并被认为具有人类智能。

图 1-4 图灵

1.5.2 人工智能的发展历程

1956 年成为了人工智能元年。人工智能在充满未知的探索道路曲折起伏。为了描述人工智能自1956年以来60余年的发展历程,可将人工智能的发展历程划分为以下6个阶段,如图1-5所示。

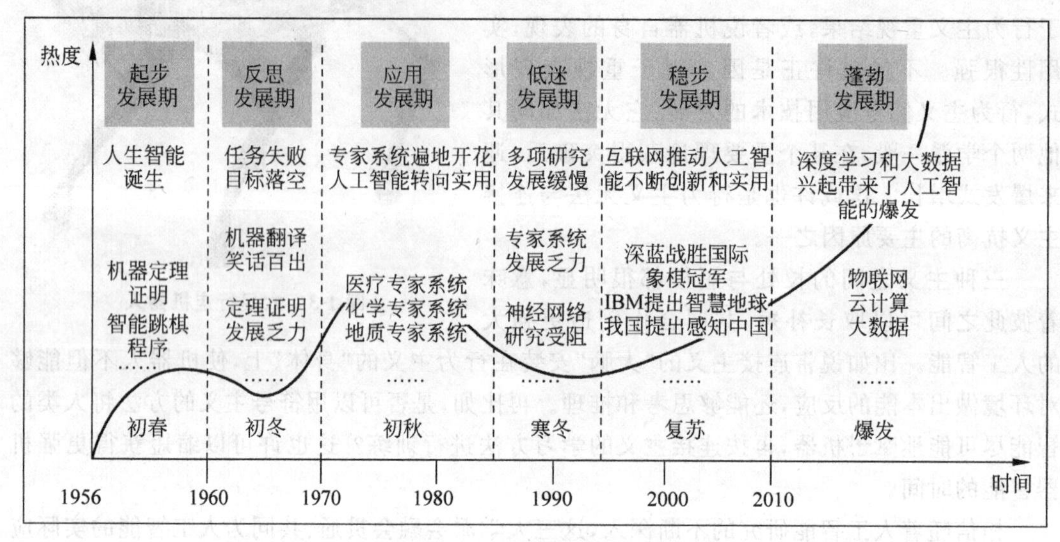

图1-5 人工智能的发展历程

- 第一阶段:起步发展期(1956年—20世纪60年代初)

人工智能概念提出后,相继取得了一批令人瞩目的研究成果,如机器定理证明、跳棋程序等,掀起人工智能发展的第一个高潮。

- 第二阶段:反思发展期(20世纪60年代—70年代初)

人工智能发展初期的突破性进展大大提升了人们对人工智能的期望,人们开始尝试更具挑战性的任务,并提出了一些不切实际的研发目标。然而,接二连三的失败和预期目标的落空,使人工智能的发展走入低谷。

- 第三阶段:应用发展期(20世纪70年代初—80年代中)

20世纪70年代出现的专家系统模拟人类专家的知识和经验解决特定领域的问题,实现了人工智能从理论研究走向实际应用、从一般推理策略探讨转向运用专门知识的重大突破。专家系统在医疗、化学、地质等领域取得成功,推动人工智能走入应用发展的新高潮。

- 第四阶段:低迷发展期(20世纪80年代中—90年代中)

随着人工智能的应用规模不断扩大,专家系统存在的应用领域狭窄、缺乏常识性知识、知识获取困难、推理方法单一、缺乏分布式功能、难以与现有数据库兼容等问题逐渐暴露出来。

- 第五阶段:稳步发展期(20世纪90年代中—2010年)

由于网络技术特别是互联网技术的发展,加速了人工智能的创新研究,促使人工智能技术进一步走向实用化。1997年IBM公司的"深蓝"超级计算机战胜了国际象棋世界冠军卡斯帕罗夫,2008年IBM公司提出了"智慧地球"的概念。以上都是这一时期的标志性事件。

- 第六阶段:蓬勃发展期(2011年至今)

随着大数据、云计算、互联网、物联网等信息技术的发展,泛在感知数据和图形处理器等计算平台推动以深度神经网络为代表的人工智能技术飞速发展,大幅跨越了科学与应用之间的"技术鸿沟",如图像分类、语音识别、知识问答、人机对弈、无人驾驶等人工智能技术实现了从"不能用、不好用"到"可以用"的技术突破,迎来爆发式增长的新高潮。

1.6 新一代人工智能

新一代人工智能又是什么呢？影响新一代人工智能的主要驱动因素有哪些？新一代人工智能的主要特征有哪些？下面我们一起来学习。

1.6.1 新一代人工智能的主驱动因素

随着移动互联网、大数据、云计算等新一代信息技术的加速迭代演进，人类社会与物理世界的二元结构正在进阶到人类社会、信息空间和物理世界的三元结构，人与人、机器与机器、人与机器的交流互动越来越频繁。人工智能发展所处的信息环境和数据基础发生了深刻变化，海量化的数据、持续提升的运算力、不断优化的算法模型、结合多种场景的新应用已构成相对完整的闭环，成为推动新一代人工智能发展的四大要素。

新一代人工智能主要驱动因素示意图如图1-6所示。

(1) 人机物互联互通成趋势，数据量呈现爆炸性增长。

近年来，由于互联网、社交媒体、移动设备和传感器的大量普及，全球产生并存储的数据量急剧增加，为通过深度学习的方法来训练人工智能提供了良好的土壤，中国产生的数据量约占全球数据总量的20%。海量的数据将为人工智能算法模型提供源源不断的素材，人工智能正从监督式学习向无监督学习演进升级，从各行业、各领域的海量数据中积累经验、发现规律、持续提升。

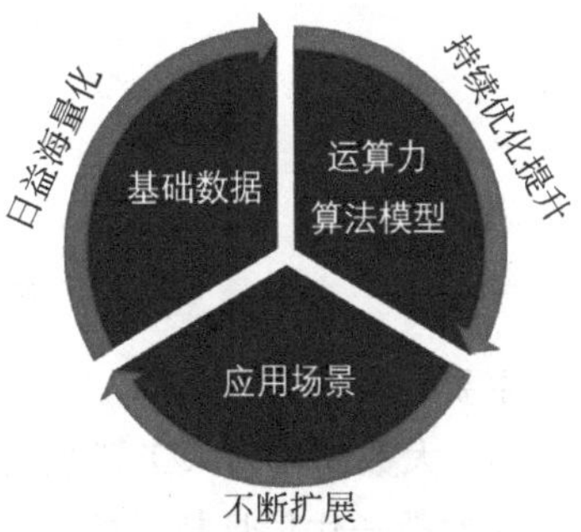

图1-6 新一代人工智能主要驱动因素示意图

(2) 数据处理技术加速演进，运算能力实现大幅提升。

人工智能领域聚集了海量数据，传统的数据处理技术难以满足高强度、高频次的处理需求。人工智能芯片的出现加速了深层神经网络的训练迭代速度，让大规模的数据处理效率显著提升，极大地促进了人工智能行业的发展。相比传统的CPU只能同时做一两个加减法运算，NPU等专用芯片多采用“数据驱动并行计算”的架构，特别擅长处理视频、图像类的海量多媒体数据，在具有更高线性代数运算效率的同时，只产生比CPU更低的功耗。

(3) 深度学习研究成果卓著，带动算法模型持续优化。

随着算法模型的重要性进一步凸显，全球科技巨头纷纷加大了这方面的布局力度和投入，通过成立实验室、开源算法框架、打造生态体系等方式推动算法模型的优化和创新。目前，深度学习等算法已经广泛应用在自然语言处理、语音处理以及计算机视觉等领域，并在某些特定领域取得了突破性进展，从有监督式学习演化为半监督式、无监督式学习。

(4) 资本与技术深度耦合，助推行业应用快速崛起。

当前，人工智能技术已走出实验室，加速向产业各个领域渗透，产业化水平大幅提升。在此过程中，资本作为产业发展的加速器发挥了重要的作用。一方面，跨国科技巨头以资本为杠杆，展开投资并购活动，得以不断完善产业链布局；另一方面，各类资本对初创型企业的支持，使得优秀的技术型公司迅速脱颖而出。目前，人工智能已在智能机器人、无人机、金融、医疗、安防、驾驶、搜索、教育等领域得到了较为广泛的应用。

1.6.2 新一代人工智能的主要特征

在数据、运算能力、算法模型、多元应用的共同驱动下，人工智能的定义正从用计算机模拟人类智能演进到协助引导提升人类智能，通过推动机器、人与网络相互连接融合，更为密切地融入人类生产生活，从辅助性设备和工具进化为协同互动的助手和伙伴。新一代人工智能的主要特征如图 1-7 所示。

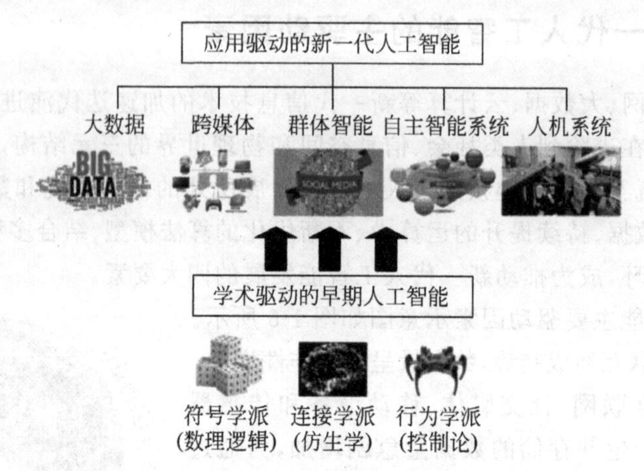

图 1-7 新一代人工智能的主要特征

主要特征表现在：

(1) 大数据成为人工智能持续快速发展的基石。

随着新一代信息技术的快速发展，计算能力、数据处理能力和处理速度实现了大幅提升，机器学习算法快速演进，大数据的价值得以展现。与早期基于推理的人工智能不同，新一代人工智能是由大数据驱动的，通过给定的学习框架，不断根据当前设置及环境信息修改、更新参数，具有高度的自主性。

(2) 文本、图像、语音等信息实现跨媒体交互。

当前，计算机图像识别、语音识别和自然语言处理等技术在准确率及效率方面取得了明显进步，并成功应用在无人驾驶、智能搜索等垂直行业。与此同时，随着互联网、智能终端的不断发展，多媒体数据呈现爆炸式增长，并以网络为载体在用户之间实时、动态传播，文本、图像、语音、视频等信息突破了各自属性的局限，实现跨媒体交互，智能化搜索、个性化推荐的需求进一步释放。未来人工智能将逐步向人类智能靠近，模仿人类综合利用视觉、语言、听觉等感知信息，实现识别、推理、设计、创作、预测等功能。

(3) 基于网络的群体智能技术开始萌芽。

随着互联网、云计算等新一代信息技术的快速应用及普及，大数据不断累积，深度学习及强化学习等算法不断优化，人工智能研究的焦点，已从单纯用计算机模拟人类智能，打造具有感知智能及认知智能的单个智能体，向打造多智能体协同的群体智能转变。

(4) 自主智能系统成为新兴发展方向。

在长期以来的人工智能发展历程中，对仿生学的结合和关注始终是其研究的重要方向。当前，随着生产制造智能化改造升级的需求日益凸显，通过嵌入智能系统对现有的机械设备进行改造升级成为更加务实的选择。在此引导下，自主智能系统正成为人工智能的重要发展及应用方向。

(5) 人机协同正在催生新型混合智能形态。

人类智能在感知、推理、归纳和学习等方面具有机器智能无法比拟的优势,机器智能则在搜索、计算、存储、优化等方面领先于人类智能,它们具有很强的互补性。人与计算机协同,互相取长补短将形成一种新的"1+1>2"的增强型智能,也就是混合智能,这种智能是一种双向闭环系统,既包含人,又包含机器组件。其中人可以接受机器的信息,机器也可以读取人的信号,两者相互作用,互相促进。在此背景下,人工智能的根本目标已经演进为提高人类智力活动能力,更智能地陪伴人类完成复杂多变的任务。

1.7 人工智能的关键技术

图 1-8 展示了人工智能的八大关键技术,接下来我们一起具体来了解人工智能各大关键技术。

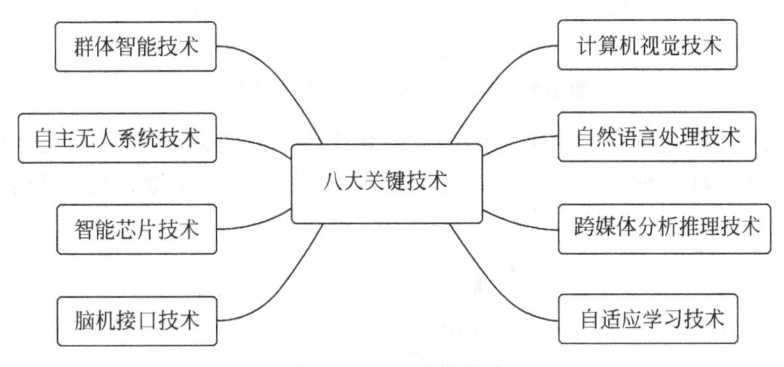

图 1-8 八大关键技术

1. 计算机视觉技术

计算机视觉(computer vision,CV)是一门研究如何使计算机更好的"看"世界的科学。给计算机输入图片、图像等数据,通过各种深度学习等算法的计算,使得计算机可以进行识别、跟踪和测量等功能。

一般来说,CV 技术主要有:图像获取、预处理、特征提取、检测/分割和高级处理等几个步骤。

2. 自然语言处理技术

自然语言处理(natural language processing,NLP)技术是一门通过建立计算机模型理解和处理自然语言的学科。该技术用计算机对自然语言的形、音、义等信息进行处理并识别,其应用有机器翻译、自动提取文本摘要、文本分类、语音合成、情感分析等。

从 2008 年开始,自然语言处理技术的发展也是突飞猛进,从最初的词向量到 2013 年的 word2vec,将深度学习与自然语言处理深度结合,并在机器翻译、问答系统,阅读理解等方面取得了一定成功,其发展历程如图 1-9 所示。

3. 跨媒体分析推理技术

以前的媒体信息处理模型往往是针对单一的媒体数据进行处理分析,如图像识别、语音

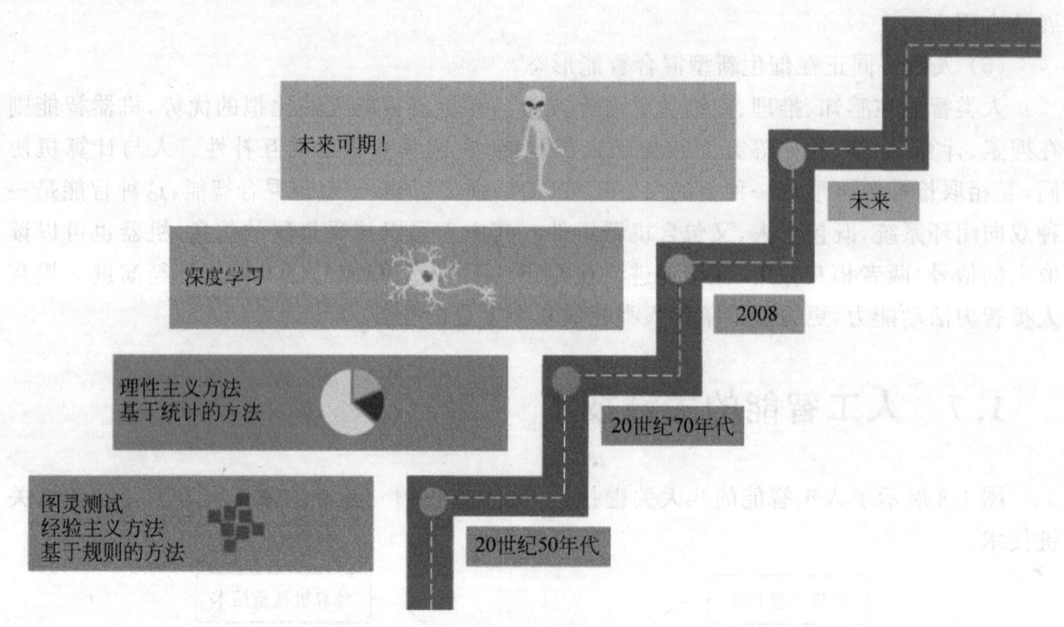

图 1-9 自然语言处理技术的发展历程

识别、文本识别等，但是现在越来越多的任务需要跨媒体类别分析，即需要综合处理文本、视频、语音等信息。对于该项技术，业界也取得了非常不错的成绩，其发展历程如图 1-10 所示。

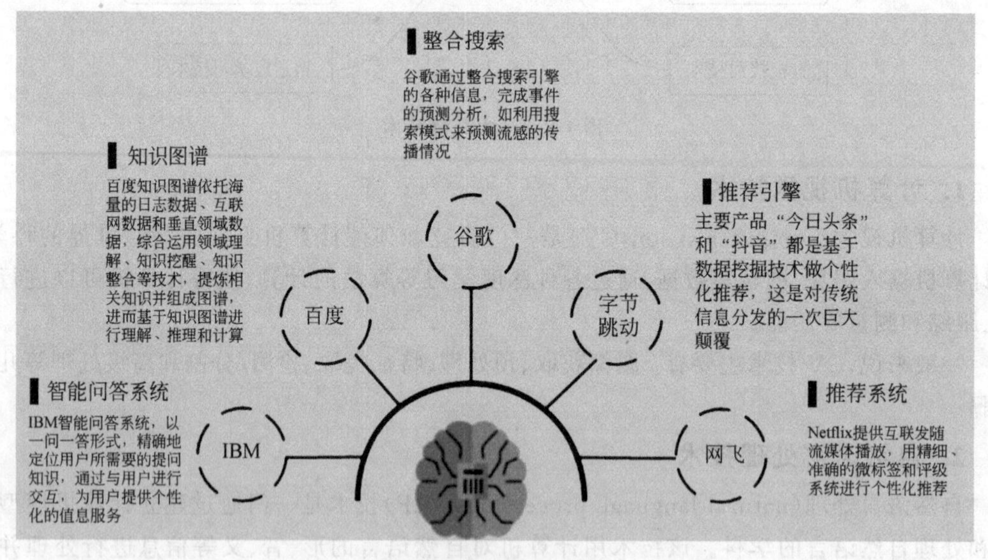

图 1-10 跨媒体分析推理技术的发展历程

4. 自适应学习技术

自适应学习（intelligent adaptive learning，IAL）技术是教育领域最具突破性的技术。该技术模拟了老师对学生一对一的教学过程，赋予了学习系统个性化教学的能力。在 2020 年之后，自适应学习技术得到了快速发展，这背后的推动力有强大的计算能力和海量的数据，更重要的还有贝叶斯网络算法的应用。

5. 群体智能技术

群体智能(collective intelligence,CI)也称集体智能,是一种共享的智能,是集结众人的意见进而转化为决策的一种过程,用来对单一个体做出随机性决策的风险。群体智能的四项原则如图 1-11 所示。

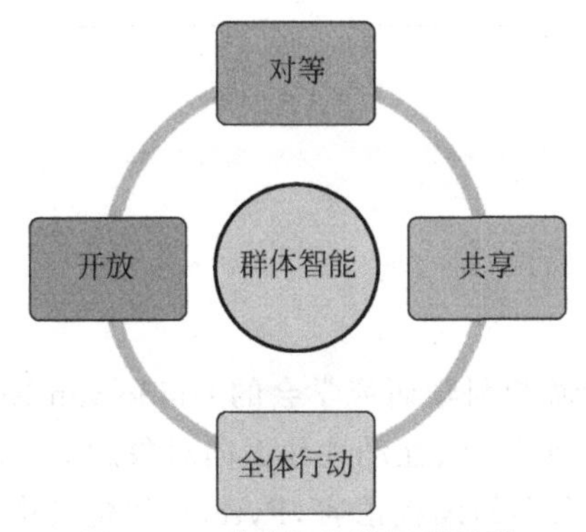

图 1-11 群体智能的四项原则

6. 自主无人系统技术

自主无人系统是能够通过先进的技术进行操作或管理,而不需要人工干预的系统,可以应用到无人驾驶、无人机、空间机器人、无人车间等领域。自主无人系统技术的发展历程如图 1-12 所示。

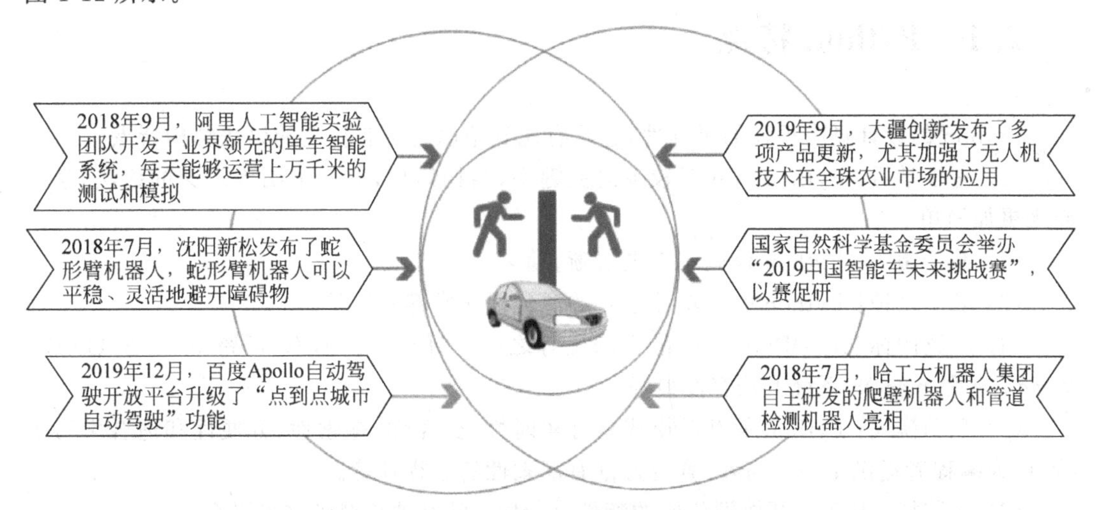

图 1-12 自主无人系统技术的发展历程

7. 智能芯片技术

一般来说,运用了人工智能技术的芯片就可以称为智能芯片,智能芯片可按技术架构、功能和应用场景等维度分成多种类别。

8. 脑机接口技术

脑机接口(brain-computer interface,BCI)是在人或动物的大脑与外部设备间建立的直接连接通道。通过单向脑机接口技术,计算机可以接受脑传来的命令,或者发送信号到脑,但不能同时发送和接收信号;而双向脑机接口允许脑和外部设备间的双向信息交换。

第 2 章 Python 编程与进阶

CHAPTER 2

Python 由荷兰数学和计算机科学研究学会的 Guido van Rossum 于 1990 年初设计，是一个高层次的结合了解释性、编译性、互动性和面向对象的脚本语言。

在计算机世界有着数量众多的编程语言，Python 就是其中一种简单易学的编程语言。在实际应用中，Python 被广泛用于人工智能、云计算、科学运算、Web 开发、网络爬虫、系统运维、GUI、金融量化投资等众多领域。

Python 拥有强大的功能，并且易于学习和使用。一般来说，初学者经过数周的学习，就能够掌握基本的 Python 编程。

2.1 Python 特点

Python 的设计具有很强的可读性，它具有比其他语言更有特色的语法结构特点。

(1) 易于学习：Python 有相对较少的关键字，结构简单，有一个明确定义的语法，学习起来更加简单。

(2) 易于阅读：Python 代码定义更清晰。

(3) 易于维护：Python 的成功在于它的源代码非常容易维护。

(4) 广泛的标准库：Python 的最大的优势之一是具有丰富的库，可跨平台，在 UNIX、Windows 和 macOS 系统上兼容性很好。

(5) 互动模式：Python 的互动模式具有实时性、交互性、探索性、方便性和适合学习等特点，为编程者提供了一个高效、直观且富有探索性的编程环境。

(6) 可移植：基于其开放源代码的特性，Python 已经被移植到许多平台。

(7) 可扩展：如果需要一段运行很快的关键代码，或者是想要编写一些不愿开放的算法，可以使用 C 或 C++完成那部分程序，然后从 Python 程序中调用。

(8) 数据库：Python 提供所有主要的商业数据库的接口。

(9) GUI 编程：Python 支持 GUI，可以创建和移植到许多系统调用。

(10) 可嵌入：可以将 Python 嵌入到 C/C++程序中，让程序的用户获得“脚本化”的能力。

2.2 Python 搭建环境

首先，需要通过 Python 官方网站下载 Python 安装包，本书采用版本是 Python 3.10.7。在官网首页的导航条上找到 Downloads 按钮，鼠标悬停在上面时会出现一个下拉菜单，如图 2-1 所示。

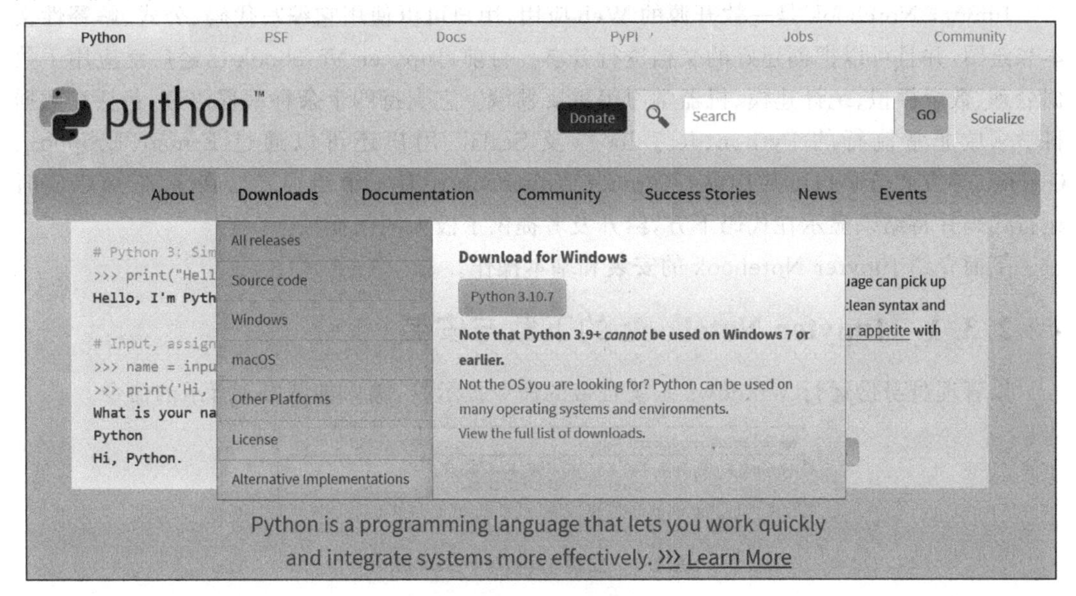

图 2-1　Python 下载入口

在下拉菜单中，根据自己的操作系统选择对应的 Python 版本，本书以 Windows 为例进行讲解。

单击图 2-1 中所示的 Windows 按钮后，将进入下载页面，在这里选择和自己系统匹配的安装文件。为了方便起见，选择 executable installer（可执行的安装程序）。

注意：如果操作系统是 32 位的，请选择 Windows installer(32-bit)，如图 2-2 所示。

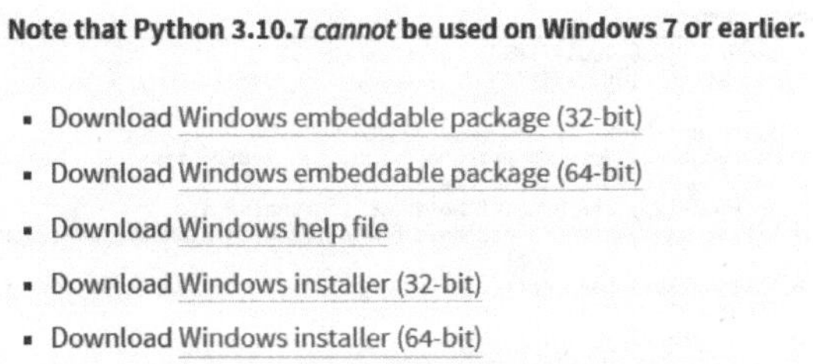

Note that Python 3.10.7 *cannot* be used on Windows 7 or earlier.

- Download Windows embeddable package (32-bit)
- Download Windows embeddable package (64-bit)
- Download Windows help file
- Download Windows installer (32-bit)
- Download Windows installer (64-bit)

图 2-2　Python 3.10.7 不同版本下载链接

下载完成后，双击安装文件，在打开的软件安装界面中选择 Install Now 即可进行默认安装，而选择 Customize installation 可以对安装目录和功能进行自定义。勾选 All Python 3.10.7 to PATH 选项，以便把安装路径添加到 PAHT 环境变量中，这样就可以在系统各种环境中直接运行 Python 了。

2.3 Jupyter Notebook 的安装与使用

安装好 Python 后，使用其自带的 IDLE 编辑器就可以完成代码编写的功能。但是自带的编辑器功能比较简单，所以可以考虑安装一款更强大的编辑器。在此推荐使用 Jupyter Notebook 作为开发工具。

Jupyter Notebook 是一款开源的 Web 应用，用户可以使用它编写代码、公式、解释性文本和绘图，并且可以把创建好的文档进行分享。目前，Jupyter Notebook 已经广泛应用于数据处理、数学模拟、统计建模、机器学习等重要领域。它支持四十余种编程语言，包括在数据科学领域非常流行的 Python、R、Julia 以及 Scala。用户还可以通过 E-mail、Dropbox、GitHub 等方式分享自己的作品。Jupyter Nobebook 还有一个强悍之处在于，它可以实时运行代码并将结果显示在代码下方，给开发者提供了极大的便捷性。

下面介绍 Jupyter Notebook 的安装和基本操作。

2.3.1 Jupyter Notebook 的下载与安装

以管理员身份运行 Windows 系统自带的命令提示符，输入如图 2-3 所示的命令。

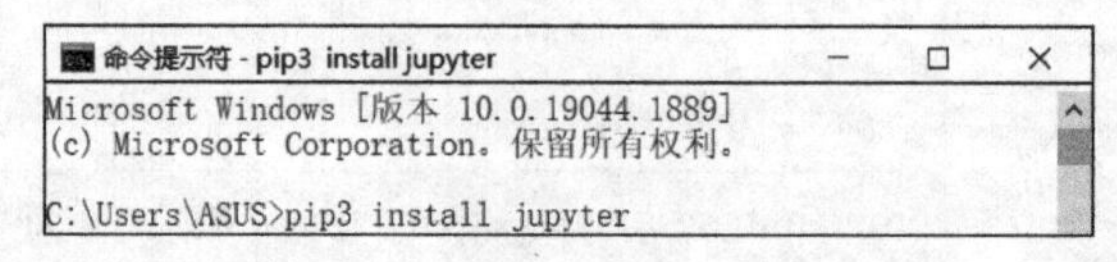

图 2-3 安装 Jupyter Notebook

花费一定的时间，Jupyter Notebook 就会自动安装完成。在安装完成后，命令提示符会提示 Successfully installed jupyter-21.2.4。

2.3.2 运行 Jupyter Notebook

在 Windows 的命令提示符或者是 macOS 的终端中输入 jupyter notebook，就可以启动 jupyter notebook，如图 2-4 所示。

```
命令提示符 - jupyter notebook
Microsoft Windows [版本 10.0.19044.1889]
(c) Microsoft Corporation。保留所有权利。

C:\Users\ASUS>jupyter notebook
[I 16:54:40.463 NotebookApp] Serving notebooks from local directory: C:\Users\ASUS
[I 16:54:40.463 NotebookApp] 0 active kernels
[I 16:54:40.463 NotebookApp] The Jupyter Notebook is running at:
[I 16:54:40.464 NotebookApp] http://localhost:8888/?token=1d54186480ffa9ef26c9608262393a23de
aec2b753aaa685
[I 16:54:40.464 NotebookApp] Use Control-C to stop this server and shut down all kernels (tw
ice to skip confirmation).
[C 16:54:40.473 NotebookApp]

    Copy/paste this URL into your browser when you connect for the first time,
    to login with a token:
        http://localhost:8888/?token=1d54186480ffa9ef26c9608262393a23deaec2b753aaa685
[I 16:54:41.123 NotebookApp] Accepting one-time-token-authenticated connection from ::1
```

图 2-4 启动 Jupyter Notebook

这时计算机会自动打开默认的浏览器，并进入 Jupyter Notebook 的初始界面，如图 2-5 所示。

图 2-5 Jupyter Notebook 界面

2.3.3 Jupyter Notebook 的使用

启动 Jupyter Notebook 之后，就可以使用它工作了。首先要建立一个 notebook 文件，单击右上角的 New 按钮，在出现的菜单中选择 Python 3，如图 2-6 所示。

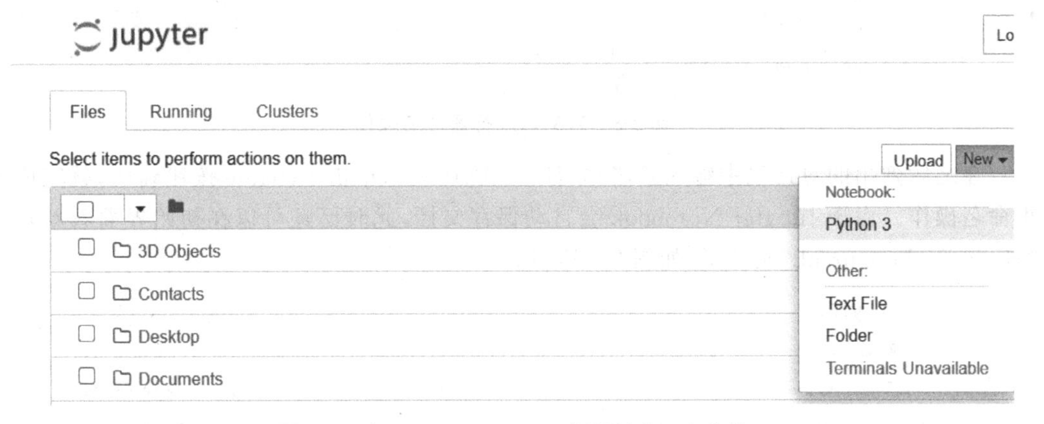

图 2-6 在 Jupyter Notebook 中可新建一个文档

之后 Jupyter Notebook 会自动打开新建的文档，并出现一个空白的单元格(cell)。下面试着在空白单元格中输入如下代码：

```
print('Hello Python! ')
```

按 Shift+Enter 键，会发现 Jupyter Notebook 已经把代码的运行结果直接显示在单元格下方，并且在下面又新建了一个单元格，如图 2-7 所示。

提示：在 Jupyter Notebook 中，按 Shift+Enter 键表示运行代码并进入下一个单元格，而按 Ctrl+Enter 键表示运行代码且不进入下一个单元格。

现在给这个文档重新命名为“Hello Python”，在 Jupyter Notebook 的 File 菜单中选择 Rename 选项，如图 2-8 所示。

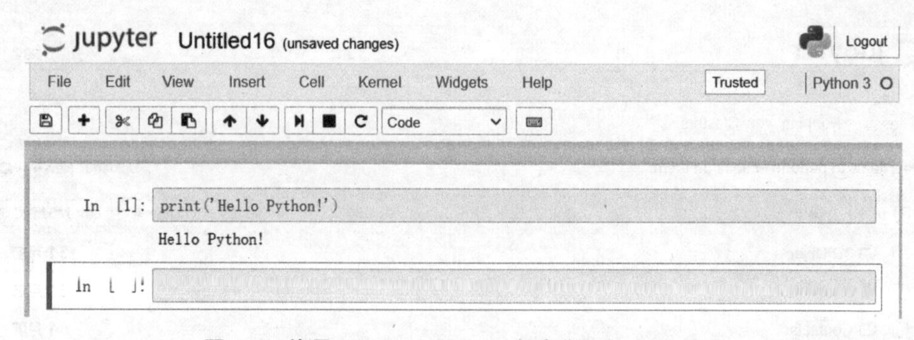

图 2-7 使用 Jupyter Nobebook 打印“Hello Python!”

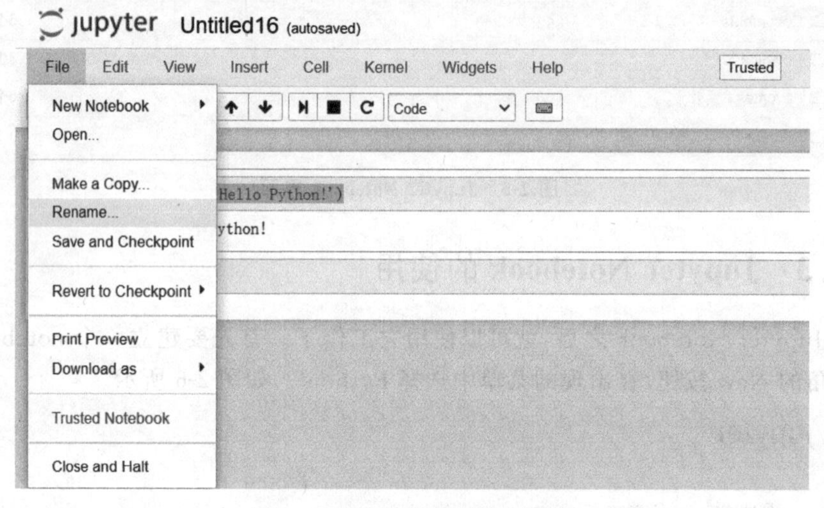

图 2-8 对文档进行重命名操作

在之后弹出的对话框中输入新名称“Hello Python”，单击 Rename 按钮确认，就完成了重命名操作。由于 Jupyter Notebook 会自动保存文档，此时已经可以在初始界面看新建的“Hello Python. ipynb”文件了，如图 2-9 所示。

图 2-9 新建的 Hello Python. ipynb 文档

Jupyter Notebook 还有很多奇妙的功能，待大家慢慢去挖掘。

提示：在程序中，如果用到其他相关库，可通过“pip install 库名”，在命令窗口中实现自动安装。

2.4 Python 语法基础

Python 语言与 Perl、C 和 Java 等语言有许多相似之处，但是也存在一些差异。在本章中我们将学习 Python 的基础语法，让我们快速学会 Python 编程吧！

2.4.1 Python 编程基础

1. 标识符

在 Python 中,标识符的格式满足以下条件:

- 第一个字符必须是字母表中字母或下画线“_”。
- 标识符的其他的部分由字母、数字或下画线组成。
- 标识符对大小写敏感。

在 Python 中,可以用中文作为变量名,非 ASCII 标识符也是允许的。此外,Python 的标准库提供了一个 keyword 模块,可以输出当前版本的所有关键字。

```
import keyword
keyword.kwlist
['False',
 'None',
 'True',
 'and',
 'as',
 'assert',
 …
 'while',
 'with',
 'yield']
```

2. 注释

Python 中单行注释以“#”开头,如图 2-10 所示。

多行注释可以用多个“#”号,还可以用“'''”和“"""”,如图 2-11 所示。

```
[3]: # 第一个注释
     print ("Hello, Python!") # 第二个注释

     Hello, Python!
```

图 2-10 单行注释

```
[4]: # 第一个注释
     # 第二个注释
     '''
     第三注释
     第四注释
     '''
     """
     第五注释
     第六注释
     """
     print ("Hello, Python!")

     Hello, Python!
```

图 2-11 多行注释

Python 通常是一行写完一条语句,但如果语句很长,可以使用反斜杠“\”来实现多行语句。例如:

```
total = item_one + \
        item_two + \
        item_three
```

在[]、{}或()中的多行语句,不需要使用反斜杠“\”。例如:

```
total = ['item_one', 'item_two', 'item_three',
         'item_four', 'item_five']
```

2.4.2 基本数据类型

1. 变量

Python 中的变量不需要声明，每个变量在使用前都必须赋值，变量赋值以后该变量才会被创建。变量没有类型，我们所说的“类型”是变量所指的内存中对象的类型。

等号运算符“＝”左边是一个变量名，右边是存储在变量中的值。例如：

```
counter = 100              #整型变量
miles   = 1000.0           #浮点型变量
name    = "Python"         #字符串
print(counter)
print(miles)
print(name)
```

运行程序，输出如下：

```
100
1000.0
Python
```

在 Python 中，允许同时为多个变量赋值。例如：

```
a = b = c = 2
```

以上实例，创建一个整型对象，值为 2，从后向前赋值，三个变量被赋予相同的数值。也可以为多个对象指定多个变量。例如：

```
a, b, c = 1, 2, "Python"
```

以上实例，两个整型对象 1 和 2 的分配给变量 a 和 b，字符串对象"Python"分配给变量 c。

2. 数据类型转换

有时候，我们需要对数据内置的类型进行转换，数据类型的转换，一般情况下只需要将数据类型作为函数名即可。Python 数据类型转换可以分为两种：

- 隐式类型转换：自动完成。
- 显式类型转换：需要使用类型函数来转换。

1）隐式类型转换

在隐式类型转换中，Python 会自动将一种数据类型转换为另一种数据类型，不需要我们去干预。

以下实例中，对两种不同类型的数据进行运算时，较低数据类型(整数)会自动转换为较高数据类型(浮点数)，以避免数据丢失。

```
num_int = 163
num_flo = 1.63
num_new = num_int + num_flo
print(":",type(num_int))
print("num_flo 的数据类型:",type(num_flo))
print("num_new 的值:",num_new)
print("num_new 的数据类型:",type(num_new))
```

运行程序，输出如下：

```
: <class 'int'>
num_flo 的数据类型: <class 'float'>
num_new 的值: 164.63
num_new 的数据类型: <class 'float'>
```

在该实例中，我们对两个不同数据类型的变量 num_int 和 num_flo 进行相加运算，并存储在变量 num_new 中。然后查看三个变量的数据类型，在输出结果中，看到 num_int 是整型(integer)，num_flo 是浮点型(float)。同样，新的变量 num_new 是浮点型(float)，这是因为 Python 会将较小的数据类型转换为较大的数据类型，以避免数据丢失。

下面再看一个实例，即整型数据与字符串类型的数据进行相加。

```
num_int = 321
num_str = "654"
print("num_int 的数据类型:",type(num_int))
print("num_str 的数据类型:",type(num_str))
print(num_int + num_str)
```

运行程序，输出如下：

```
um_int 的数据类型: <class 'int'>
num_str 的数据类型: <class 'str'>
---------------------------------------------------------------------------
TypeError                                 Traceback (most recent call last)
<ipython-input-7-b00b3ddd493f> in <module>()
----> 5 print(num_int + num_str)
TypeError: unsupported operand type(s) for +: 'int' and 'str'
```

从输出中可以看出，整型和字符串类型运算结果会报错，输出 TypeError。Python 在这种情况下无法使用隐式转换。但是，Python 为这些类型的情况提供了一种解决方案，称为显式转换。

2）显式类型转换

在显式类型转换中，用户将对象的数据类型转换为所需的数据类型。使用 int()、float()、str()等预定义函数来执行显式类型转换。

如果要对整型和字符串类型进行运算，则可以用强制类型转换来完成。例如：

```
num_int = 321
num_str = "654"
print("num_int 数据类型为:",type(num_int))
print("类型转换前,num_str 数据类型为:",type(num_str))
num_str = int(num_str)          #强制转换为整型
print("类型转换后,num_str 数据类型为:",type(num_str))
num_sum = num_int + num_str
print("num_int 与 num_str 相加结果为:",num_sum)
print("sum 数据类型为:",type(num_sum))
```

运行程序，输出如下：

```
num_int 数据类型为: <class 'int'>
类型转换前,num_str 数据类型为: <class 'str'>
类型转换后,num_str 数据类型为: <class 'int'>
num_int 与 num_str 相加结果为: 975
sum 数据类型为: <class 'int'>
```

2.4.3 Python 字符串

字符串是 Python 中最常用的数据类型。我们可以使用单引号“'”或双引号“"”创建字符串。创建字符串很简单,只要为变量分配一个值即可。例如:

```
var1 = 'Hello Python!'
var2 = "Python"
```

1. Python 访问字符串中的值

Python 不支持单字符类型,单字符在 Python 中也是作为一个字符串使用。Python 访问子字符串,可以使用方括号“[]”来截取字符串,字符串的截取的语法格式如下:

```
变量[头下标:尾下标]
```

索引值以 0 为开始值,-1 为从末尾的开始位置。

例如:

```
var1 = 'Hello Python!'
var2 = "Python"
print("var1[0]: ", var1[0])
print("var2[1:5]: ", var2[1:5])
```

运行程序,输出如下:

```
var1[0]: H
var2[1:5]: ytho
```

2. Python 字符串运算

跟其他编程语言一样,在字符串也提供相关操作符实现字符串运算。

- +:字符串连接。
- *:重复输出字符串。
- []:通过索引获取字符串中的字符。
- [:]:截取字符串中的一部分,遵循左闭右开原则,str[0:2]是不包含第 3 个字符的。
- in:成员运算符。如果字符串中包含给定的字符,则返回 True。
- not in:成员运算符。如果字符串中不包含给定的字符,则返回 True。
- r/R:原始字符串。所有的字符串都是直接按照字面的意思来使用,没有转义特殊或不能打印的字符。原始字符串除在字符串的第一个引号前加上字母 r(可以大写或小写)以外,与普通字符串有着几乎完全相同的语法。
- %:格式字符串。

【例 2-1】 字符串的运算实例演示。

```
a = "Hello"
b = "Python"
print("a + b 输出结果: ", a + b)
print("a * 2 输出结果: ", a * 2)
print("a[1] 输出结果: ", a[1])
print("a[1:4] 输出结果: ", a[1:4])
if("H" in a) :
    print("H 在变量 a 中")
```

```
else :
    print("H 不在变量 a 中")
if("M" not in a) :
    print("M 不在变量 a 中")
else :
    print("M 在变量 a 中")
print(r'\n')
print(R'\n')
```

运行程序,输出如下:

```
a + b 输出结果: HelloPython
a * 2 输出结果: HelloHello
a[1] 输出结果: e
a[1:4] 输出结果: ell
H 在变量 a 中
M 不在变量 a 中
\n
\n
```

2.4.4 列表

序列是 Python 中最基本的数据结构。序列中的每个值都有对应的位置值,称之为索引,第一个索引是 0,第二个索引是 1,以此类推。Python 有 6 个序列的内置类型,但最常见的是列表和元组。列表都可以进行的操作包括索引、切片、加、乘、检查成员。此外,Python 已经内置确定序列的长度以及确定最大和最小的元素的方法。

列表是最常用的 Python 数据类型,它可以作为一个方括号内的逗号分隔值出现。它的数据项不需要具有相同的类型。创建一个列表,只要把逗号分隔的不同的数据项用方括号括起来即可。例如:

```
list1 = ['Google', 'Python', 2000, 2022]
list2 = [1, 2, 3, 4, 5]
list3 = ["a", "b", "c", "d"]
list4 = ['red', 'green', 'blue', 'yellow', 'white', 'black']
```

1. 访问列表中的值

与字符串的索引一样,列表索引从 0 开始,第二个索引是 1,以此类推。通过索引列表可以进行截取、组合等操作,如图 2-12 所示。

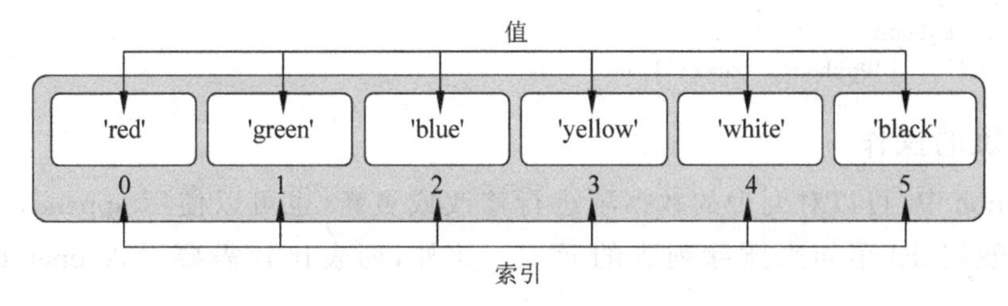

图 2-12 列表索引

索引也可以从尾部开始,最后一个元素的索引为 -1,往前一位为 -2,以此类推,如图 2-13 所示。

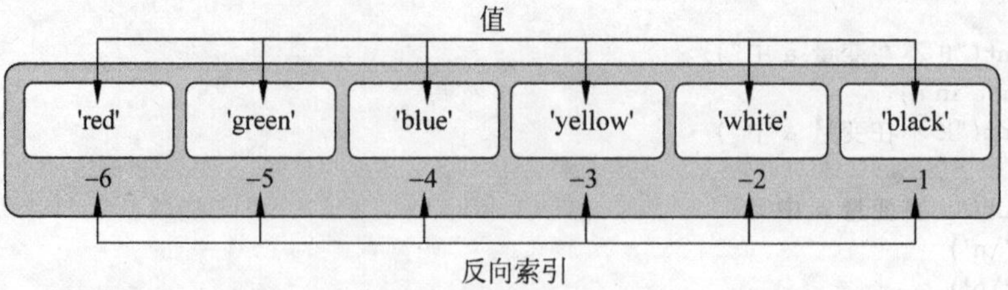

值

'red' 'green' 'blue' 'yellow' 'white' 'black'

−6 −5 −4 −3 −2 −1

反向索引

图 2-13　列表反向索引

使用下标索引来访问列表中的值，同样也可以使用方括号“[]”的形式截取字符，如图 2-14 所示。

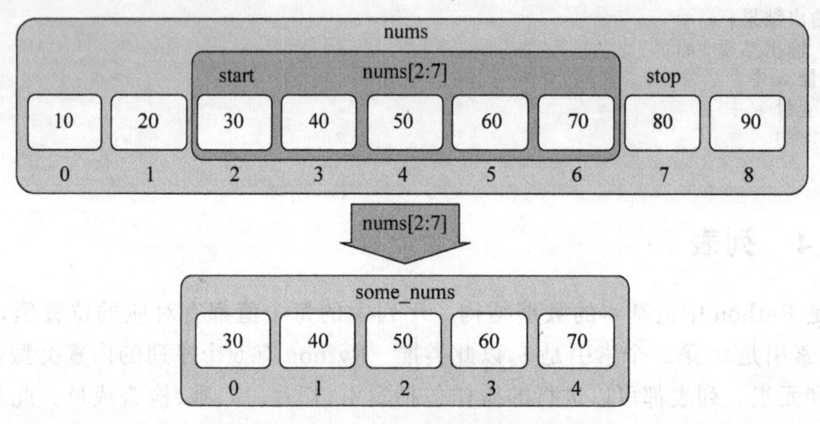

图 2-14　“[]”的形式截取字符

【例 2-2】　访问列表中的值的实例。

```
nums = [10, 20, 30, 40, 50, 60, 70, 80, 90]
print(nums[0:3])
'''使用负数索引值截取'''
list = ['Hello', 'Python', "xuexi", "biancheng", "Wiki"]
#读取第二位
print("list[1]: ", list[1])
#从第二位开始(包含)截取到倒数第二位(不包含)
print("list[1:-2]: ", list[1:-2])
```

运行程序，输出如下：

```
[10, 20, 30]
list[1]:  Python
list[1:-2]:  ['Python', 'xuexi']
```

2. 列表的操作

在 Python 中，可以对列表的数据项进行修改或更新，也可以使用 append()方法来添加列表项，使用 del 语句来删除列表的元素。此外，列表比较需要引入 operator 模块的 eq()方法。

提示： 列表对“+”和“*”的操作符与字符串相似。“+”号用于组合列表，“*”号用于重复列表。

【例 2-3】　列表的操作实例。

```
list = ['Google', 'Runoob', 2000, 2022]
print("第三个元素为: ", list[2])
list[2] = 2023
print("更新后的第三个元素为:", list[2])
list1 = ['Hello', 'Python', 'xuexi']
list1.append('baidu')
print("更新后的列表:", list1)
del list[2]
print("删除第三个元素:", list)

#导入 operator 模块
import operator
a = [1, 2]
b = [2, 3]
c = [2, 3]
print("operator.eq(a,b): ", operator.eq(a,b))
print("operator.eq(c,b): ", operator.eq(c,b))
```

运行程序,输出如下:

```
第三个元素为: 2000
更新后的第三个元素为: 2023
更新后的列表: ['Hello', 'Python', 'xuexi', 'baidu']
删除第三个元素: ['Google', 'Runoob', 2022]
operator.eq(a,b): False
operator.eq(c,b): True
```

2.4.5 元组

Python 的元组与列表类似,不同之处在于元组的元素不能修改。元组使用圆括号"()",列表使用方括号"[ ]"。元组创建很简单,只需要在括号中添加元素,并使用逗号隔开即可。

提示:元组中只包含一个元素时,需要在元素后面添加逗号",",否则括号会被当作运算符使用,如图 2-15 所示。

```
In [1]: tup1 = (50)
        type(tup1)     # 不加逗号,类型为整型
Out[1]: int

In [2]: tup1 = (50,)
        type(tup1)     # 加上逗号,类型为元组
Out[2]: tuple

In [ ]:
```

图 2-15 创建元组

在元组中,可以使用下标索引来访问元组中的值;虽然元组中的元素值是不允许修改的,但可以对元组进行连接组合。同样,也可以使用 del 语句来删除整个元组。

【例 2-4】 元组中元素的相关操作。

```
tup1 = ('Baidu', 'Python', 2000, 2022)
tup2 = (1, 2, 3, 4, 5, 6, 7)
'''访问元组'''
print("tup1[0]: ", tup1[0])
print("tup2[1:5]: ", tup2[1:5])
tup1[0]:  Baidu
tup2[1:5]:  (2, 3, 4, 5)

'''删除元组'''
print(tup1)
del tup1
```

```
print("删除后的元组 tup : ")
print(tup1)

('Baidu', 'Python', 2000, 2022)
删除后的元组 tup :
---------------------------------------------------------------------------
NameError                                 Traceback (most recent call last)
< ipython - input - 3 - 0c09d40b78e6 > in < module >()
---> 10 print (tup1)
NameError: name 'tup1' is not defined

'''修改元组'''
tup3 = (12, 34.56)
tup4 = ('abc', 'xyz')
# 以下修改元组元素操作是非法的
# tup3[0] = 100
# 创建一个新的元组
tup5 = tup3 + tup4
print(tup5)
(12, 34.56, 'abc', 'xyz')
```

与字符串一样,元组之间可以使用"+"、"+="和"*"号进行运算。这就意味着它们可以组合和复制,运算后会生成一个新的元组。

元组的元素是不可变的,所谓的不可变指的是元组所指向的内存中的内容不可变,例如:

```
tup = ('r', 'u', 'n', 'o', 'o', 'b')
tup[0] = 'g'                # 不支持修改元素
Traceback (most recent call last):
  File "< stdin >", line 1, in < module >
TypeError: 'tuple' object does not support item assignment
id(tup)                     # 查看内存地址
4440687904
tup = (1,2,3)
id(tup)
4441088800                  # 内存地址不一样了
```

2.4.6 字典

字典是另一种可变容器模型,且可存储任意类型对象。字典的每个键值(key-value)对用冒号":"分割,每个对之间用逗号","分割,整个字典包括在花括号"{}"中,格式为

```
d = {key1 : value1, key2 : value2, key3 : value3}
```

注意: dict 作为 Python 的关键字和内置函数,变量名不建议命名为 dict。字典中的键必须是唯一的,但值则不必。值可以取任何数据类型,但键必须是不可变的,如字符串、数字。

1. 字典的创建

在 Python 中,创建字典有两种方法:一种是使用花括号"{}"创建空字典;另一种是使用内建函数 dict()创建字典。

【例 2-5】 创建字典。

```
#使用花括号 {} 创建空字典
emptyDict = {}
#打印字典
print(emptyDict)
#查看字典的数量
print("Length:", len(emptyDict))
#查看类型
print(type(emptyDict))
{}
Length: 0
<class 'dict'>

emptyDict = dict()
#打印字典
print(emptyDict)
#查看字典的数量
print("Length:",len(emptyDict))
#查看类型
print(type(emptyDict))

{}
Length: 0
<class 'dict'>
```

2. 元组其他操作

在元组中,可以把相应的键放入方括号中以访问字典里的值;还可以向字典中添加新内容,方法是增加新的键值对、修改或删除已有键值对。在元组中,能删除单一的元素也能清空字典。清空只需一项操作,显式删除一个字典用 del 命令。

【例 2-6】 元组的其他操作实例。

```
tinydict = {'Name': 'Python', 'Age': 8, 'Class': 'two'}
print("tinydict['Name']: ", tinydict['Name'])
print("tinydict['Age']: ", tinydict['Age'])
tinydict['Name']:  Python
tinydict['Age']:  8

#如果用字典里没有的键访问数据,则会输出如下错误
print("tinydict['Alice']: ", tinydict['Alice'])
---------------------------------------------------------------------------
KeyError                                  Traceback (most recent call last)
<ipython-input-8-797f63209bc3> in <module>()
----> 5 print ("tinydict['Alice']: ", tinydict['Alice'])
KeyError: 'Alice'

'''修改字典'''
tinydict['Age'] = 8                        #更新 Age
tinydict['School'] = "Python 教程"         #添加信息
print("tinydict['Age']: ", tinydict['Age'])
print("tinydict['School']: ", tinydict['School'])
tinydict['Age']:  8
tinydict['School']:  Python 教程
```

```
'''删除字典元素'''
del tinydict['Name']                                    #删除键 'Name'
tinydict.clear()                                        #清空字典
del tinydict                                            #删除字典
print("tinydict['Age']: ", tinydict['Age'])
print("tinydict['School']: ", tinydict['School'])
#这会引发一个异常,因为在执行 del 操作后字典不再存在
NameError                                  Traceback (most recent call last)
<ipython-input-10-22485daa8f46> in <module>()
----> 5 print ("tinydict['Age']: ", tinydict['Age'])
NameError: name 'tinydict' is not defined
```

字典值可以是任何的 Python 对象,既可以是标准的对象,也可以是用户定义的,但键不行。两个重要的点需要记住:

(1) 不允许同一个键出现两次。创建时如果同一个键被赋值两次,那么后一个值会被记住。

(2) 键必须不可变,所以可以用数字、字符串或元组充当,而用列表就不行。

2.4.7 集合

集合(set)是一个无序的不重复元素序列。可以使用花括号"{}"或 set()函数创建集合。

注意:创建一个空集合必须用 set()而不是{},因为{}用来创建一个空字典。

创建格式:

```
parame = {value01,value02,...}
```

或者

```
set(value)
```

【例 2-7】 展示集合间的运算。

```
basket = {'apple', 'orange', 'apple', 'pear', 'orange', 'banana'}
print(basket)                                   #演示的是去重功能
{'orange', 'banana', 'pear', 'apple'}
'orange' in basket                              #快速判断元素是否在集合内
{'apple', 'banana', 'pear', 'orange'}
True

'crabgrass' in basket
False

#展示两个集合间的运算
a = set('abracadabra')
b = set('alacazam')
a
{'a', 'b', 'c', 'd', 'r'}
a - b                                           #集合 a 中包含而集合 b 中不包含的元素
{'b', 'd', 'r'}
a | b                                           #集合 a 或 b 中包含的所有元素
{'a', 'b', 'c', 'd', 'l', 'm', 'r', 'z'}
a & b                                           #集合 a 和 b 中都包含了的元素
```

```
{'a', 'c'}
a ^ b                                  #不同时包含 a 和 b 的元素
{'b', 'd', 'l', 'm', 'r', 'z'}
```

下面来介绍集合的基本操作。

1）添加元素

在集合中，使用 add()来添加元素，格式为

```
s.add(x)          #将元素 x 添加到集合 s 中，如果元素已存在，则不进行任何操作
```

也可以添加元素，且参数可以是列表、元组、字典等，格式为

```
s.update(x)       #x 可以有多个，用逗号分开
```

2）移除元素

在集合中，利用 remove()可实现移除元素，格式为

```
s.remove(x)       #将元素 x 从集合 s 中移除，如果元素不存在，则会发生错误
```

此外还有一个方法也是移除集合中的元素，且如果元素不存在，不会发生错误。格式为

```
s.discard(x)
```

3）计算集合元素个数

在集合中，利用 len()函数可计算集合元素个数，格式为

```
len(s)            #计算集合 s 元素个数
```

4）清空集合

在集合中，利用 clear()函数可清空集合，格式为

```
s.clear()         #清空集合 s
```

5）判断元素是否在集合中存在

在集合中，利用 in()函数可判断元素是否在集合中存在，语法格式为

```
x in s            #判断元素 x 是否在集合 s 中，存在返回 True，不存在返回 False
```

【例 2-8】 集合的基本操作实例。

```
set1 = set(("Baidu", "Python", "Taobao"))
#添加元素
set1.add("Facebook")
print(set1)
{'Taobao', 'Baidu', 'Python', 'Facebook'}

#移除元素
set1.remove("Taobao")
print(set1)
{'Baidu', 'Python', 'Facebook'}

#计算集合元素个数
len(set1)
3

#清空元素
set1.clear()
print(set1)
```

```
set()

#判断元素是否在集合中存在
set1 = set(("Baidu", "Python", "Taobao"))
#判断元素是否在集合中存在
"Python" in set1
True

"Facebook" in set1
False
```

2.5 程序控制

任何一个复杂的系统都是由三种基本结构组成：顺序结构、分支结构、循环结构。下面对这几种结构进行介绍。

2.5.1 顺序结构

顺序结构最简单，程序从上到下依次执行，就如同生活中一条笔直的马路，一路畅通无阻，结构如图 2-16 所示。

【例 2-9】 顺序结构实例演示。

```
'''把苹果装冰箱,分几步'''
print('****** 程序开始 ****** ')
print('1. 打开冰箱门')
print('2. 把苹果放进去')
print('3. 把冰箱门关上')
print('****** 程序结束 ****** ')
```

运行程序，输出如下：

```
****** 程序开始 ******
1. 打开冰箱门
2. 把苹果放进去
3. 把冰箱门关上
****** 程序结束 ******
```

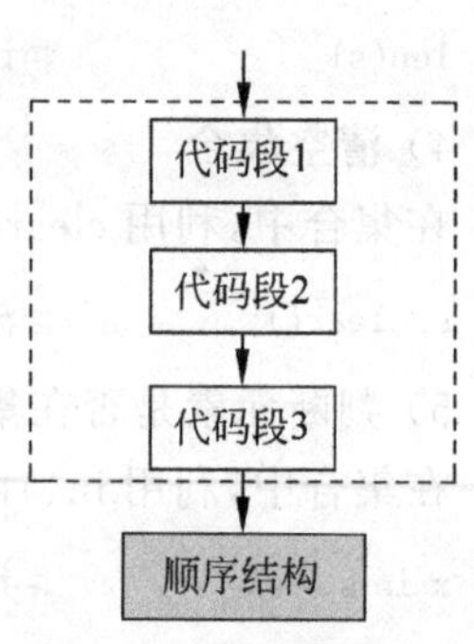

图 2-16 顺序结构图

2.5.2 分支结构

分支结构是指当程序执行到某步时，需根据实际情况选择性地执行某部分代码，就如同生活中的十字路口，需要根据具体情况选择走哪条路，每次只能选择一条路，不可能同时走多条路。

Python 中的分支结构可以分为三种：单分支、双分支以及多分支。

1. 单分支(if 语句)

if 语句只有 if 没有 else，只针对满足条件的情况进行一些额外操作，其执行流程如图 2-17 所示。

if 语句的语法格式为

```
if 语句表达式:
    语句块
```

其中:

- 语句块只有当表达式的值为 True 时才会执行;否则,程序就会直接跳过这个语句块,去执行紧跟在这个语句块之后的语句。
- 这里的语句块,既可以包含多条语句,也可以只有一条语句。当语句块由多条语句组成时,要有统一的缩进形式,否则就会出现逻辑错误,即语法检查没错,但是结果却非预期。

2. 双分支(if-else 语句)

if-else 语句是一种双选结构,如果表达式结果为 True 则执行语句块 1,否则执行语句块 2。if-else 语句的执行流程如图 2-18 所示。

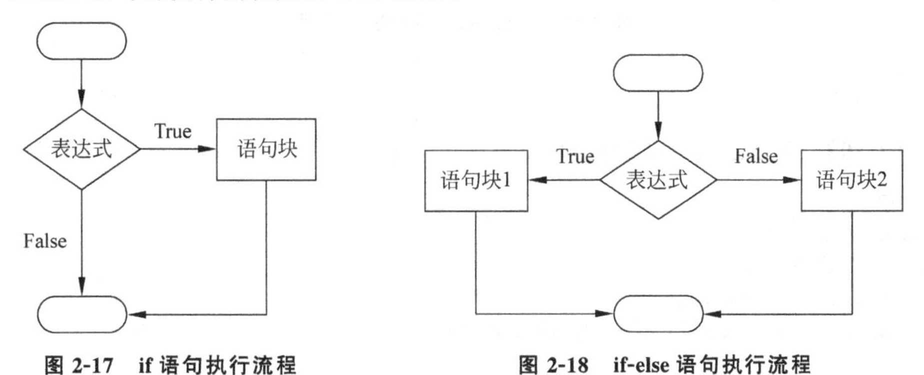

图 2-17 if 语句执行流程　　图 2-18 if-else 语句执行流程

if-else 语句的语法格式为

```
if 布尔表达式:
    语句块 1
else:
    语句块 2
```

其中:

- else 语句不能独立存在。
- else 语句的缩进与它所对应的 if 语句缩进相同。

3. 多分支(if-elif-else 语句)

如果需要在多组操作中选择一组执行,就会用到多选结构,即 if-elif-else 语句。该语句利用一系列布尔表达式进行检查,并在某个表达式为 True 的情况下执行相应的代码。if-elif-else 语句的备选操作较多,但是有且只有一组操作被执行,其执行流程如图 2-19 所示。

if-elif-else 语句的语法格式为

```
if 条件表达式 1:
    语句体 1
elif 条件表达式 2:
    语句体 2
…
elif 条件表达式 n:
    语句体 n
```

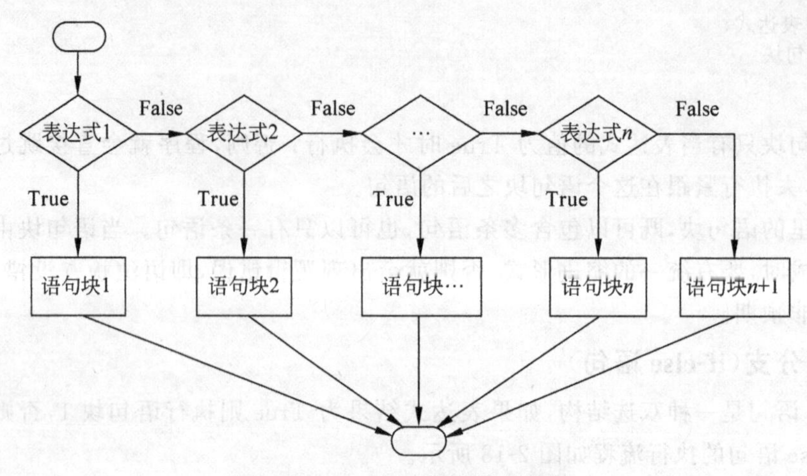

图 2-19 if-elif-else 语句执行流程

```
else:
    语句体 n + 1
```

【例 2-10】 演示了数字猜谜游戏。

```
number = 7
guess = -1
print("数字猜谜游戏!")
while guess != number:
    guess = int(input("请输入你猜的数字: "))

    if guess == number:
        print("恭喜,你猜对了!")
    elif guess < number:
        print("猜的数字小了...")
    elif guess > number:
        print("猜的数字大了...")
```

运行程序,输出如下:

```
数字猜谜游戏!
请输入你猜的数字: 8
猜的数字大了...
请输入你猜的数字: 5
猜的数字小了...
请输入你猜的数字: 6
猜的数字小了...
请输入你猜的数字: 7
恭喜,你猜对了!
```

4. match-case 语句

Python 3.10 增加了 match-case 的条件判断,不需要再使用一连串的 if-else 来判断了。match 后的对象会依次与 case 后的内容进行匹配,如果匹配成功,则执行匹配到的表达式,否则直接跳过,“_”可以匹配一切。

match-case 语法格式如下:

```
match subject:
    case <pattern_1>:
        <action_1>
    case <pattern_2>:
        <action_2>
    case <pattern_3>:
        <action_3>
    case _:
        <action_wildcard>
```

其中,case _:类似于C和Java中的default:,当其他case都无法匹配时,匹配这条,保证永远会匹配成功。

【例2-11】 对比if-elif-else和match-case语句。

```
#if-elif-else语句
names = ['zhao', 'qian', 'sun', 'slsls']
for name in names:
    if name == 'zhao':
        print('张')
    elif name == 'qian':
        print('陈')
    elif name == 'sun':
        print('赵')
    else:
        print('未知姓氏')

#match-case语句
for name in names:
    match name:             #match后面跟要匹配的对象
        case 'zhao':        #一旦某个case匹配上了,不会继续执行下面的其他case
            print('张')
        case 'qian':
            print('陈')
        case 'sun':
            print('赵')
        case _:             #_捕获其他未涵盖的情况
            print('未知姓氏')
```

2.5.3 循环结构

循环结构是指重复执行某些代码,直到条件不满足为止,就如同生活中的盘山公路,一圈圈绕行,直到到达目的地为止。

Python中实现循环结构的语句主要有两种:while循环和for循环。

1. while循环

while循环是一种判别式循环,当条件为True时,执行循环体;当条件为False时结束循环,执行循环后的操作。流程图如图2-20所示。

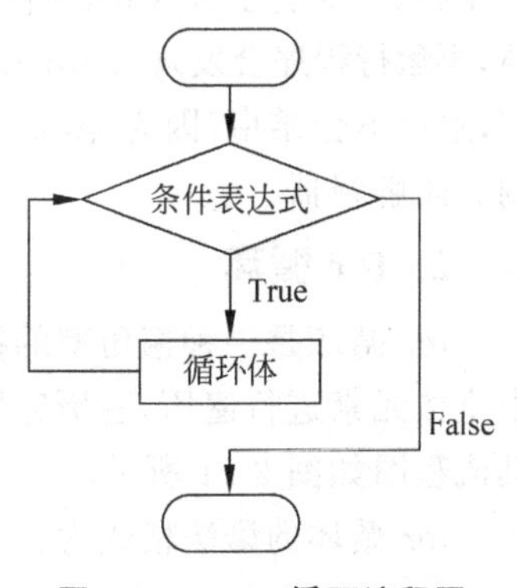

图2-20 while循环流程图

while 循环的语法格式为

```
while 循环继续条件:
    循环体
```

其中:

- 循环体可以是一个单一的语句或一组具有统一缩进的语句。
- 每个循环都包含一个循环继续条件,即控制循环执行的布尔表达式,每次都计算该布尔表达式的值,如果它的计算结果为 True,则执行循环体;否则,终止整个循环并将程序控制权转移到 while 循环后的语句。
- while 循环是一种条件控制循环,它是根据一个条件的真假来控制的。

【例 2-12】 利用 while 循环打印 1～100 的所有数字。

```
#循环的初始化条件
num = 1
#当 num 小于 100 时,会一直执行循环体
while num < 100 :
    print("num = ", num)
    #迭代语句
    num += 1
print("循环结束!")
```

运行程序,输出如下:

```
num =  1
num =  2
num =  3
...
num =  97
num =  98
num =  99
循环结束!
```

从结果中会发现,程序只输出了 1～99,却没有输出 100。这是因为,当循环至 num 的值为 100 时,此时条件表达式为假(100<100),当然就不会再去执行代码块中的语句,因此不会输出 100。

注意,在使用 while 循环时,一定要保证循环条件有变成假的时候,否则这个循环将成为一个死循环。所谓死循环,指的是无法结束循环的循环结构,例如将上面 while 循环中的 num+=1 代码注释掉,再运行程序会发现,Python 解释器一直在输出“num=1”,永远不会结束(因为 num<100 一直为 True),除非强制关闭解释器。

2. for 循环

for 循环是一种遍历型的循环,它会依次对某个序列中全体元素进行遍历,遍历完所有元素之后便终止循环,其流程图如图 2-21 所示。

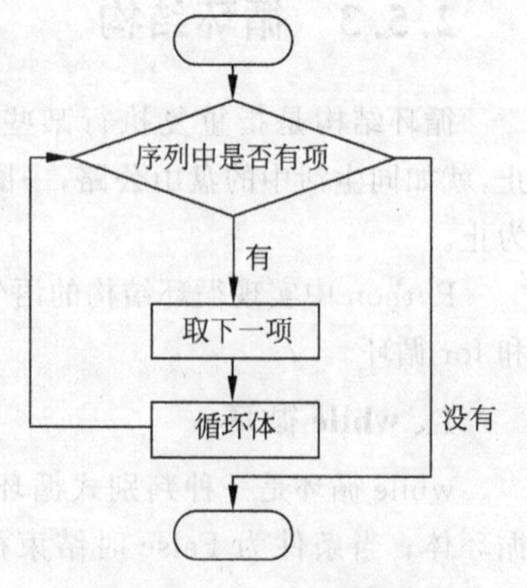

图 2-21 for 循环流程图

for 循环的语法格式为:

```
for 控制变量 in 可遍历序列:
```

```
    循环体
```

其中：

- 关键字 in 是 for 循环的组成部分，而非运算符 in。
- “可遍历序列”中保存了多个元素，如列表、元组、字符串等。
- “可遍历序列”被遍历处理，每次循环时，都会将“控制变量”设置为“可遍历序列”的当前元素，然后执行循环体。当“可遍历序列”中的元素被遍历一遍后，即没有元素可供遍历时，退出循环。

【例 2-13】 利用 for 循环输出九九乘法口诀表。

```
for i in range(1, 10):
    for j in range(1, i+1):
        print(f'{j}*{i}={i*j}', end='\t')
    print()
```

运行程序，输出如下：

```
1*1=1
1*2=2	2*2=4
1*3=3	2*3=6	3*3=9
1*4=4	2*4=8	3*4=12	4*4=16
1*5=5	2*5=10	3*5=15	4*5=20	5*5=25
1*6=6	2*6=12	3*6=18	4*6=24	5*6=30	6*6=36
1*7=7	2*7=14	3*7=21	4*7=28	5*7=35	6*7=42	7*7=49
1*8=8	2*8=16	3*8=24	4*8=32	5*8=40	6*8=48	7*8=56	8*8=64
1*9=9	2*9=18	3*9=27	4*9=36	5*9=45	6*9=54	7*9=63	8*9=72	9*9=81
```

2.6 Python 函数

函数是组织好的、可重复使用的用来实现单一或相关联功能的代码段。函数能提高应用的模块性和代码的重复利用率。我们已经知道 Python 提供了许多内建函数，例如 print()函数。但我们也可以自己创建函数，该函数称为用户自定义函数。

2.6.1 定义一个函数

我们可以定义一个具有自己想要的功能的函数，定义函数的规则如下：

- 函数代码块以 def 关键词开头，后接函数标识符名称和圆括号“()”。
- 任何传入参数和自变量必须放在圆括号中间，圆括号之间可以用于定义参数。
- 函数的第一行语句可以选择性地使用文档字符串——用于存放函数说明。
- 函数内容以冒号“:”起始，并且缩进。
- return[表达式]结束函数，选择性地返回一个值给调用方，不带表达式的 return 相当于返回 None。

定义一个函数的整个结构如图 2-22 所示。

Python 定义函数使用 def 关键字，一般格式为

```
def 函数名(参数列表):
    函数体
```

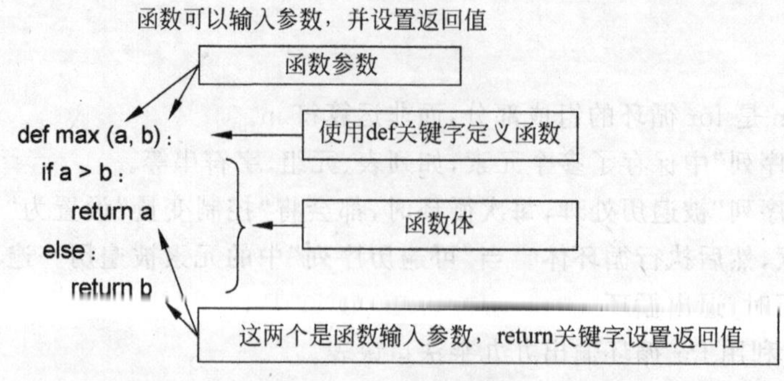

图 2-22 定义函数结构

默认情况下，参数值和参数名称是按函数声明中定义的顺序匹配起来的。

【例 2-14】 计算面积函数。

```
#计算面积函数
def area(width, height):
    return width * height

def print_welcome(name):
    print("Hello", name)

print_welcome("Python")
w = 3
h = 4
print("width(宽) =", w, " height(长) =", h, " area(面积) =", area(w, h))
```

运行程序，输出如下：

```
Hello Python
width(宽) = 3  height(长) = 4  area(面积) = 12
```

2.6.2 函数调用

定义一个函数，即给了函数一个名称，指定了函数里包含的参数和代码块结构。这个函数的基本结构完成以后，可以通过另一个函数调用执行，也可以直接通过 Python 命令提示符执行。

【例 2-15】 演示如何将自定义的 my_len()函数封装成一个函数。

```
#自定义 my_len() 函数
def my_len(str):
    length = 0
    for c in str:
       length = length + 1
    return length
#调用自定义的 my_len() 函数
length = my_len("https://hao.360.com/")
print(length)

#再次调用 my_len() 函数
length = my_len("https://hao.360.com/?src = hj_llqzq&ls = 1")
print(length)
```

运行程序，输出如下：

```
20
38
```

值得注意的是，与其他编程语言中函数相同，Python 函数支持接收多个(≥0)参数，不同之处在于，Python 函数还支持返回多个(≥0)值。

例如，上面程序中，在自定义 my_len(str)函数时，为其设置了 1 个 str 参数，同时该函数经过内部处理，会返回 1 个 length 值。

2.7　Python 模块

模块是一个包含所有定义的函数和变量的文件，其后缀名是.py。模块可以被别的程序引入，以使用该模块中的函数等功能。这也是使用 Python 标准库的方法。模块让我们能够有逻辑地组织 Python 代码段，把相关的代码分配到一个模块里能让代码更好用、更易懂。

模块能定义函数、类和变量，模块里也能包含可执行的代码。例如：

```
#新建模块文件 modle_1.py
def p_func(arg):
    print('Hello',arg)
    return

#新建主模块文件 main.py
from modle_1 import p_func              #导入模块 modle_1 中的 p_func 函数

if __name__ == "__main__":              #判断是否为主程序执行口
    p_func('Python')
```

运行程序，输出如下：

```
hello python
```

2.7.1　引入模块

模块定义好后，可以使用 import 语句引入模块，语法格式为

```
import module1,[module2[,…moduleN]]
```

如果要引用模块 math，则可以在文件最开始用 import math 引入。在调用 math 模块中的函数时，必须使用“模块名.函数名”。不管执行了多少次 import，一个模块只会被导入一次，这样可以防止导入模块被重复执行。

```
from  …  import 语句:
```

Python 中的 from 语句可从模块中导入一个指定的部分到当前命名空间中，语法如下：

```
from modname import name1,name2,…,nameN
from mod import func_1                  #导入 mod 模块中的 func_1 函数
```

这个声明不会把整个 mod 模块导入到当前命名空间中，它只会将 mod 里的 func_1 单

个引入到执行这个声明的模块的全局符号表。

```
from … import *
```

这样会把模块中的所有内容导入到当前命名空间,一般不建议使用,因为会消耗内存空间,也容易出现未预知的问题。

2.7.2 搜索路径

当导入一个模块后,Python解析器对模块位置的搜索顺序是:

当前目录→shell变量PYTHONPATH下的每个目录→Python模块路径目录。

模块的搜索路径存储在system模块的sys.path变量中,包括当前目录、Python路径和安装过程决定的默认目录。

```
import sys
print(sys.path)
['', 'D:\\Anaconda3\\python36.zip', 'D:\\Anaconda3\\DLLs', 'D:\\Anaconda3\\lib', 'D:\\Anaconda3', 'C:\\Users\\ASUS\\AppData\\Roaming\\Python\\Python36\\site-packages', 'D:\\Anaconda3\\lib\\site-packages', 'D:\\Anaconda3\\lib\\site-packages\\Babel-2.5.0-py3.6.egg', 'D:\\Anaconda3\\lib\\site-packages\\win32', 'D:\\Anaconda3\\lib\\site-packages\\win32\\lib', 'D:\\Anaconda3\\lib\\site-packages\\Pythonwin', 'D:\\Anaconda3\\lib\\site-packages\\IPython\\extensions', 'C:\\Users\\ASUS\\.ipython']
```

其中,空字符串表示当前工作目录。当安装第三方模块的时候,如果不是按照标准方式安装,为了能够引用这些模块,必须将这些模块的安装路径添加到sys.path中,添加方法如下:

(1) 最简单的方法是在sys.path的某个目录下添加路径配置文件,最常见的就是在…/site-package/目录下,路径配置文件的扩展名为".pth",其中的每一行包含一个单独的路径,该路径会添加到sys.path列表中,".pth"中的路径可以是绝对路径也可以是相对路径,如果是相对路径则是相对于包含".pth"文件的路径而言的。

```
import sys
print(sys.path)          #默认搜索路径
[root@python site-packages]#vim /media/aa.py
#在site-packages下新建配置文件system.pth,内容为需要添加的模块路径
[root@python site-packages]#cat system.pth
/media
#在/media目录下新建模块aa.py
[root@python site-packages]#cat /media/aa.py

def munit(x,y):
    print('sun:',x+y)
    return x+y
['',
 'D:\\Anaconda3\\python36.zip',
 'D:\\Anaconda3\\DLLs',
 'D:\\Anaconda3\\lib',
 'D:\\Anaconda3',
 'C:\\Users\\ASUS\\AppData\\Roaming\\Python\\Python36\\site-packages',
 'D:\\Anaconda3\\lib\\site-packages',
 'D:\\Anaconda3\\lib\\site-packages\\Babel-2.5.0-py3.6.egg',
```

```
 'D:\\Anaconda3\\lib\\site-packages\\win32',
 'D:\\Anaconda3\\lib\\site-packages\\win32\\lib',
 'D:\\Anaconda3\\lib\\site-packages\\Pythonwin',
 'D:\\Anaconda3\\lib\\site-packages\\IPython\\extensions',
 'C:\\Users\\ASUS\\.ipython']

import aa                  # 导入模块 aa
aa.munit(1,2)              # 执行模块中的函数
sun: 3
3
```

(2) 另一种方法是在 Python 标准库中修改 site.py 文件，并编辑 sys.path。除非使用了-S 开关选项，否则 site.py 在 Python 解释器加载时会自动被引入(执行)，作用是加载 site-packages 中的包和模块到 Python 的 sys.path 里面。

```
import aa
---------------------------------------------------------------------------
ModuleNotFoundError                       Traceback (most recent call last)
<ipython-input-18-510651a95b7a> in <module>()
----> 1 import aa

ModuleNotFoundError: No module named 'aa'

import sys
sys.path
['',
 'D:\\Anaconda3\\python36.zip',
 'D:\\Anaconda3\\DLLs',
 ...
 'D:\\Anaconda3\\lib\\site-packages\\IPython\\extensions',
 'C:\\Users\\ASUS\\.ipython']

import sys
sys.path.append("/media")          # 添加模块路径到搜索路径中
sys.path
['',
 'D:\\Anaconda3\\python36.zip',
 'D:\\Anaconda3\\DLLs',
 'D:\\Anaconda3\\lib',
 ...
 'C:\\Users\\ASUS\\.ipython',
 '/media']
import aa
aa.munit(2,3)
sun: 5
5
```

(3) 修改 PYTHONPATH 环境变量，一般不推荐使用此方法。

```
set PYTHONPATH = /usr/local/lib/python
```

2.7.3 __name__属性

一个模块被另一个程序第一次引入时，其主程序将运行。如果想在模块被引入时，模块中的某一程序块不执行，可以用__name__属性使该程序块仅在该模块自身运行时执行。例如：

```
if __name__ == '__main__':
    print('程序自身在运行')
else:
    print('我来自另一模块')
```

运行程序,输出如下:

```
程序自身在运行
```

```
import using_name
```

运行程序,输出如下:

```
我来自另一模块
```

由结果可看出,每个模块都有一个__name__属性,当其值是'__main__'时,表明该模块自身在运行,否则是被引入。__name__与__main__底下是双下画线。

2.7.4 命名空间和作用域

变量是拥有匹配对象的名字(标识符)。命名空间是一个包含了变量名称(键)和相应的对象(值)的字典。一个 Python 表达式可以访问局部命名空间和全局命名空间里的变量。如果一个局部变量和一个全局变量重名,则局部变量会覆盖全局变量。每个函数都有自己的命名空间。类的方法的作用域规则和通常函数的一样。

Python 会智能地猜测一个变量是局部的还是全局的,它假设任何在函数内赋值的变量都是局部的。因此,如果要给函数内的全局变量赋值,必须使用 global 语句。global VarName 的表达式会告诉 Python,VarName 是一个全局变量,这样 Python 就不会在局部命名空间里寻找这个变量了。

例如,在全局命名空间里定义一个变量 Money,再在函数内给变量 Money 赋值。Python 会假定 Money 是一个局部变量,由于并没有在访问前声明一个局部变量 Money,结果则会出现一个 UnboundLocalError 的错误。此时取消 global 语句的注释就能解决这个问题。

```
Money = 2000                #定义全局变量
def addmoney():
    #global Money
    Money = Money + 1       #函数内不能直接调用全局变量,必须用 global 来声明全局变量
print(Money)
2000

addmoney()
print(Money)
UnboundLocalError                         Traceback (most recent call last)
<ipython-input-24-a3819a35e2e7> in <module>()
----> 1 addmoney()
UnboundLocalError: local variable 'Money' referenced before assignment
```

2.7.5 相关函数

下面介绍几个与模块相关的函数。

1. dir()函数

dir()函数一个排好序的字符串列表，内容是一个模块里定义过的名字。返回的列表容纳了在一个模块里定义的所有模块、变量和函数。例如：

```
import fibo, sys
dir(fibo)
['__name__', 'fib', 'fib2']

dir(sys)
['__displayhook__',
 '__doc__',
 '__excepthook__',
 '__interactivehook__',
...
 'version_info',
 'warnoptions',
 'winver']
```

如果没有给定参数，那么 dir()函数会罗列出当前定义的所有名称。

```
a = [1, 2, 3, 4, 5]
import fibo
fib = fibo.fib
dir()                         #得到一个当前模块中定义的属性列表
['__builtins__', '__name__', 'a', 'fib', 'fibo', 'sys']
a = 5                         #建立一个新的变量'a'
dir()
['__builtins__', '__doc__', '__name__', 'a', 'sys']
del a                         #删除变量名 a
dir()
['__builtins__', '__doc__', '__name__', 'sys']
```

2. globals()和 locals()函数

根据调用地方的不同，globals()和 locals()函数可被用来返回全局和局部命名空间里的名字。如果在函数内部调用 locals()，则返回的是所有能在该函数里访问的命名。如果在函数内部调用 globals()，则返回的是所有在该函数里能访问的全局名字。两个函数的返回类型都是字典。所以能用 keys()函数摘取名字。

3. reload()函数

当一个模块被导入到一个脚本，模块顶层部分的代码只会被执行一次。因此，如果需要重新执行模块里顶层部分的代码，则可以用 reload()函数。该函数会重新导入之前导入过的模块。

4. Python 中的包

包是一个分层次的文件目录结构，它定义了一个由模块、子包和子包下的子包等组成的 Python 的应用环境。

简单来说，包就是文件夹，但该文件夹下必须存在__init__.py 文件，该文件的内容可以为空。__int__.py 用于标识当前文件夹是一个包。

【例 2-16】 Python 中的包实例演示。

```
#首先在根目录下创建两个目录,分别创建模块 aa,bb
[root@python media1]#ls /media/
aa.py __pycache__
[root@python media1]#ls /media1/
bb.py   __pycache__
#在 aa 和 bb 模块下创建函数:
[root@python media1]#cat /media/aa.py

def munit(x,y):
    print('sun:',x + y)
    return x + y
[root@python media1]#cat /media1/bb.py

def mule(x,y):
    return x ** y

#调用模块
[root@python ~]#cat init.py
import sys
sys.path.append("/media")
from aa import munit
print(sys.path)
s = munit(3,4)
print(s)
[root@python ~]#python3 init.py
```

运行程序,输出如下:

```
['',
 'D:\\Anaconda3\\python36.zip',
 'D:\\Anaconda3\\DLLs',
 'D:\\Anaconda3\\lib',
 'D:\\Anaconda3',
 'C:\\Users\\ASUS\\AppData\\Roaming\\Python\\Python36\\site-packages',
 'D:\\Anaconda3\\lib\\site-packages',
 'D:\\Anaconda3\\lib\\site-packages\\Babel-2.5.0-py3.6.egg',
 'D:\\Anaconda3\\lib\\site-packages\\win32',
 'D:\\Anaconda3\\lib\\site-packages\\win32\\lib',
 'D:\\Anaconda3\\lib\\site-packages\\Pythonwin',
 'D:\\Anaconda3\\lib\\site-packages\\IPython\\extensions',
 'C:\\Users\\ASUS\\.ipython',
 '/media']
```

第3章 Python数学与算法

CHAPTER 3

数学是人类对事物的抽象结构与模式进行严格描述的一种通用手段，可以应用于现实世界的任何问题，所有的数学对象本质上都是人为定义的。从这个意义上，数学属于形式科学，而不是自然科学。不同的数学家和哲学家对数学的确切范围和定义有一系列的看法。在人类历史发展和社会生活中，数学发挥着不可替代的作用，同时也是学习和研究现代科学技术必不可少的基本工具。本章将介绍与数学相关的几种算法。

3.1 枚举算法

枚举算法也叫穷举算法，其最大特点是在面对任何情况时会尝试每一种解决方法。在进行归纳推理时，如果逐个考查了某类事件的所有可能情况后得出一般结论，那么这个结论是可靠的，这种归纳方法叫作枚举法。枚举算法的思想是：将问题的所有可能的答案一一列举，然后根据条件判断答案是否合适，最后保留合适的，丢弃不合适的。Python中一般用while循环或if语句实现。

使用枚举算法的基本思路：

(1) 确定枚举对象、枚举范围和判定条件。

(2) 逐一列举可能的解，验证每个解是否是问题的解。

一般情况下，按照下面三个步骤进行：

(1) 解的可能范围，不能遗漏任何一个真正解，也要避免有重复解。

(2) 判断是否是真正解的方法。

(3) 使可能解的范围降至最小，以便提高解决问题的效率。

【例3-1】 枚举算法计算24点游戏。

解析：24点是一款经典的棋牌类益智游戏，要求4个数字的运算结果等于24。即用加、减、乘、除把牌面上的数算成24。每张牌必须只能用一次，例如：抽出的牌为3、8、8、9，那么(9－8)×8×3＝24。

```
#枚举算法:24点游戏
import itertools

#Python计算24点游戏
def twentyfour(cards):
```

```
    """
        (1)itertools.permutations(可迭代对象):
        通俗地讲,就是返回可迭代对象的所有数学全排列方式.
        itertools.permutations("1118") -> 即将数字 1118 进行全排列组合
        (2)itertools.product( * iterables, repeat = 1)
        iterables 是可迭代对象,repeat 指定 iterable 重复几次
        返回一个或者多个 iterables 中的元素的笛卡儿积的元组
        product(list1, list2) ->即依次取出 list1 中的每 1 个元素,与 list2 中的每 1 个元素,组
成元组
    """
    for num in itertools.permutations(cards):
        for ops in itertools.product(" +- * /", repeat = 3):
            #({0}{4}{1}){5}({2}{6}{3}) ->即在{0}{1}{2}{3}放上数字,{4}{5}{6}放上运算符
            #号,只能放三个,四个数字中间只能放三个运算符
            #带括号有 8 种方法
            #1. (ab)cd
            bsd1 = '({0}{4}{1}){5}{2}{6}{3}'.format( * num,  * ops)
            #2. a(bc)d
            bsd2 = '{0}{4}({1}{5}{2}){6}{3}'.format( * num,  * ops)
            #3. ab(cd)
            bsd3 = '{0}{4}{1}{5}({2}{6}{3})'.format( * num,  * ops)
            #4. (ab)(cd)
            bsd4 = '({0}{4}{1}){5}({2}{6}{3})'.format( * num,  * ops)
            #5. ((ab)c)d
            bsd5 = '(({0}{4}{1}){5}{2}){6}{3}'.format( * num,  * ops)
            #6.  (a(bc))d
            bsd6 = '({0}{4}({1}{5}{2})){6}{3}'.format( * num,  * ops)
            #7.  a((bc)d)
            bsd7 = '{0}{4}(({1}{5}{2}){6}{3})'.format( * num,  * ops)
            #8.  a(b(cd))
            bsd8 = '{0}{4}({1}{5}({2}{6}{3}))'.format( * num,  * ops)
            #print([bsd1, bsd2, bsd3, bsd4, bsd5, bsd6, bsd7, bsd8])
            for bds in [bsd1, bsd2, bsd3, bsd4, bsd5, bsd6, bsd7, bsd8]:
                try:
                    if abs(eval(bds) - 24.0) < 1e - 20:
                        return "24 点结果 = " + bds
                except ZeroDivisionError:                  #零除错误
                    continue
    return "Not fond"

cards = ['2484', '1126', '1127', '1128', '2484', '1111']
for card in cards:
    print(twentyfour(card))
```

运行程序,结果解析:cards 中的牌数,最终通过加减乘除得出 24,而 1111 这 4 个数不能通过加、减、乘、除得到 24。返回值如下:

```
24 点结果 = (2 + 4) * (8 - 4)
24 点结果 = ((1 + 1) + 2) * 6
24 点结果 = (1 + 2) * (1 + 7)
24 点结果 = (1 + (1 * 2)) * 8
24 点结果 = (2 + 4) * (8 - 4)
Not fond
```

3.2 递推算法

在解决许多数学问题中，根据已知条件，利用计算公式进行若干步重复的运算即可求解答案，这种方法被称为递推算法。根据推导问题的方向，可将递推算法分为顺推法和逆推法。

1. 递推与递归的比较

相对于递归算法，递推算法免除了数据进出栈的过程，也就是说，不需要函数不断地向边界值靠拢，而直接从边界出发，直到求出函数值。例如，阶乘函数：$f(n)=n\times f(n-1)$。

在 $f(3)$的运算过程中，递归的数据流动过程如下：

```
f(3){f(i) = f(i-1) * i} --> f(2) --> f(1) --> f(0){f(0) = 1} --> f(1) --> f(2) -- f(3){f(3) = 6}
```

而递推如下：

```
f(0) --> f(1) --> f(2) --> f(3)
```

由此可见，递推的效率要高一些，在可能的情况下应尽量使用递推。但是递归作为比较基础的算法，它的作用不能忽视。所以，在把握这两种算法的时候应该特别注意。

【例 3-2】 钓鱼比赛：6 位同学钓鱼比赛，他们钓到的鱼数量都不相同。问第 1 位同学钓了多少条时，他指着旁边的第 2 位同学说比他多钓了 2 条，追问第 2 位同学，他说比第 3 位同学多钓了 2 条；如此，都说比另一位同学多钓了 2 条；最后问到第 6 位同学时，他说自己钓了 3 条。问第一位同学共钓鱼多少条？

```
'''递推算法'''
k = 3
for i in range(1,6):
    k += 2
print(k)

'''递归如下'''
def fish(n):
    if n == 6:
        return 3
    else:
        return fish(n + 1) + 2
print(fish(1))
```

2. 顺推法

所谓顺推法是从已知条件出发，逐步推算出要解决的问题的方法叫顺推。斐波那契数列、汉诺塔问题是经典的顺推法。

1）斐波那契数列

斐波那契数列指的是这样一个数列：

1,1,2,3,5,8,13,21,34,55,89,144,233,377,610,987,1597,2584,4181,6765,10946,17711,28657,46368,…

这个数列从第 3 项开始，每一项都等于前两项之和。设它的函数为 $f(n)$，已知 $f(1)=$

$1,f(2)=1,f(n)=f(n-2)+f(n-1)(n>=3,n\in\mathbf{N})$，则通过顺推可以知道，$f(3)=f(1)+f(2)=2,f(4)=f(2)+f(3)=3$……直至得到要求的解。

【例 3-3】 利用顺推法求解斐波那契数列。

```
class Solution:
    #递归
    def Fibonacci(self, n):
        if n == 1:
            return 1
        return self.Fibonacci(n - 1) + self.Fibonacci(n - 2)

    #非递归
    def Fibonacci2(self, n):
        a, b = 0, 1
        for i in range(n):
            a, b = b, a + b
        return b

f = Solution()
print(f.Fibonacci(10))
print(f.Fibonacci2(10))
```

2) 汉诺塔问题

汉诺塔(又称河内塔)问题源于印度一个古老传说的益智玩具。大梵天创造世界的时候做了三根金刚石柱子，在一根柱子上从下往上按照大小顺序摞着64片黄金圆盘。大梵天命令婆罗门把圆盘从下面开始按大小顺序重新摆放在另一根柱子上。并且规定，在小圆盘上不能放大圆盘，在三根柱子之间一次只能移动一个圆盘。

【例 3-4】 利用顺推法求解汉诺塔问题。

```
def move(n,a,b,c):
    if n == 1:
        print(a,'-->',c)

    else:
        move(n - 1,a,c,b)
        move(1,a,b,c)
        move(n - 1,b,a,c)

move(3,'a','b','c')
```

运行程序，输出如下：

```
a --> c
a --> b
c --> b
a --> c
b --> a
b --> c
a --> c
```

3. 逆推法

逆推法从已知问题的结果出发，用迭代表达式逐步推算出问题的开始条件，即顺推法的逆过程。

3.3 模拟算法

所谓模拟法，就是编写程序模拟现实世界中事物的变化过程，从而完成相应任务的方法。模拟法对算法设计的要求不高，需要按照问题描述的过程编写程序，程序按照问题要求的流程运行，从而求得问题的解。

1. 转盘赌选择概述

转盘赌选择策略是先将个体的相对适应值 $\frac{f_i}{\sum f_i}$ 记为 p_i，然后根据选择概率$\{p_i, i=1,2,\cdots,N\}$，按图3-1所示把圆盘分成 N 份，其中第 i 扇形的中心角为 $2\pi p_i$。在进行选择时，可以假想转动如图3-1所示的圆盘，如果某参照点落入第 i 个扇形内，则选择个体 i。这种选择策略可以实现如下：先生成一个$[0,1]$内的随机数，如果 $p_1+p_2+\cdots+p_{i-1}<r\leqslant p_1+p_2+\cdots+p_i$，则选择个体 i。显然，小扇区的面积越大，参照点落入其中的概率也越大，即个体的适应值越大，它被选择到的机会也就越多，其基因被遗传到下一代的可能性也越大。

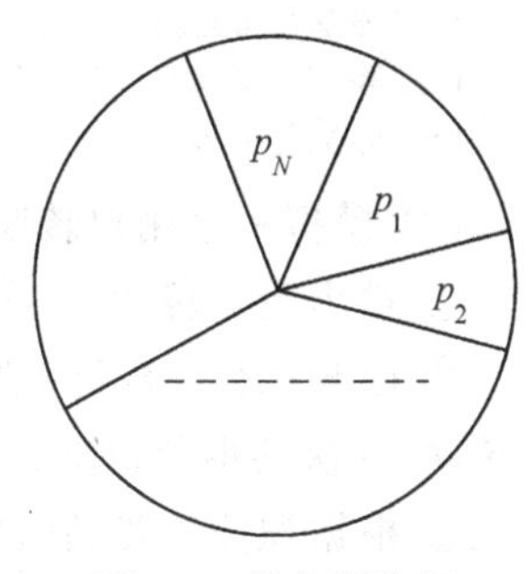

图3-1 转盘器选择

2. 实现转盘赌游戏

假设各奖项在轮盘上所占比例为

- '一等奖'：0～0.08
- '二等奖'：0.08～0.3
- '三等奖'：0.3～1.0

递进的两个题目如下：

(1) 转动轮盘(随机产生一个0～1的数)1万次，输出每个奖项的分布。

提示：使用字典来完成，首先定义一个字典 salary 来表示几等奖和它的中奖概率，再构造一个字典 now 来表示中几等奖的情况(键为几等奖，值为次数)。

```
from random import random
#各类奖项在轮盘上所占比例
salary = {'一等奖': (0, 0.08),
          '二等奖': (0.08, 0.3),
          '三等奖': (0.3, 1.0)}
print(salary)
#创建一个新字典
new = {}
n = 10000
for i in range(10000):
    num = random()
    if 0 <= num < 0.08:
        new['一等奖'] = new.get('一等奖', 0) + 1
    elif 0.08 <= num < 0.3:
        new['二等奖'] = new.get('二等奖', 0) + 1
    else:
```

```
            new['三等奖'] = new.get('三等奖', 0) + 1
    #根据值进行排序
    new = sorted(new.items(), key = lambda x: x[1], reverse = True)
    print("中奖情况分布:")
    for i in new:
        print(i)
```

运行程序，输出如下：

```
{'一等奖': (0, 0.08), '二等奖': (0.08, 0.3), '三等奖': (0.3, 1.0)}
中奖情况分布:
('三等奖', 6952)
('二等奖', 2248)
('一等奖', 800)
```

（2）模拟一个用户转动轮盘的过程。

① 输出用户转动10次轮盘的奖项分布情况。

② 已知积分：转到一等奖，得5分，转到二等奖，得3分；转到三等奖，得1分。输出用户转动10次的得分情况；

③ 根据积分领奖品（自己构造奖项就可以）。

- 如果大于或等于30分，输出，奖励奥运会吉祥物。
- 如果大于或等于20分，小于30分，输出，奖励饮水壶。
- 如果大于或等于10分，小于20分，输出，奖励水杯。
- 如果大于或等于0，小于10分，输出，奖励小奖品。

```
from random import random

def lunpan(n):
    """输出奖项分布"""
    #各类奖项在轮盘上所占比例
    salary = {'一等奖': (0, 0.08),
              '二等奖': (0.08, 0.3),
              '三等奖': (0.3, 1.0)}
    #创建一个新字典
    new = {}
    for i in range(n):
        num = random()
        if 0 <= num < 0.08:
            new['一等奖'] = new.get('一等奖', 0) + 1
        elif 0.08 <= num < 0.3:
            new['二等奖'] = new.get('二等奖', 0) + 1
        else:
            new['三等奖'] = new.get('三等奖', 0) + 1
    #根据值进行排序
    new = sorted(new.items(), key = lambda x: x[1], reverse = True)
    return new

def score(new):
    """对积分进行统计"""
    count = 0
    for line in new:
        if line[0] == "一等奖":
```

```
            count += line[1] * 5
        elif line[0] == "二等奖":
            count += line[1] * 3
        else:
            count += line[1]
    return count

def prize(score):
    if score >= 30:
        print("奖励奥运会吉祥物!")
    elif 20 <= score < 30:
        print("奖励饮水壶!")
    elif 10 <= score < 20:
        print("奖励水杯!")
    elif 0 <= score < 10:
        print("奖励小奖品!")

if __name__ == "__main__":
    print("欢迎参加轮盘赌游戏:")
    n = 10
    #调用 lunpan()函数,返回分布情况
    new = lunpan(n)
    #输出奖项分布
    print("中奖情况分布:")
    for i in new:
        print(i)
    #调用 score()函数对积分进行统计
    score = score(new)
    print("积分:{}分".format(score))
    #调用 prize()函数
    prize(score)
```

运行程序,输出如下:

```
欢迎参加轮盘赌游戏:
中奖情况分布:
('三等奖', 9)
('二等奖', 1)
积分:12 分
奖励水杯!
```

3.4 逻辑推理

解决逻辑推理问题的关键是,根据题目中给出的各种已知条件,提炼出正确的逻辑关系,并将其转换为用 Python 语言描述的逻辑表达式。Python 语言提供基本的关系运算符和逻辑运算符,可以用来构建各种逻辑表达式。在解决逻辑推理问题时,一般使用枚举法,也就是使用循环结构将各种方案列举出来,再逐一判断根据题目建立的逻辑表达式是否成立,最终找到符合题意的答案。

1. 各类逻辑推理

逻辑推理的种类按推理过程的思维方向划分:一类是从特殊到一般的推理,推理形式

主要有归纳、类比；另一类是从一般到特殊的推理，推理形式主要有演绎。

(1) 归纳推理是由特殊的前提推出普遍性结论的推理，主要有完全归纳法、不完全归纳法、简单枚举法、科学归纳法等类型。

(2) 类比推理是从特殊性前提推出特殊性结论的一种推理，也就是说，从一个对象的属性推出另一对象也可能具有这个属性，这种思维形式在创造学中称为“相似思维”。

(3) 演绎推理是由普遍性的前提推出特殊性结论的推理，有三段论、假言推理和选言推理等形式。

2. 逻辑推理与因果关系的区别

逻辑推理与因果关系的区别主要有以下几点：

(1) 两者最根本的区别是逻辑推理不考虑时间因素，而因果关系却必须考虑时间因素。

(2) 逻辑推理的条件是有限的，而在任何一个因果关系中，“条件”实际上是无限的。在逻辑推理中，有时一个条件即可推出一个结论，有时多个条件才能推出一个结论。但即使多个条件推出一个结论，这些条件的个数也都是有限的。但现实中的因果关系却大不相同，与结果现象有关的条件实际上是无限(多)的，无法把它们穷举出来。

(3) 逻辑推理中(主要指演绎推理)，条件必然蕴涵结论。但在因果关系中，原因并不必然蕴涵结论，而只有在“条件”都已经具备的情况下，原因的出现才会引起结果的发生。

(4) 因果关系是“现实”关系，只有在原因现象和结果现象已经发生之后，我们才说原因A和结果B之间存在“因果关系”。而“逻辑推理”是一种“理论”推导，它不需要任何现实性做支撑，条件就必然蕴涵结论。

3. Python 解决逻辑推理问题

逻辑推理解决离散数学问题是非常有用的方法，下面通过两个例子演示使用Python实现命题逻辑等值演算应用。

【例 3-5】 陈教授是哪里人。

解析：在某次研讨会的中间休息时间，3名参会者根据王教授的口音对他是哪个省(区、市)的人判断如下：

A：陈教授不是四川人，是广东人。

B：陈教授不是广东人，是四川人。

C：陈教授既不是广东人，也不是重庆人。

听完这3人的判断后，陈教授笑着说，你们3人中有一人说得全对，有一人说对了一半，另一人说得全不对。下面分析陈教授到底是哪里人。

```
'''p：是广东人；q：是四川人；r：是重庆人'''
ls = [0, 1]
for p in ls:
    for q in ls:
        for r in ls:
            A1 = not p and q
            A2 = (not p and not q)or(p and q)
            A3 = p and not q    #A的三种情况
            B1 = p and not q
            B2 = (p and q)or(not p and not q)
            B3 = not p and q    #B的三种情况
```

```
C1 = not q and not r
C2 = (not q and r)or(q and not r)
C3 = q and r   #C的三种情况
if ((A1 and B2 and C3) or (A1 and B3 and C2) or (A2 and B1 and C3) or\
   (A2 and B3 and C1) or (A3 and B1 and C2) or (A3 and B2 and C1)) == 1\
    and p + q + r == 1:   #成立一项
    if p == 1:
        print('陈教授是广东人')
    if q == 1:
        print('陈教授是四川人')
    if r == 1:
        print('陈教授是重庆人')
```

运行程序，输出如下：

```
陈教授是四川人
```

【例 3-6】 谁是班委。

在某班班委成员的选举中，已知刘小红、张三强、丁小仙 3 名同学被选进了班委会。该班的 3 名同学猜测如下：

A：刘小红为班长，张三强为生活委员。

B：丁小仙为班长，刘小红为生活委员。

C：张三强为班长，刘小红为学习委员。

班委会分工名单公布后发现，3 人都恰好猜对了一半，问：刘小红、张三强、丁小仙各任何职。

```
'''班长:b 生活委员:s 刘小红:w 张三强:t 丁金生:d'''
L = ['b', 's', 'x']
for w in L:
    for t in L:
        for d in L:
            W1 = (w == 'b')           #刘小红为班长
            L1 = (t == 's')           #张三强为生活委员
            D1 = (d == 'b')           #丁小仙为班长
            W2 = (w == 's')           #刘小红为生活委员
            L2 = (t == 'b')           #张三强为班长
            W3 = (w == 'x')           #刘小红为学习委员
            A1 = W1 and not L1
            A2 = not W1 and L1        #A
            B1 = D1 and not W2
            B2 = not D1 and W2        #B
            C1 = L2 and not W3
            C2 = not L2 and W3        #C
            if ((A1 and B1 and C1) or (A1 and B1 and C2) or (A1 and B2 and C1) or (A1 and B2 and C2) or \
              (A2 and B1 and C1) or (A2 and B1 and C2) or (A2 and B2 and C1) or (A1 and B2 and C2)) == 1 \
                  and W1 + D1 + L2 == 1 and L1 + L2 == 1:   #排除互斥项
                if W1 == 1:
                    print('刘小红为班长')
                if L1 == 1:
                    print('张三强为生活委员')
                if D1 == 1:
                    print('丁小仙为班长')
                if W2 == 1:
```

```
        print('刘小红为生活委员')
    if L2 == 1:
        print('张三强为班长')
    if W3 == 1:
        print('刘小红为学习委员')
```

运行程序,输出如下:

```
张三强为生活委员
丁小仙为班长
刘小红为学习委员
```

3.5 冒泡排序

冒泡排序是一种简单的排序算法,它也是一种稳定排序算法。冒泡排序算法的基本思想:从序列中未排序区域的最后一个元素开始,依次比较相邻的两个元素,并将小的元素与大的交换位置。这样经过一轮排序,最后的元素被移出未排序区域,成为已排序区域的第一个元素。同样,也可以按从大到小的顺序排列。

假设待排序序列为[5,1,4,2,8],如果采用冒泡排序对其进行升序(由小到大)排序,则整个排序过程如下:

(1) 第一轮排序,此时整个序列中的元素都位于待排序序列,依次扫描每对相邻的元素,并对顺序不正确的元素对交换位置,整个过程如图 3-2 所示。

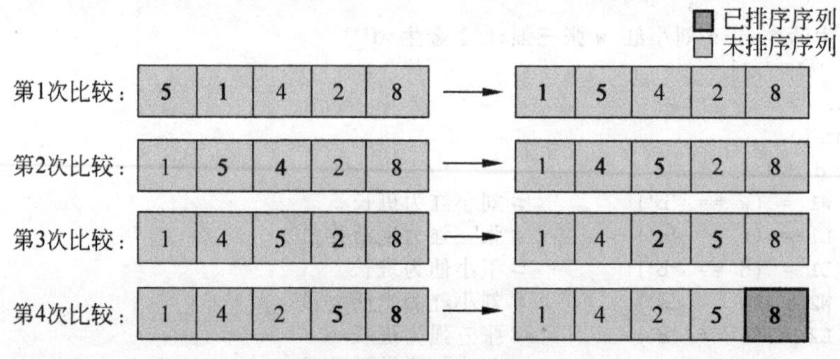

图 3-2 第一轮排序

从图 3-2 可以看到,经过第一轮冒泡排序,从待排序序列中找出了最大数 8,并将其放到了待排序序列的尾部,并入已排序序列中。

(2) 第二轮排序,此时待排序序列只包含前 4 个元素,依次扫描每对相邻元素,对顺序不正确的元素对交换位置,整个过程如图 3-3 所示。

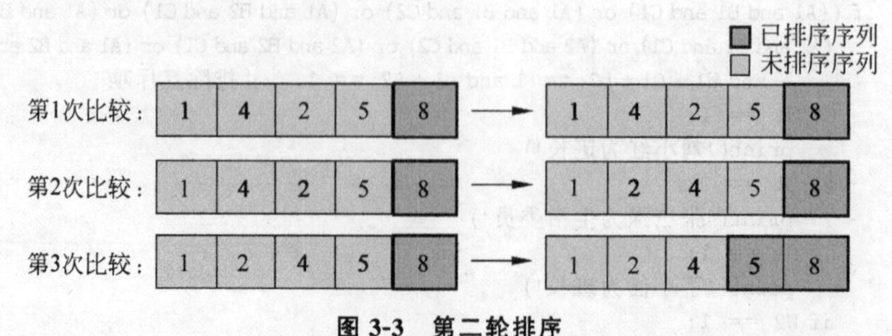

图 3-3 第二轮排序

从图 3-3 可以看到，经过第二轮冒泡排序，从待排序序列中找出了最大数 5，并将其放到了待排序序列的尾部，并入已排序序列中。

(3) 第三轮排序，此时待排序序列包含前 3 个元素，依次扫描每对相邻元素，对顺序不正确的元素对交换位置，整个过程如图 3-4 所示。

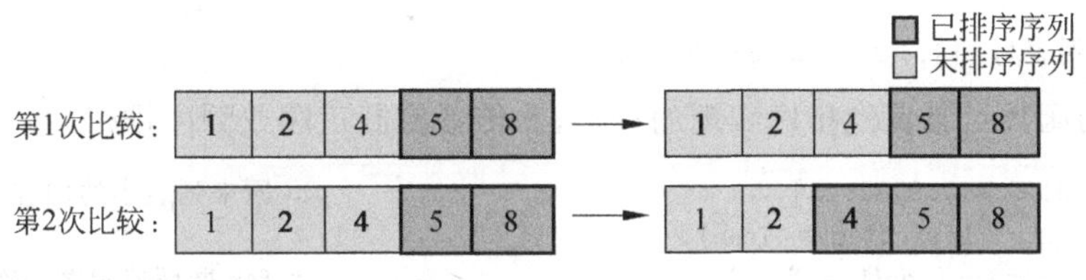

图 3-4　第三轮排序

经过第三轮冒泡排序，从待排序序列中找出了最大数 4，并将其放到了待排序序列的尾部，并入已排序序列中。

(4) 第四轮排序，此时待排序序列包含前 2 个元素，对其进行冒泡排序的整个过程如图 3-5 所示。

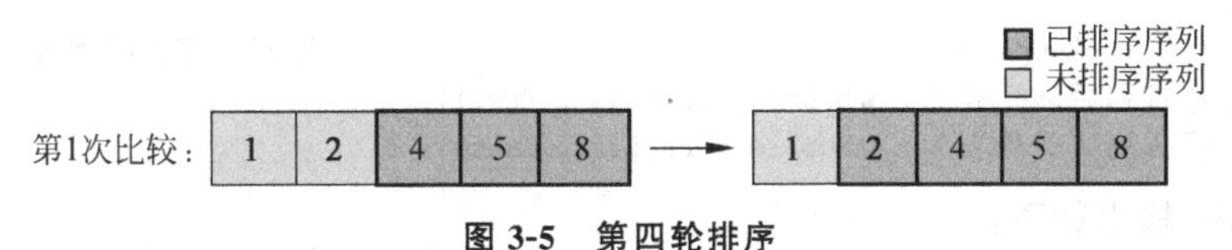

图 3-5　第四轮排序

(5) 当进行第五轮冒泡排序时，由于待排序序列中仅剩 1 个元素，无法再进行相邻元素的比较，因此直接将其并入已排序序列中，此时的序列就认定为已排序好的序列，如图 3-6 所示。

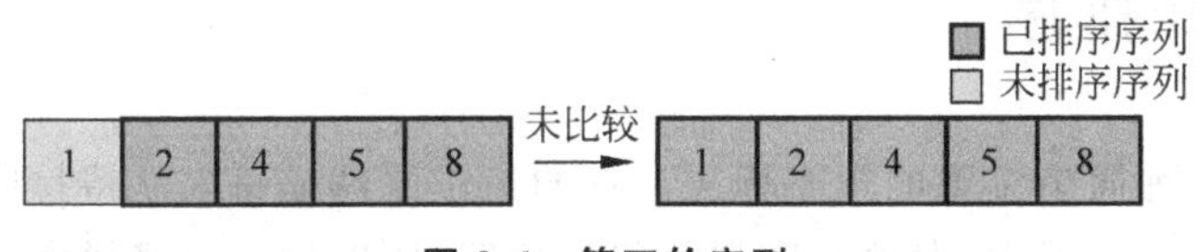

图 3-6　第五轮序列

【例 3-7】 利用冒泡排序对数列[39,22,41,19,32,15]进行排序。

排序步骤如下：

(1) 单次循环查找最大值。

依次两两比较列表中元素，将最大值移到列表末尾，并打印最大值和列表的内容。

```
List = [39,22,41,19,32,15]                              #原来列表中的内容
for i in range(len(List) - 1):                          #循环
    if List[i] > List[i + 1]:                           #比较当前值和下一个元素
        #若前面元素较大,则交换位置,将较大的元素后移
        List[i], List[i + 1] = List[i + 1], List[i]
print('最大值为: ',List[ - 1])                          #打印最大值
print('依次排序后的列表为: ',List)                      #打印列表
最大值为: 41
依次排序后的列表为: [22, 39, 19, 32, 15, 41]
```

(2) 使用两层循环实现冒泡排序。

```
List = [39,22,41,19,32,15]                              #原来列表中的内容
for j in range(len(List) - 1):                          #外层 for 循环控制循环次数
```

```
        for i in range(len(List) - 1 - j):                    # 内层 for 循环控制比较次数
            if List[i] > List[i + 1]:                          # 比较当前值和下一个元素
                List[i], List[i + 1] = List[i + 1], List[i]    # 将较大的元素进行后移
print('排序后的列表为: ',List)                                 # 打印排序后的列表
```

运行程序,输出如下:

```
排序后的列表为: [15, 19, 22, 32, 39, 41]
```

(3) 使用函数封装冒泡排序实现的过程,并传参控制正序或倒序排列。

```
List = [39,22,41,19,32,15]                                     # 原来列表中的内容
def bubble_sort(List,flag = True):
    for j in range(len(List) - 1):                             # for 循环控制循环次数
        for i in range(len(List) - 1 - j):                     # for 循环控制比较次数
            if List[i] > List[i + 1]:                          # 比较当前值和下一个元素
                # 较大的元素进行后移
                List[i], List[i + 1] = List[i + 1], List[i]
    if flag:                                                   # 如果要求正序排列
        return List                                            # 直接返回排序后的结果
    else:
        return List[:: - 1]                                    # 返回反序后的列表
print('正序排列后的列表为: ',bubble_sort(List, True))
print('反序排列后的列表为: ',bubble_sort(List, False))
```

运行程序,输出如下:

```
正序排列后的列表为: [15, 19, 22, 32, 39, 41]
反序排列后的列表为: [41, 39, 32, 22, 19, 15]
```

3.6 选择排序

选择排序是一种简单直观的排序算法。它的工作原理是每次从待排序的数据元素中选出最小(或最大)的一个元素,存放在序列的起始位置,所以称为选择排序。

选择排序算法的基本思想:先从序列的未排序区域中选择一个最小的元素,把它与序列中的第 1 个元素交换位置;再从剩下的未排序区域中选出一个最小的元素,把它与序列中的第 2 个元素交换位置……如此反复操作,直到序列中的所有元素按升序排列完毕。

例如,对无序表[56,12,80,92,20]采用选择排序算法进行排序,具体过程如下:

(1) 第一次遍历时,从下标为 1 的位置即 56 开始,找出关键字值最小的记录 12,同下标为 0 的关键字 56 交换位置。

12	56	80	92	20

(2) 第二次遍历时,从下标为 2 的位置即 56 开始,找出最小值 20,同下标为 2 的关键字 56 互换位置。

12	20	80	92	56

(3) 第三次遍历时,从下标为 3 的位置即 80 开始,找出最小值 56,同下标为 3 的关键字 80 互换位置。

12	20	56	92	80

(4) 第四次遍历时,从下标为 4 的位置即 91 开始,找出最小值 80,同下标为 4 的关键字 92 互换位置。

12	20	56	80	92

(5) 至此简单选择排序算法完成,无序列变为有序表。

【例 3-8】 利用选择排序算法对序列[56,12,80,92,20]进行排序。

实现步骤如下:

步骤 1:找出序列中的最大值,然后跟最后一个元素交换位置。

步骤 2:循环执行步骤 1。

步骤 3:优化函数并封装成函数。

```
#步骤 1
lst = [56,12,80,92,20]
index = 0                              #定义一个存放最大值的索引值的变量,默认为 0
for i in range(len(lst) - 1):
    if lst[i + 1] > lst[index]:
        index = i + 1
#结束完循环之后 index 为最大值的索引值
lst[index], lst[len(lst) - 1] = lst[len(lst) - 1], lst[index]
print(lst)                             #此时将最大值放到了列表最后
[56, 12, 80, 20, 92]

#步骤 2
lst = [56,12,80,92,20]
for i in range(len(lst) - 1):
    index = 0                          #定义一个存放最大值的索引值的变量,默认为 0
    for j in range(len(lst) - 1 - i):
        #当循环第一次时,i = 0,需要循环整个列表才能找出最大值
        #当循环第二次时,i = 1,不需要循环最后一个元素,因为最后一个元素一定是最大的
        #...
        if lst[j + 1] > lst[index]:
            index = j + 1
        #结束完循环之后 index 为最大值的索引值,将最大值放置参加循环的最后一位
    lst[index], lst[len(lst) - 1 - i] = lst[len(lst) - 1 - i], lst[index]
print(lst)
[12, 20, 56, 80, 92]

#步骤 3
def sort(lst):
    n = len(lst)
    for i in range(n - 1):
        index = 0
        for j in range(n - 1 - i):
            if lst[j + 1] > lst[index]:
                index = j + 1
        lst[index], lst[n - 1 - i] = lst[n - 1 - i], lst[index]
    return lst
lst = [56,12,80,92,20]
print(sort(lst))
[12, 20, 56, 80, 92]
```

3.7 插入排序

插入排序是一种简单直观的排序算法。它的工作原理是通过构建有序序列,对于未排序数据,在已排序序列中从后向前扫描,找到相应位置并插入。

把 n 个待排序的元素看成为一个有序表和一个无序表。开始时有序表中只包含1个元素,无序表中包含有 $n-1$ 个元素,排序过程中每次从无序表中取出第一个元素,将它插入到有序表中的适当位置,使之成为新的有序表,重复 $n-1$ 次可完成排序过程。

例如,有一组初始化数组[8,2,5,9,7],把数组中的数据分成两个区域,已排序区域和未排序区域,初始化的时候所有的数据都处在未排序区域中,已排序区域是空的。

(1) 第一轮排序,从未排序区域中随机拿出一个数字,既然是随机,那么我们就获取第一个,然后插入到已排序区域中,如果已排序区域是空,那么就不做比较,默认自身已经是有序的了。

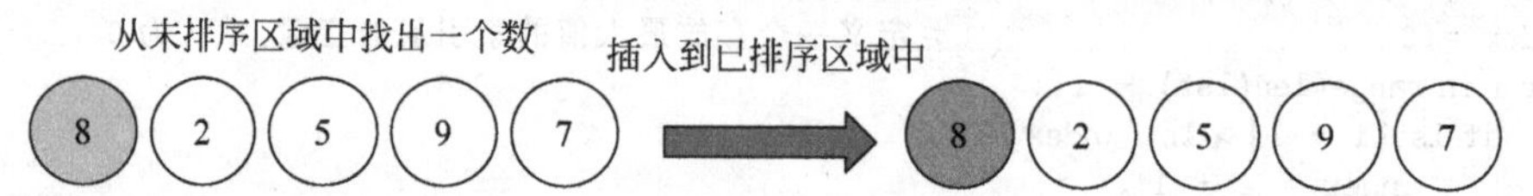

(2) 第二轮排序,继续从未排序区域中拿出一个数,插入到已排序区域中,这个时候要遍历已排序区域中的数字遍历做比较,比大比小取决于我们是想升序排还是想倒序排,这里按升序排。

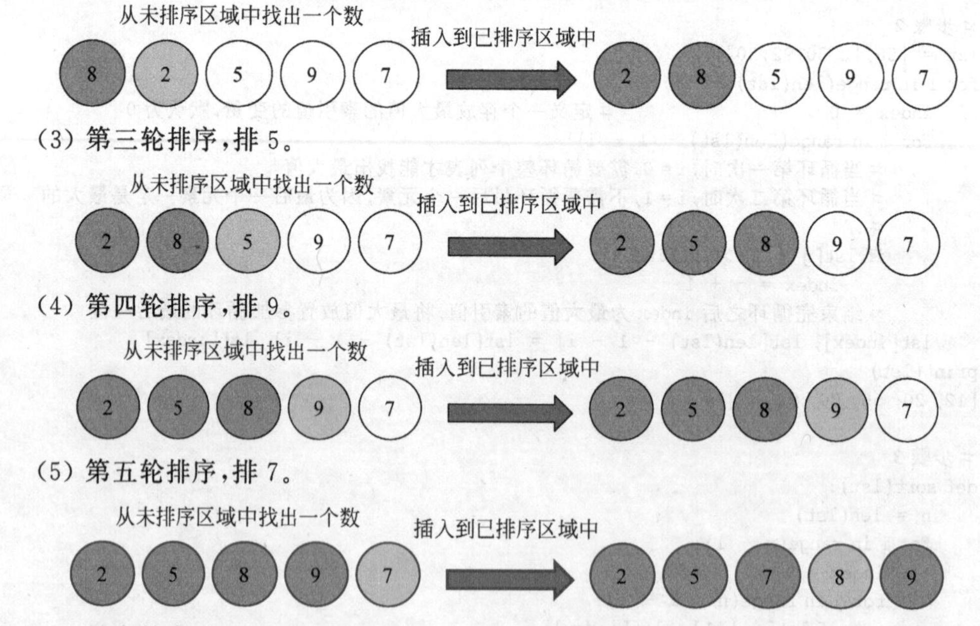

(3) 第三轮排序,排5。

(4) 第四轮排序,排9。

(5) 第五轮排序,排7。

(6) 排序结束。

【例 3-9】 利用插入排序对序列[11,11,22,33,33,36,39,44,55,66,69,77,88,99]进行排序。

```
def insertion_sort(arr):
    """插入排序"""
```

```
    #第一层 for 表示循环插入的遍数
    for i in range(1, len(arr)):
        #设置当前需要插入的元素
        current = arr[i]
        #与当前元素比较的比较元素
        pre_index = i - 1
        while pre_index >= 0 and arr[pre_index] > current:
            #当比较元素大于当前元素则把比较元素后移
            arr[pre_index + 1] = arr[pre_index]
            #往前选择下一个比较元素
            pre_index -= 1
        #当比较元素小于当前元素,则将当前元素插入在其后面
        arr[pre_index + 1] = current
    return arr
print('排序后的结果为: ')
insertion_sort([11, 11, 22, 33, 33, 36, 39, 44, 55, 66, 69, 77, 88, 99])
```

运行程序,输出如下:

```
排序后的结果为:
[11, 11, 22, 33, 33, 36, 39, 44, 55, 66, 69, 77, 88, 99]
```

3.8 快速排序

快速排序采用分治的策略。它的基本思想是:通过一趟排序将要排序的数据分割成独立的两部分,其中一部分的所有数据都比另外一部分的所有数据都要小,然后再按此方法对这两部分数据分别进行快速排序,整个排序过程可以递归进行,以此达到整个数据变成有序序列的目的。

如图3-7所示,假设最开始的基准数据为数组第一个元素23,则首先用一个临时变量去存储基准数据,即tmp=23。然后分别从数组的两端扫描数组,设两个指示标志:low指向起始位置,high指向末尾。

(1) 先从后半部分开始,如果扫描到的值大于基准数据就让high减1,如果发现有元素比该基准数据的值小(如图3-7中的18≤tmp),就将high位置的值赋值给low位置,结果如图3-8所示。

(2) 开始从前往后扫描,如果扫描到的值小于基准数据就让low加1,如果发现有元素大于基准数据的值(如图3-8中的46≥tmp),就再将low位置的值赋值给high位置的值,指针移动并且数据交换后的结果如图3-9所示。

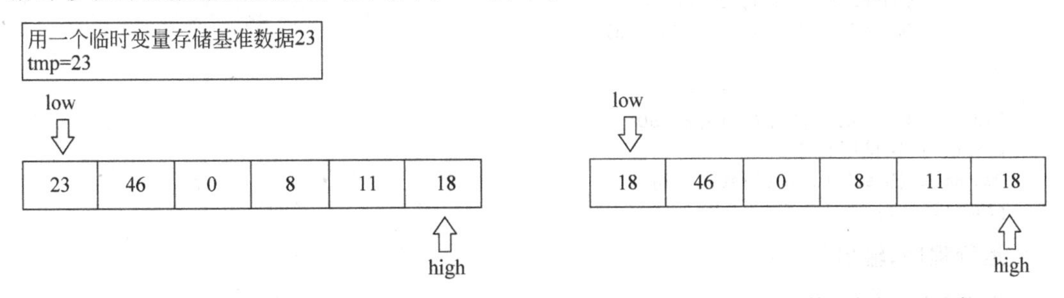

图3-7 最开始的基准数据　　图3-8 值大于基准数据high减1

(3) 然后再开始从后向前扫描，原理同上，发现图 3-9 的 11≤tmp，则将 high 位置的值赋值给 low 位置的值，结果如图 3-10 所示。

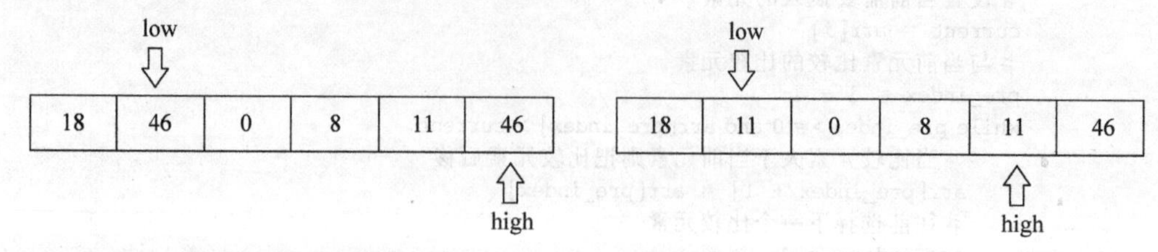

图 3-9　值小于基准数据 low 加 1

图 3-10　high 位置的赋值给 low 位置的值

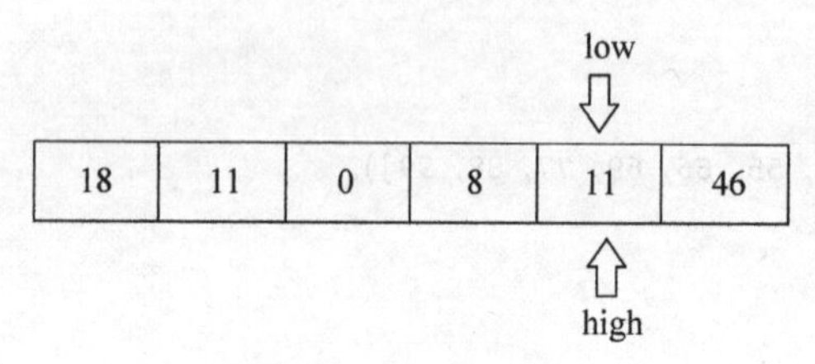

图 3-11　从前往后遍历

(4) 然后再开始从前往后遍历，直到 low=high 结束循环，此时 low 或 high 的下标就是基准数据 23 在该数组中的正确索引位置，如图 3-11 所示。

快速排序的本质就是把比基准数大的都放在基准数的右边，把比基准数小的放在基准数的左边，这样就找到了该数据在数组中的正确位置。

【例 3-10】 利用快速排序对序列[50,36,61,95,73,13,27,50]进行排序。

```
def QuickSort(myList,start,end):
    #判断 low 是否小于 high,如果为 false,则直接返回
    if start < end:
        i,j = start,end
        #设置基准数
        base = List1[i]
        while i < j:
    #如果列表后边的数,比基准数大或相等,则前移一位直到有比基准数小的数出现
            while (i < j) and (List1[j] >= base):
                j = j - 1
            #如找到,则把第 j 个元素赋值给第个元素 i,此时表中 i,j 个元素相等
            List1[i] = List1[j]
            #同样的方式比较前半区
            while (i < j) and (List1[i] <= base):
                i = i + 1
            List1[j] = List1[i]
        #做完第一轮比较之后,列表被分成了两个半区,并 i = j,需要将这个数设置回 base
        List1[i] = base
        #递归前后半区
        QuickSort(List1, start, i - 1)
        QuickSort(List1, j + 1, end)
    return List1

List1 = [50,36,61,95,73,13,27,50]
print("快速排序:")
QuickSort(List1,0,len(List1) - 1)
print(List1)
```

运行程序，输出如下：

```
快速排序:
[13, 27, 36, 50, 50, 61, 73, 95]
```

3.9 二分查找

二分查找又称折半查找，优点是比较次数少，查找速度快，平均性能好，占用系统内存较少；其缺点是要求待查表为有序表，且插入删除困难。因此，折半查找方法适用于不经常变动而查找频繁的有序列表。

1. 二分查找思想

二分查找算法的基本思想：假设序列中的元素是按从小到大的顺序排列的，以序列的中间位置为界将序列一分为二，再将序列中间位置的元素与目标数据比较。如果目标数据等于中间位置的元素，则查找成功，结束查找过程；如果目标数据大于中间位置的元素，则在序列的后半部分继续查找；如果目标数据小于中间位置的元素，则在序列中的前半部分继续查找。当序列不能被定位时，则查找失败，并结束查找过程。

中间位置的计算公式如下：

$$中间位置\approx(结束位置-起始位置)\div 2+起始位置$$

注意：对计算结果进行向下取整。

2. 算法分析

根据二分查找算法的基本思想，结合图3-12将该算法的工作过程描述如下。

第一次查找：起始位置为0，结束位置为7，中间位置为(7－0)/2＋0≈3，序列中索引位置为3的元素是7。目标值17大于7，则继续查找元素7右侧的数据。

第二次查找：起始位置为4，结束位置为7，中间位置为(7－4)/2＋4≈5，序列中索引位置为5的元素是13。目标值17大于13，则继续查找元素13右侧的数据。

第三次查找：起始位置为6，结束位置为7，中间位置为(7－6)/2＋6≈6，序列中索引位置为6的元素是17。正好与目标值17相等，则将目标位置6返回，整个查找过程结束。

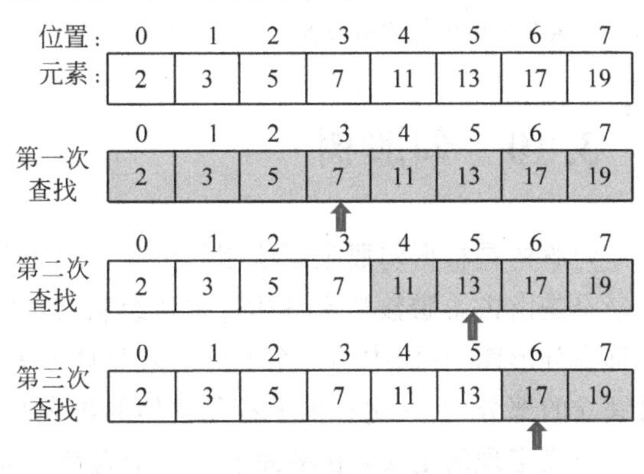

图3-12 二分查找算法的工作过程

通过分析上述查找过程，将二分查找算法的编程思路描述如下：

(1) 根据待查找序列的起始位置和结束位置计算出一个中间位置。

(2) 如果目标数据等于中间位置的元素，则查找成功，返回中间位置。

(3) 如果目标数据小于中间位置的元素，则在序列的前半部分继续查找。

(4) 如果目标数据大于中间位置的元素，则在序列的后半部分继续查找。

(5) 重复进行以上步骤，直到待查找序列的起始位置大于结束位置，即待查找序列不可定位时，则查找失败。

【例3-11】 利用二分查找法查找序列[2,3,5,7,11,13,17,19]中值为17的位置。

```
#返回 x 在 arr 中的索引，如果不存在则返回 -1
```

```
def binarySearch(arr, l, r, x):
    #基本判断
    if r >= l:
        mid = int(l + (r - l)/2)
        #元素的中间位置
        if arr[mid] == x:
            return mid
        #元素小于中间位置的元素,只需要再比较左边的元素
        elif arr[mid] > x:
            return binarySearch(arr, l, mid - 1, x)
        #元素大于中间位置的元素,只需要再比较右边的元素
        else:
            return binarySearch(arr, mid + 1, r, x)
    else:
        #不存在
        return -1
#测试数组
arr = [2,3,5,7,11,13,17,19]
x = 10
#函数调用
result = binarySearch(arr, 0, len(arr) - 1, 17)
if result != -1:
    print("元素在数组中的索引为 %d" % result)
else:
    print("元素不在数组中")
```

运行程序,输出如下:

```
元素在数组中的索引为 6
```

3.10 勾股树

勾股树是根据勾股定理绘制的可以无限重复的图形,重复多次之后呈现为树状。勾股树最早是由古希腊数学家毕达哥拉斯绘制,因此又称之为毕达哥拉斯树。这种图形在数学上称为分形图,它们中的一个部分与其整体或者其他部分都十分相似,分形图内任何一个相对独立的部分,在一定程度上都是整体的再现和缩影。这就是分形图的自相似特性。

勾股定理的定义:在平面上的一个直角三角形中,两个直角边边长的平方加起来等于斜边长的平方。用数学语言表达为 $a^2+b^2=c^2$,用图形表达如图 3-13 所示。

以图 3-13 中的勾股定理图为基础,让两个较小的正方形按勾股定理继续"生长",又能画出新一代的勾股定理图,如此一直画下去,最终得到一棵完全由勾股定理图组成的树状图形(图 3-14)。

1. 算法分析

利用分形图的自相似特性,先构造出分形图的基本图形,再不断地对基本图形进行复制,就能绘制出分形图。针对勾股树分形图,其绘制步骤如下:

(1) 先画出图 3-13 所示的勾股定理图形作为基本图形,将这一过程封装为一个绘图函数,以便进行递归调用。

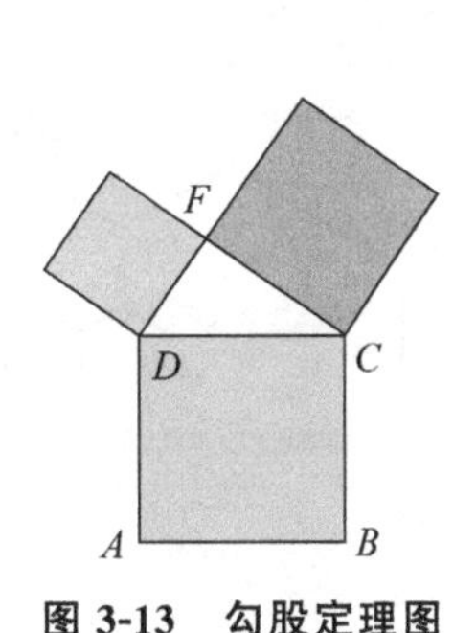

图 3-13　勾股定理图

图 3-14　勾股树

(2) 在绘制两个小正方形之前，分别以直角三角形两条直角边作为下一代勾股定理图形中直角三角形的斜边，以递归方式调用绘制函数画出下一代的基本图形。

(3) 重复执行前两步，最终可绘制出一棵勾股树的分形图。由于是递归调用，需要递归的终止条件，此处设置某一代勾股定理图的直角三角形的斜边小于某个数值时就结束递归。

2. 经典应用

通过 Python 分别实现分形树与勾股树的绘制。

1) 分形树

分形树是分形几何中的一小种类型，一棵分形树相当于一棵“满二叉树”。通常都用递归来实现，递归条件通常分两排：一排是用长度递减，直到长度不满足某个条件时退出；另一排则是按层数递归，相当于“满二叉树”的层序遍历。前一排的长度递归相当于“满二叉树”的先序遍历，从根出发先左子树后右子树，每一棵子树都按这种“先根后左右”的顺序遍历。

【例 3-12】 绘制分形树。

```
import turtle

def bintree(size):
    angle = 60                          # 分叉的角度
    if size > 5:                        # 长度退出条件
        turtle.forward(size)
        turtle.left(angle)
        bintree(size / 1.6)
        turtle.right(angle * 2)
        bintree(size / 1.6)
        turtle.left(angle)
        turtle.backward(size)

def main():
    turtle.speed(0)
    turtle.hideturtle()
    turtle.penup()
    turtle.left(90)
    turtle.backward(100)
    turtle.showturtle()
    turtle.pendown()
```

```
    turtle.pensize(2)
    turtle.color('green')
    bintree(150)
    turtle.done()

if __name__ == '__main__':
    main()
```

运行程序,效果如图 3-15 所示。

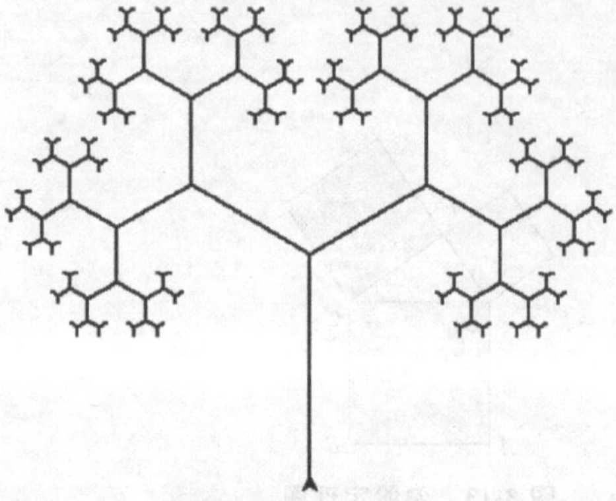

图 3-15 分形树

在以上代码中,长度以等比数列递减,公比为 1/1.6;也可以改成等差数列形式。此方式缺点是:树的层数不能直接控制,需要用初始长度、递减公式和退出条件计算得出。

2) 勾股树

勾股树,其实就是分形树的一种,只是不像上例一样简单地画 2 个分叉,而是画直角三角形加上各边上的正方形,就像平面几何中勾股定理证明时画的示意图。

【例 3-13】 绘制勾股树。

```
from turtle import *

def Square(self,length):
    for _ in range(5):
        self.forward(length)
        self.right(90)

def Triangle(self,length):
    self.left(45)
    self.forward(length/2 ** 0.5)
    self.right(90)
    self.forward(length/2 ** 0.5)
    self.right(135)
    self.forward(length)

def Move2Right(self,length):
    self.back(length)
    self.right(45)
    self.forward(length/2 ** 0.5)
    self.right(90)

def Recursive(n, tracer, length):
    if n<1: return
    tracers = []
    for left in tracer:
        if n<3: left.pencolor('green')
        else: left.pencolor('brown')
        Square(left, length)
        Triangle(left, length)
        right = left.clone()
        left.right(45)
        Move2Right(right, length)
```

```
        tracers.append(left)
        tracers.append(right)
    Recursive(n-1, tracers, length/2**0.5)

def Setup(self, length, speed):
    self.hideturtle()
    self.speed(speed)
    self.penup()
    self.goto(-length*0.5, -length*1.8)
    self.seth(90)
    self.pensize(2)
    self.pendown()

def main(level, length, speed=-1):
#level: 树的层数
#length: 最底层正方形的边长
#speed: 1~10,画笔速度递增; =0 时速度最快; =-1 时关闭画笔踪迹
setup(800,600)
    title('Fractal Tree')
    if speed==-1: tracer(0)
    else: tracer(1)
    t = Turtle()
    Setup(t, length, speed)
    from time import sleep
    sleep(2)
    Recursive(level, list([t]), length)
    done()
    bye()

if __name__ == '__main__':
    main(6,150,10)
```

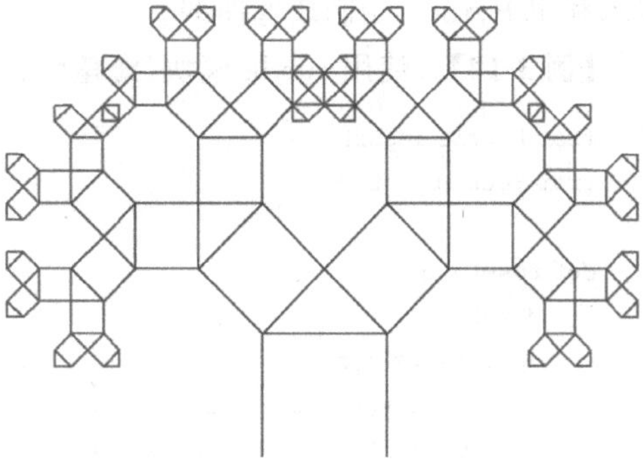

运行程序,效果如图 3-16 所示。

图 3-16 勾股树

3.11 玫瑰曲线

在数学中有一些美丽的曲线图形,如螺旋线、摆线、双纽线、蔓叶线、心脏线、渐开线、玫瑰曲线、蝴蝶曲线……这些形状各异、简繁有别的数学曲线图形为看似枯燥的数学公式披上了精彩纷呈的美丽衣裳。

在数学曲线的百花园中,玫瑰曲线算得上个中翘楚,它的数学方程简单,曲线变化众多,根据参数的变化能展现出姿态万千的优美形状。玫瑰曲线可用极坐标方程表示为

$$\rho = a\sin n\theta$$

也可以用参数方程表示为

$$\begin{cases} x = a\sin n\theta\cos\theta \\ y = a\sin n\theta\sin\theta \end{cases}$$

式中,参数 a 控制叶子的长度;参数 n 控制叶子的数量,并影响曲线闭合周期。当 n 为奇数

时，玫瑰曲线的叶子数为 n，闭合周期为 π，即参数 θ 的取值范围为 $0\sim\pi$，才能使玫瑰曲线闭合为完整图形。当 n 为偶数时，玫瑰曲线的叶子数为 $2n$，闭合周期为 2π，即参数 θ 的取值范围为 $0\sim2\pi$。

1. 算法分析

在数学世界中，像玫瑰曲线这样美丽的曲线图形实际上是由简单的函数关系生成的。利用曲线函数的参数方程，可以在平面直角坐标系中方便地绘制出它们的图形。

假如要利用玫瑰曲线的参数方程绘制三叶玫瑰曲线，则参数 n 的值可以设定为 3，参数 a 的值可以设定叶子的长度(如 100)。因为参数 $n=3$ 是奇数，所以三叶玫瑰曲线的闭合周期为 π。

绘制玫瑰曲线的编程思路：在一个循环结构中，让参数 θ 从 0 变化到 π，再利用玫瑰曲线的参数方程求出点坐标 x 和 y 的值，并通过绘图库绘制一系列连续的点，最终绘制出一个完整的玫瑰曲线图形。

2. 经典应用

根据上述算法分析中给出的编程思路，编程绘制玫瑰曲线的图形。下面通过两个实例演示利用 Python 绘制玫瑰曲线。

【例 3-14】 使用 turtle 模块(海龟绘图)绘制图案。

```
from turtle import *
from math import *

def rose(a,n):
    t=0
    while t<=cycle:
        x=cos(t)*a*(sin(n*t))
        y=sin(t)*a*(sin(n*t))
        goto(x,y)
        dot(10)
        pd()
        t+=1
        pu()

speed(0)
tracer(100)
pencolor("blue")
pensize(5)
pu()
cycle=360
a=150
n=2
rose(a,n)
hideturtle()
done()
```

运行程序，当 $n=2$ 时，得到效果如图 3-17(a)所示；当 $n=3$ 时，得到效果如图 3-17(b)所示；当 $n=8$ 时，得到效果如图 3-17(c)所示。

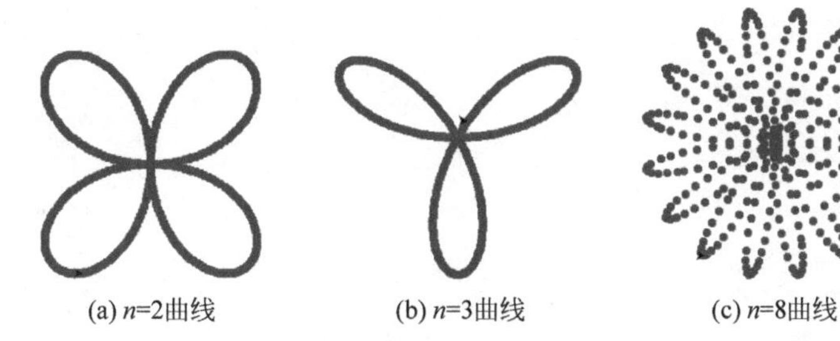
(a) n=2曲线　(b) n=3曲线　(c) n=8曲线

图 3-17 玫瑰曲线

可修改代码中的 n 值,绘制不同代玫瑰曲线。

【例 3-15】 利用海龟绘制盛开的玫瑰花。

```
import turtle as t

t.setup(800,800)
t.hideturtle()
t.speed(11)
t.penup()
t.goto(50, - 450)
t.pensize(5)
t.pencolor("black")
t.seth(140)
t.pendown()
t.speed(10)
t.circle( - 300,60)
t.fd(100)
#1ye
t.seth(10)
t.fd(50)
t.fillcolor("green")
t.begin_fill()
t.right(40)
t.circle(120,80)
t.left(100)
t.circle(120,80)
t.end_fill()
t.seth(10)
t.fd(90)
t.speed(11)
t.penup()
t.fd( - 140)
t.seth(80)
#2ye
t.pendown()
t.speed(10)
t.fd(70)
t.seth(160)
t.fd(50)
t.fillcolor("green")
t.begin_fill()
t.right(40)
t.circle(120,80)
```

```
t.left(100)
t.circle(120,80)
t.end_fill()
t.seth(160)
t.fd(90)
t.speed(11)
t.penup()
t.fd(-140)
t.seth(80)
t.pendown()
t.speed(10)
#
t.fd(100)
#1ban
t.seth(-20)
t.fillcolor("crimson")
t.begin_fill()
t.circle(100,100)
t.circle(-110,70)
t.seth(179)
t.circle(223,76)
t.end_fill()
#2ban
t.speed(11)
t.fillcolor("red")
t.begin_fill()

t.left(180)
t.circle(-223,60)
t.seth(70)
t.speed(10)
t.circle(-213,15)        #55
t.left(70)               #125
t.circle(200,70)
t.seth(-80)
t.circle(-170,40)
t.circle(124,94)
t.end_fill()

t.speed(11)
t.penup()
t.right(180)
t.circle(-124,94)
t.circle(170,40)
t.pendown()
t.speed(10)

t.seth(-60)
t.circle(175,70)
t.seth(235)
t.circle(300,12)
t.right(180)
t.circle(-300,12)
```

```
t.seth(125)
t.circle(150,60)
t.seth(70)
t.fd(-20)
t.fd(20)

t.seth(-45)
t.circle(150,40)
t.seth(66)
t.fd(-18.5)
t.fd(18.5)

t.seth(140)
t.circle(150,27)
t.seth(60)
t.fd(-8)
t.speed(11)
t.penup()
t.left(20.8)
t.fd(-250.5)

#3ban
t.pendown()
t.speed(10)
t.fillcolor("crimson")
t.begin_fill()
t.seth(160)

t.circle(-140,85)
t.circle(100,70)
t.right(165)
t.circle(-200,32)
t.speed(11)
t.seth(-105)
t.circle(-170,14.5)
t.circle(123,94)
t.end_fill()
```

运行程序,效果如图 3-18 所示。

图 3-18 盛开的玫瑰花

第 4 章 机器学习大战

CHAPTER 4

机器学习(machine learning，ML)是一门多领域交叉学科，涉及概率论、统计学、逼近论、凸分析、算法复杂度理论等多门学科。它是人工智能的核心，是使计算机具有智能的根本途径，它的应用已遍及人工智能的各个分支，如专家系统、自动推理、自然语言理解、模式识别、计算机视觉、智能机器人等领域。

训练数据对模型进行训练，使模型掌握数据所蕴含的潜在规律，进而对新输入的数据进行准确的分类或预测，如图 4-1 所示。

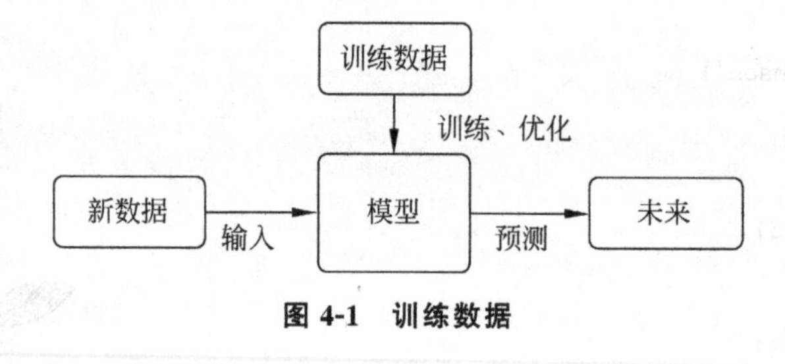

图 4-1 训练数据

4.1 机器学习概述

我们已对机器学习的概念进行了解，通过建立模型进行自我学习，那么学习方法有哪些呢?

4.1.1 机器学习分类

机器学习可分为监督学习、无监督学习、半监督学习以及强化学习。

1. 监督学习

监督学习是给定输入样本集，机器就可以从中推演出指定目标变量的可能结果(如预测明天下雨的概率或者对投票者按照兴趣进行分组)，之所以称为监督学习，是因为这类算法必须知道预测什么。监督学习又分为分类和回归两种类型。例如，根据 6 年的天气预报信息进行学习后，将温度作为输入得到下雨或不下雨的输出，就是分类。回归是用于预测数值型数据，例如根据 6 年的天气预报信息预测是否下雨的一个概率值。

2. 无监督学习

无监督学习跟监督学习的区别就是选取的样本数据无须有目标值，无须分析这些数据对某些结果的影响，只是分析这些数据内在的规律。

无监督学习常用于聚类分析，如客户分群、因子降维等。例如，RFM 模型的使用，通过客户的销售行为（消费次数、最近消费时间、消费金额）指标对客户数据进行聚类。除此之外，无监督学习也适用于降维。无监督学习与监督学习相比，其优势在于它的数据不需要人工打标记，数据获取成本低。

3. 半监督学习

半监督学习是监督学习和无监督学习相互结合的一种学习方法，通过半监督学习的方法可以实现分类、回归、聚类的结合使用。

- 半监督分类：在无类标签的样例的帮助下训练有类标签的样本，获得比只用有类标签的样本训练更优的分类。
- 半监督回归：在无输出的输入的帮助下训练有输出的输入，获得比只用有输出的输入训练得到的回归器性能更好的回归。
- 半监督聚类：在有类标签的样本的信息帮助下获得比只用无类标签的样例得到的结果更好的簇，提高聚类方法的精度。
- 半监督降维：在有类标签的样本的信息帮助下找到高维输入数据的低维结构，同时保持原始高维数据和成对约束的结构不变。

4. 强化学习

强化学习是一类算法，让计算机实现从一开始什么都不懂，脑袋里没有一点想法，通过不断地尝试，从错误中学习，最后找到规律，达到目的，这就是一个完整的强化学习过程。实际中的强化学习例子有很多，例如有名的 AlphaGo（机器第一次在围棋场上战胜人类高手），让计算机自己学着玩经典游戏 Atari。这些都是让计算机在不断的尝试中更新自己的行为准则，从而一步步学会如何下好围棋，如何操控游戏得到高分。

4.1.2 深度学习

深度学习是目前关注度很高的一类算法，深度学习（deep learning，DL）属于机器学习的子类。它的灵感来源于人类大脑的工作方式，是利用深度神经网络来解决特征表达的一种学习过程。

人工智能、机器学习、深度学习关系如图 4-2 所示。

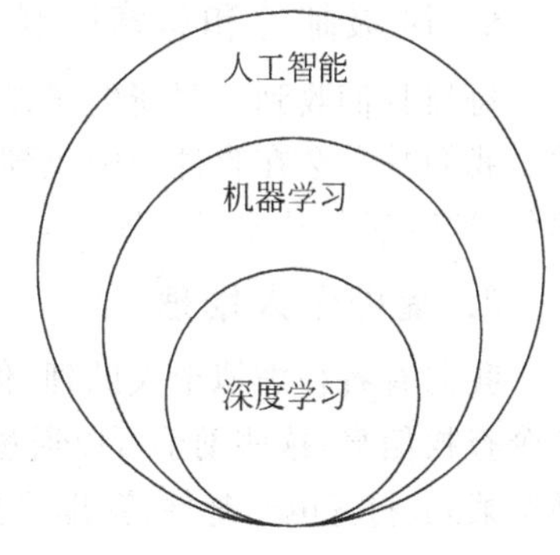

图 4-2　三者关系图

深度学习归根结底也是机器学习，不过它不同于监督学习、半监督学习、无监督学习、强化学习的这种分类方法，它是另一种分类方法，基于算法神经网络的深度，可以分成浅层学习算法和深度学习算法。

浅层学习算法主要是对一些结构化数据、半结构化数据场景的预测，深度学习主要解决复杂的场景，例如图像、文本、语音识别与分析等。

4.1.3 机器学习的应用

1. 图像识别

图像识别是机器学习最常见的应用之一。它用于识别物体、人物、地点、数字图像等。图像识别和人脸检测的流行用例是自动好友标记建议,如Facebook提供了自动好友标记建议的功能。每当上传与Facebook好友的照片时,都会自动收到带有姓名的标记建议,这背后的技术是机器学习的人脸检测和识别算法。它基于名为"Deep Face"的Facebook项目,负责图片中的人脸识别和人物识别。

2. 语音识别

在使用各种搜索软件时,有一个"通过语音搜索"的选项,它属于语音识别,是机器学习的一个流行应用。

语音识别是将语音指令转换为文字的过程,也称为"语音转文字"或"计算机语音识别"。目前,机器学习算法被各种语音识别应用广泛使用,如百度助手、一些语音输入法等。

3. 交通预测

如果我们想去一个新的地方,会借助手机地图,它会向我们显示最短路线的正确路径并预测交通状况(如交通是否畅通、缓慢行驶或严重拥堵)。车辆的实时位置来自地图应用程序和传感器,每个使用手机地图的人都在帮助这个应用程序变得更好,因为它能从用户那里获取信息并将其发送回其数据库以提高性能。

4. 产品推荐

机器学习被京东、淘宝等各种电子商务和娱乐公司广泛用于向用户推荐产品。例如,当在京东上搜索某种产品时,我们会在某浏览器上上网时收到同一产品的广告,这是因为机器学习。淘宝使用各种机器学习算法了解用户的兴趣,并根据客户的兴趣推荐产品。类似地,当使用淘宝购物时,我们会找到一些关于娱乐系列、电影等的推荐,这也是在机器学习的帮助下完成的。

5. 自动驾驶汽车

机器学习在自动驾驶汽车中发挥着重要作用。很多汽车制造公司正在开发自动驾驶汽车。它使用无监督学习方法训练汽车模型,使其在驾驶时能自动检测人和物体。

6. 垃圾邮件和恶意软件过滤

每当我们收到一封新电子邮件时,它都会被自动过滤为重要邮件、正常邮件和垃圾邮件。我们总是会在收件箱中收到一封带有重要符号的重要邮件,垃圾邮件箱中也会有垃圾邮件,这背后的技术是机器学习。

7. 虚拟个人助理

我们有各种虚拟个人助理,例如Cortana、Siri。顾名思义,它们可以帮助我们使用语音指令查找信息,这些助手可以通过我们的语音指令以各种方式帮助我们,例如播放音乐、打电话给某人、打开电子邮件、安排约会等。这些虚拟助手使用机器学习算法作为重要组成部分。

8. 在线欺诈检测

机器学习通过检测欺诈交易使我们的在线交易安全可靠。每当我们进行一些在线交易时，欺诈交易可能会以多种方式发生，例如假账户、假身份证和在交易过程中偷钱。因此，为了检测到这一点，前馈神经网络通过检查它是真实交易还是欺诈交易来帮助我们免受欺诈。

9. 股市交易

机器学习广泛用于股票市场交易。在股票市场中，股票的涨跌风险总是存在的，因此对于这个机器学习的长短期记忆神经网络用于股票市场趋势的预测。

10. 医学诊断

在医学中，机器学习用于疾病诊断。有了这个，医疗技术发展得非常快，并且能够建立可以预测大脑中病变的确切位置的3D模型。它的图像识别技术有助于轻松发现脑肿瘤和其他脑相关疾病。

11. 自动语言翻译

当我们到国外旅游，但并不懂该国的语言时，机器学习会通过将文本转换为我们已知的语言来帮助我们。自动翻译背后的技术是一种序列到序列学习算法，它与图像识别一起使用，将文本从一种语言翻译成另一种语言。

4.2 监督学习

监督学习要解决的问题可分成两类：回归(regression)和分类(classification)。监督学习的算法有很多，而且很多算法已经被收集到成熟的算法库中，使用者可以直接调用。常用的经典算法有：

- k 邻近(k-nearest neighbor, kNN)算法。
- 线性回归(linear regression)。
- 逻辑回归(logistic regression)。
- 支持向量机(support vector machine, SVM)。
- 朴素贝叶斯分类器(naive Bayes classifier)。
- 决策树(decision tree)。
- 随机森林(random forests)。

4.2.1 kNN 算法

kNN 算法采用测量不同特征值之间的距离方法进行分类，即是给定一个训练数据集，对新的输入实例，在训练数据集中找到与该实例最邻近的 k 个实例，这 k 个实例的多数属于某个类，就把该输入实例分类到这个类中。

1. kNN 算法简介

kNN 算法是一种监督学习算法，其基本操作的三个要点如下：

第一，确定距离度量。

第二，k 值的选择(找出训练集中与带估计点最靠近的 k 个实例点)。

第三，分类决策规则。

- 在“分类”任务中可使用“投票法”，即选择这个实例中出现最多的标记类别作为预测结果；

- 在“回归”任务中可使用“平均法”，即将这 k 个实例的实值输出标记的平均值作为预测结果；
- 还可基于距离远近进行加权平均或加权投票，距离越近的实例权重越大。

kNN 算法不具有显式的学习过程。它是懒惰学习(lazy learning)的著名代表，此类学习技术在训练阶段仅仅是把样本保存起来，训练时间开销为零，待收到测试样本后再进行处理。

2. kNN 算法的三要素

距离度量、k 值的选择及分类决策规则是 kNN 算法的三个基本要素。

如图 4-3 所示，根据欧氏距离，选择 $k=4$ 个离测试实例最近的训练实例(圈处)，再根据多数表决的分类决策规则，即这 4 个实例多数属于“-类”，可推断测试实例为“-类”。

1) 距离度量

特征空间中的两个实例点的距离是两个实例点相似程度的反映。kNN 算法的特征空间一般是 n 维实数向量空间 $\mathbf{R}_n$。度量的距离是其他 L_p 范式距离，一般为欧式距离。

$$L_p(x_i,x_j)=\left(\sum_1^n \mid x_i^{(1)}+x_j^{(1)} \mid^p\right)^{\frac{1}{p}} \tag{4-1}$$

式中，$p\geqslant 1$。

- 当 $p=1$ 时，称为曼哈顿距离(Manhattan distance)：

$$L_1(x_i,x)=\sum_1^n |x_i^{(1)}+x_j^{(1)}|$$

- 当 $p=2$ 时，称为欧氏距离(Euclidean distance)：

$$L_2(x_i,x)=\left(\sum_1^n \mid x_i^{(1)}+x_j^{(1)} \mid^2\right)^{\frac{1}{2}} \tag{4-2}$$

- 当 $p=\infty$时，它是各个坐标距离的最大值，如图 4-4 所示。

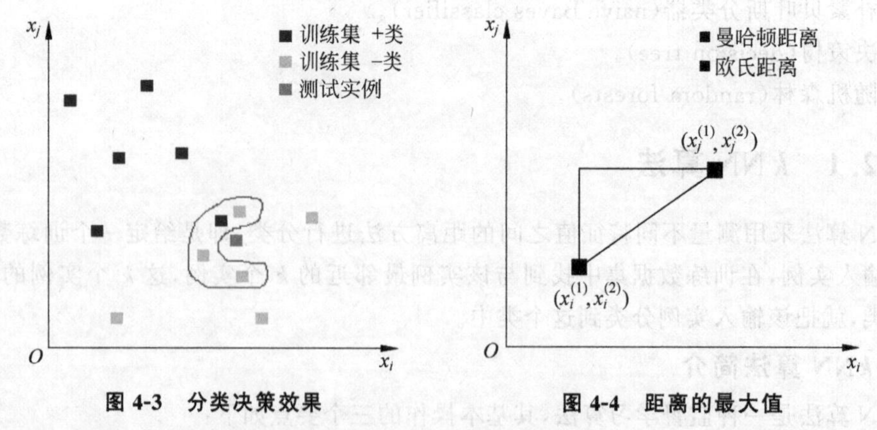

图 4-3 分类决策效果　　　　图 4-4 距离的最大值

2) k 值的选择

k 值的选择常用的方法有：

(1) 从 $k=1$ 开始，使用检验集估计分类器的误差率。

(2) 重复该过程，每次 k 增值 1，允许增加一个近邻。

(3) 选取产生最小误差率的 k。

注意：

(1) 一般 k 的取值不超过 20，上限是 n 的开方，随着数据集的增大，k 的值也要增大。

(2) 一般 k 值选取比较小的数值，并采用交叉验证法选择最优的 k 值。

说明：

(1) 过小的 k 值模型中，输入样本点会对近邻的训练样本点十分敏感，如果引入了噪声，则会导致预测出错。对噪声的低容忍性会使得模型变得过拟合。

(2) 过大的 k 值模型中，就相当于选择了范围更大的领域内的点作为决策依据，可以降低估计误差。但邻域内其他类别的样本点也会对该输入样本点的预测产生影响。

(3) 如果 $k=N$，N 为所有样本点，那么 kNN 算法模型每次都将会选取训练数据中数量最多的类别作为预测类别，训练数据中的信息将不会被利用。

3) 分类决策规则

kNN 的分类决策规则就是对输入新样本的邻域内所有样本进行统计数目。邻域的定义就是，以新输入样本点为中心，离新样本点距离最近的 k 个点所构成的区域。

3. kNN 算法实现

前面已对 kNN 算法的定义、三要素等进行了介绍，下面直接通过实例演示利用 Python 实现 kNN 算法。

【例 4-1】 利用 kNN 算法分析鸢尾花的数据集。

```
from sklearn import datasets
#导入内置数据集模块
from sklearn.neighbors import KNeighborsClassifier
#导入 sklearn.neighbors 模块中 kNN 类
import numpy as np
iris = datasets.load_iris()
#print(iris)
#导入鸢尾花的数据集,iris 是一个数据集,内部有样本数据
iris_x = iris.data
iris_y = iris.target

indices = np.random.permutation(len(iris_x))
#permutation 接收一个数作为参数(150),产生一个 0～149 一维数组,只不过是随机打乱的
iris_x_train = iris_x[indices[:-10]]
#随机选取 140 个样本作为训练数据集
iris_y_train = iris_y[indices[:-10]]
#并且选取这 140 个样本的标签作为训练数据集的标签
iris_x_test = iris_x[indices[-10:]]
#剩下的 10 个样本作为测试数据集
iris_y_test = iris_y[indices[-10:]]
#并且把剩下 10 个样本对应标签作为测试数据集的标签

knn = KNeighborsClassifier()
#定义一个 kNN 分类器对象
knn.fit(iris_x_train, iris_y_train)
#调用该对象的训练方法,主要接收两个参数: 训练数据集及其样本标签
iris_y_predict = knn.predict(iris_x_test)
#调用该对象的测试方法,主要接收一个参数: 测试数据集
```

```
score = knn.score(iris_x_test, iris_y_test, sample_weight = None)
#调用该对象的打分方法,计算出准确率

print('测试的结果 = ')
print(iris_y_predict)
#输出测试的结果
print('原始测试数据集的正确标签 = ')
print(iris_y_test)
#输出原始测试数据集的正确标签,以方便对比
print('准确率计算结果:', score)
#输出准确率计算结果
```

运行程序,输出如下:

```
测试的结果 =
[0 0 2 2 2 2 0 0 0 0]
原始测试数据集的正确标签 =
[0 0 2 1 2 2 0 0 0 0]
准确率计算结果: 0.9
```

4.2.2 线性回归

线性回归是机器学习算法中最简单的算法之一,它是监督学习的一种算法,主要思想是在给定训练集上学习得到一个线性函数,在损失函数的约束下,求解相关系数,最终在测试集上测试模型的回归效果。

线性回归是利用数理统计中回归分析确定两种或两种以上变量间相互依赖的定量关系的一种统计分析方法,应用十分广泛。其数学表达式为 $y=w'x+e$,其中 e 为误差,服从均值为 0 的正态分布。

回归分析中,只包括一个自变量和一个因变量,且二者的关系可用一条直线近似表示,这种回归分析称为一元线性回归分析。如果回归分析中包括两个或两个以上的自变量,且因变量和自变量之间是线性关系,则称为多元线性回归分析。

1. 一元线性回归

一元回归的主要任务是从两个相关变量中的一个变量去估计另一个变量,被估计的变量称因变量,可设为 y;估计出的变量称自变量,设为 x。回归分析就是要找出一个数学模型 $y=f(x)$,使得从 x 估计 y 可以用一个函数式去计算。当 $y=f(x)$的形式是一个直线方程时,称为一元线性回归。这个伪方程一般可表示为 $y=wx+b$。根据最小平方法,可以从样本数据确定常数项与回归系数的值。b、w 确定后,有一个 x 的观测值,就可得到一个估计值。回归方程是否可靠,估计的误差有多大,都还应经过显著性检验和误差计算。有无显著的相关关系以及样本的大小等是影响回归方程可靠性的因素。

现实世界中的数据总是存在各种误差,例如测量工具的误差、温度数的误差等。而且数据的产生也大部分是一个随机的过程。所以,如果现实世界中存在某些线性关系,那么这个关系也一定是近似的。其一次函数实际如下:

$$y=kx+b+e$$

其中,e 是数据偏离线性的误差,这个误差是服从正态分布的。

【例 4-2】 鸢尾花花瓣长度与宽度的线性回归分析。

```
#导入鸢尾花数据集
from sklearn.datasets import load_iris
#导入用于分割训练集和测试集的类
from sklearn.model_selection import train_test_split
#导入线性回归类
from sklearn.linear_model import LinearRegression
import numpy as np

iris = load_iris()
'''
iris数据集的第三列是鸢尾花长度,第四列是鸢尾花宽度
x和y就是自变量和因变量
reshape(-1,1)就是将iris.data[:,3]由一维数组转置为二维数组,
以便于与iris.data[:,2]进行运算
'''
x,y = iris.data[:,2].reshape(-1,1),iris.data[:,3]
lr = LinearRegression()
'''
train_test_split可以进行训练集与测试集的拆分,
返回值分别为训练集的x,测试集的x,训练集的y,测试集的y,
分别赋值给x_train,x_test,y_train,y_test
test_size:测试集占比
random_state:选定随机种子
'''
x_train,x_test,y_train,y_test = train_test_split(x,y,test_size = 0.25,random_state = 0)
#利用训练集进行机器学习
lr.fit(x_train,y_train)
#权重为lr.coef_
#截距为lr.intercept_
#运用训练出来的模型得出测试集的预测值
y_hat = lr.predict(x_test)
#比较测试集的y值与预测出来的y值的前5条数据
print(y_train[:5])
print(y_hat[:5])

#matplotlib inline
#导入matplotlib模块,进行可视化
from matplotlib import pyplot as plt
plt.rcParams['font.family'] = 'SimHei'
plt.rcParams['axes.unicode_minus'] = False
plt.rcParams['font.size'] = 15
plt.figure(figsize = (20,8))
#训练集散点图
plt.scatter(x_train,y_train,color = 'green',marker = 'o',label = '训练集')
#测试集散点图
plt.scatter(x_test,y_test,color = 'orange',marker = 'o',label = '测试集')
#回归线
plt.plot(x,lr.predict(x),'r-')
plt.legend()
plt.xlabel('花瓣长度')
plt.ylabel('花瓣宽度')
plt.show()
```

运行程序,输出如下,效果如图4-5所示。

测试集的 y 值：[1.5 1.2 2.1 0.2 2.3]
预测出来的 y 值的前 5 条数据：[1.77041226 1.30791369 0.21473528 2.27495614 0.2567806]

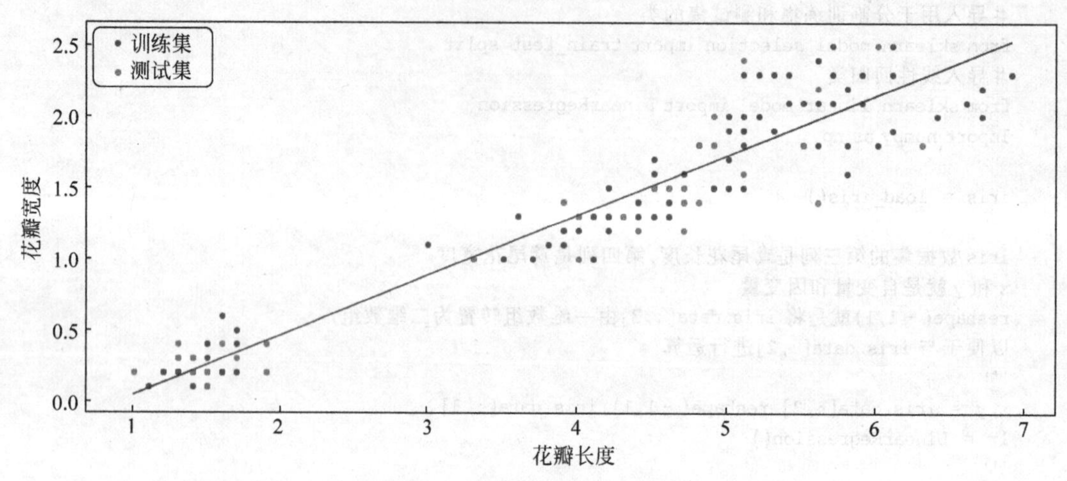

图 4-5 鸢尾花瓣长度与宽度

在例 4-2 中，我们对鸢尾花花瓣长度和宽度进行了线性回归，探讨长度与宽度的关系，以及探究鸢尾花的花瓣宽度受长度变化的趋势。但是在现实生活当中的数据是十分复杂的，像这种单因素影响的事物是比较少的，因此我们需要引入多元线性回归来对多个因素的权重进行分配，从而使之与复杂事物相匹配。

2. 多元线性回归

在回归分析中，如果有两个或两个以上的自变量，就称为多元回归。事实上，一种现象常常是与多个因素相联系的，由多个自变量的最优组合共同来预测或估计因变量比只用一个自变量进行预测或估计更有效，更符合实际。因此，多元线性回归比一元线性回归的实用意义更大。

假设数据集 $D=\{(x_1,y_1),(x_2,y_2),\cdots,(x_n,y_n)\}$，权值向量 $\boldsymbol{\theta}=(\theta_1,\theta_2,\cdots,\theta_n)$，配置值为 ε。对权值向量进行转置运算，可以得到：

$$\hat{\boldsymbol{\theta}}=(\theta_1,\theta_2,\cdots,\theta_n,\varepsilon)^{\mathrm{T}}$$

将所有的特征向量和权值为 1 的一列放在一起，得到 $\boldsymbol{X}$ 的矩阵表示：

$$\boldsymbol{X}=\begin{bmatrix} x_1^1 & x_2^1 & \cdots & x_m^1 & 1 \\ \vdots & \vdots & \ddots & \vdots & \vdots \\ x_1^n & x_2^n & \cdots & x_m^n & 1 \end{bmatrix}=\begin{bmatrix} \boldsymbol{x}_1^{\mathrm{T}} & 1 \\ \boldsymbol{x}_2^{\mathrm{T}} & 1 \\ \vdots & \vdots \\ \boldsymbol{x}_m^{\mathrm{T}} & 1 \end{bmatrix}$$

对所有的标签进行转置运算，可以得到 $\boldsymbol{y}$ 的矩阵表示：

$$\boldsymbol{y}=(y_1,y_2,\cdots,y_n)^{\mathrm{T}}$$

由上面三个矩阵，可以得到：

$$\boldsymbol{y}=\hat{\boldsymbol{\theta}}\boldsymbol{X}$$

假设 $h_\theta(x)$ 为因变量，$x_1,x_2,\cdots,x_n$ 为自变量，并且自变量与因变量之间为线性关系时，则多元线性回归模型为

$$h_\theta(x)=\theta_0+\theta_1 x_1+\theta_2 x_2+\cdots+\theta_n x_n+\varepsilon$$

其中,$h_\theta(x)$为因变量,$x_i(i=1,2,\cdots,n)$为 n 个自变量,$\theta_i(i=1,2,\cdots,n)$为 $n+1$ 个未知参数,ε 为随机误差项。

假设随机误差项 ε 为 0 时,因变量 $h_\theta(x)$的期望值和自变量 $x_1,x_2,\cdots,x_n$ 的线性方程为

$$h_\theta(x)=\theta_0+\theta_1 x_1+\theta_2 x_2+\cdots+\theta_n x_n=\sum_{i=0}^{n}\theta_i x_i=\boldsymbol{\theta}^{\mathrm{T}}\boldsymbol{x}$$

【例 4-3】 用多元线性回归探讨 boston 数据集当中每一个因素对房价的影响有多大。

```
import pandas as pd
import numpy as np
from sklearn.datasets import load_boston
from sklearn.linear_model import LinearRegression
from sklearn.model_selection import train_test_split
boston = load_boston()
#lr 继承 LinearRegression 类
lr = LinearRegression()
#因为 boston.data 本身就是二维数组,所以无须转置,boston.target 是房价
x,y = boston.data,boston.target
x_train,x_test,y_train,y_test = train_test_split(x,y,test_size = 0.15,random_state = 0)
lr.fit(x_train,y_train)
#显示权重,因为有很多因素,所以权重也有很多个
print('显示权重:',lr.coef_)
#显示截距
print('显示截距:',lr.intercept_)
#获取测试集的预测值
y_hat = lr.predict(x_test)
print('测试集的预测值:',y_hat)
```

运行程序,输出如下:

```
显示权重: [ -1.23486241e-01    4.05746750e-02    5.95841136e-03    2.17435581e+00
            -1.72417774e+01    4.01631980e+00   -4.55531249e-03   -1.39706975e+00
             2.83692444e-01   -1.17265285e-02   -1.07074632e+00    1.03277008e-02
            -4.55259891e-01]
显示截距: 36.1388235171
测试集的预测值:
[ 24.82064867   23.91618148   29.28308707   12.37075596   21.55474268
  19.00159781   20.83398791   21.29491264   18.50705994   19.16739973
   4.56248891   16.4363932    17.39980225    5.93772537   39.91149633
 …
  32.60725703   19.23952142   20.18609241   19.40429536   22.9214347
  23.02390633   24.03622719   30.3999792    28.63433275   26.38898476
   5.84455901]
```

3. 最小二乘法

最小二乘法(又称最小平方法)是一种数学优化算法。它通过最小化误差的平方和寻找数据的最佳函数匹配。利用最小二乘法可以简便地求得未知的数据,并使得这些求得的数据与实际数据之间误差的平方和为最小。最小二乘法还可用于曲线拟合。其他一些优化问题也可通过最小化能量或最大化熵用最小二乘法来表达。

假设观测值 y_i，预估值为 $f(x_i)=wx_i+b(i=1,2,\cdots,m)$，有：

$$\sum_{i=1}^{m}(y_i-f(x_i))^2 \text{ 等价于 } \sum_{i=1}^{m}(y_i-wx_i-b)^2$$

当此式最小时，说明预估值与实际值差值总和最小，这就是最小二乘法的思想。

求解 w 和 b，使得函数最小化的过程，称为线性回归模型的最小二乘参数估计。由此确定 w 和 b 的值，此时 $f(x_i)=wx_i+b$ 就是由最小二乘法得出的预测函数。

令

$$E(w,b)=\sum_{i=1}^{m}(y_i-wx_i-b)^2$$

其是关于 w 和 b 的二元函数（x_i 与 y_i 都可以直接观测得到）。求 $E(w,b)$ 最小，实则是一个二元函数求无条件极值的问题。

【例 4-4】 求二元函数 $z=f(x,y)$ 的极值。

解析：由 $\begin{cases}\dfrac{\partial z}{\partial x}=0\\ \dfrac{\partial z}{\partial y}=0\end{cases}$ 求出 $z=f(x,y)$ 的驻点，即求得的驻点一定是极小值。

$$\text{令}\begin{cases}\theta\dfrac{E(w,b)}{\theta w}=2\left(w\sum_{i=1}^{m}x_i^2-\sum_{i=1}^{m}(y_i-b)x_i\right)=0\\ \dfrac{E(w,b)}{\theta b}=2\left(mb-w\sum_{i=1}^{m}(y_i-wx_i)\right)=0\end{cases}$$

求得：$w=\dfrac{\sum_{i=1}^{m}y_i(x_i-\bar{x})}{\sum_{i=1}^{m}x_i^2-m\bar{x}^2}$，$b=\dfrac{1}{m}\sum_{i=1}^{m}(y_i-wx_i)$，其中 $\bar{x}=\dfrac{1}{m}\sum_{i=1}^{m}x_i$。

```
import numpy as np
import matplotlib.pyplot as plt

#利用最小二乘法定义损失函数,w和b是预测函数的未知参数,ponits是坐标信息
def compute_cost(w, b, points):
    #实际值与估计值之差的平方和
    total_cost = 0
    M = len(points)
    for i in range(M):
        x = points[i, 0]  #x坐标值
        y = points[i, 1]  #y坐标值
        #最小二乘法公式
        total_cost += (y - w * x - b) ** 2
        #返回累加和的平均值
    return total_cost / M

#定义一个求均值的函数
def average(data):
    sum = 0
```

```
    num = len(data)
    for i in range(num):
        sum += data[i]
    return sum / num

#定义核心拟合函数
def fit(points):
    M = len(points)
    x_avg = average(points[:, 0])
    sum_w_up = 0
    sum_x2 = 0
    sum_delta = 0
    for i in range(M):
        x = points[i, 0]
        y = points[i, 1]
        sum_w_up += y * (x - x_avg)
        sum_x2 += x ** 2
    #根据公式计算 w
    w = sum_w_up / (sum_x2 - M * (x_avg ** 2))
    for i in range(M):
        x = points[i, 0]
        y = points[i, 1]
        sum_delta += (y - w * x)
    #根据公式计算 b
    b = sum_delta / M
    return w, b

#导入外部数据
points = np.genfromtxt('data.csv', delimiter=',')
w, b = fit(points)
cost = compute_cost(w, b, points)
x = points[:, 0]
y = points[:, 1]
#将数据制作成散点图
plt.scatter(x, y)
pred_y = w * x + b     #自动与 x 内的每一个元素都进行一次操作,并赋值给 pred_y
plt.plot(x, pred_y, c='r')
#展示画出来的图
plt.show()
```

运行程序,效果如图 4-6 所示。

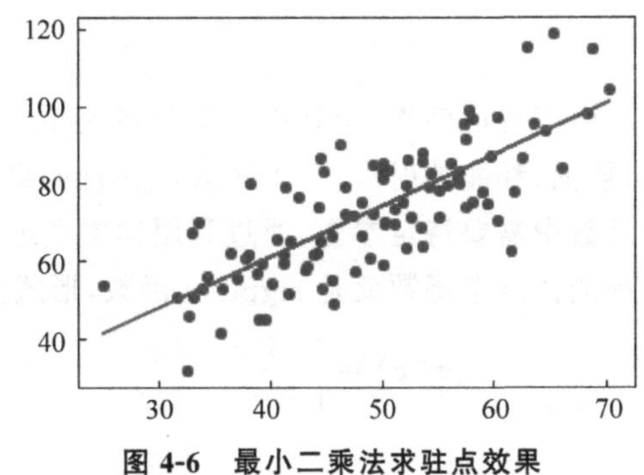

图 4-6 最小二乘法求驻点效果

4.2.3 逻辑回归

逻辑回归是机器学习中的一种分类算法，虽然名字中带有回归，但是它只是与回归之间有一定的联系。由于算法的简单和高效，在实际中应用非常广泛。

1. 逻辑回归所处理的数据

逻辑回归是用来进行分类的。例如，我们给出一个人的[身高，体重]这两个指标，然后判断这个人是属于“胖”还是“瘦”。对于这个问题，可以先测量 n 个人的身高、体重以及对应的指标“胖”“瘦”，分别用 0 和 1 来表示“胖”和“瘦”，把这 n 组数据输入模型进行训练。训练之后再把待分类的一个人的身高、体重输入模型中，看这个人是属于“胖”还是“瘦”。

如果数据是有两个指标，可以用平面的点来表示数据，其中一个指标为 x 轴，另一个为 y 轴；如果数据有三个指标，可以用空间中的点表示数据；如果是 p 维（$p>3$），就是 p 维空间中的点。

从本质上来说，逻辑回归训练后的模型是平面的一条直线（$p=2$）或平面（$p=3$）或超平面（$p>3$）。并且这条线或平面把空间中的散点分成两半，属于同一类的数据大多数分布在曲线或平面的同一侧，如图 4-7 所示。

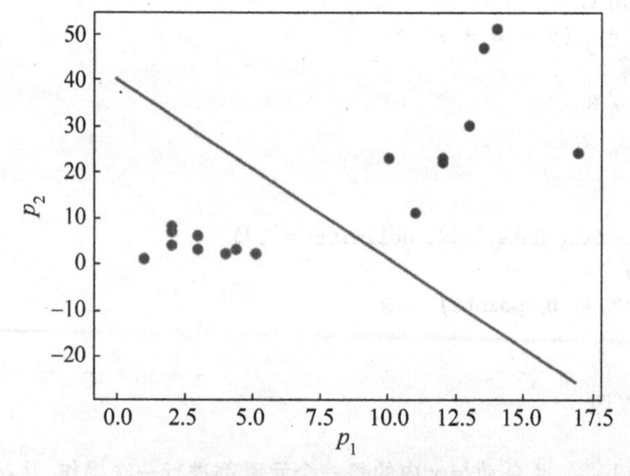

图 4-7 逻辑回归训练后的模型

如图 4-7 所示，其中点的个数是样本个数，两种颜色代表两种指标。直线可以看成经这些样本训练后得出的划分样本的直线，对于之后的样本的 p_1 与 p_2 的值，可以根据这条直线判断它属于哪一类。

2. 算法原理

首先处理二分类问题。由于分成两类，设其中一类标签为 0，另一类为 1。我们需要一个函数，对于输入的每一组数据，都能映射成 0～1 的数。并且如果函数值大于 0.5，就判定属于 1，否则属于 0。而且函数中需要待定参数，通过利用样本训练，使得这个参数能够对训练集中的数据有很准确的预测。这个函数就是 sigmoid 函数，形式为

$$\sigma(x)=\frac{1}{1+\mathrm{e}^{-x}}$$

此处可以设函数为

$$h(\boldsymbol{x}^i)=\frac{1}{1+\mathrm{e}^{-(\boldsymbol{w}^{\mathrm{T}}\boldsymbol{x}^i+b)}}$$

其中，$\boldsymbol{x}^i$ 为测试集第 i 个数据，是 p 维列向量$(x_1^i \quad x_2^i \quad \cdots \quad x_p^i)^{\mathrm{T}}$；$\boldsymbol{w}$ 是 p 列向量 $\boldsymbol{w}=(w_1 \quad w_2 \quad \cdots \quad w_p)^{\mathrm{T}}$，为待求参数；$b$ 是一个数，也是待求参数。

用以下 Python 代码实现 sigmoid 函数的图像绘制：

```
import matplotlib.pyplot as plt
import numpy as np

def sigmoid(z):
    return 1.0/(1.0 + np.exp( - z))

z = np.arange( - 10,10,0.1)
p = sigmoid(z)
plt.plot(z,p)
#画一条竖直线,如果不设定 x 的值,则默认是 0
plt.axvline(x = 0, color = 'k')
plt.axhspan(0.0, 1.0,facecolor = '0.7',alpha = 0.4)
#画一条水平线,如果不设定 y 的值,则默认是 0
plt.axhline(y = 1, ls = 'dotted', color = '0.4')
plt.axhline(y = 0, ls = 'dotted', color = '0.4')
plt.axhline(y = 0.5, ls = 'dotted', color = 'k')
plt.ylim( - 0.1,1.1)
#确定 y 轴的坐标
plt.yticks([0.0, 0.5, 1.0])
plt.ylabel(' $ \phi (z) $ ')
plt.xlabel('z')
ax = plt.gca()
ax.grid(True)
plt.show()
```

运行程序，效果如图 4-8 所示。

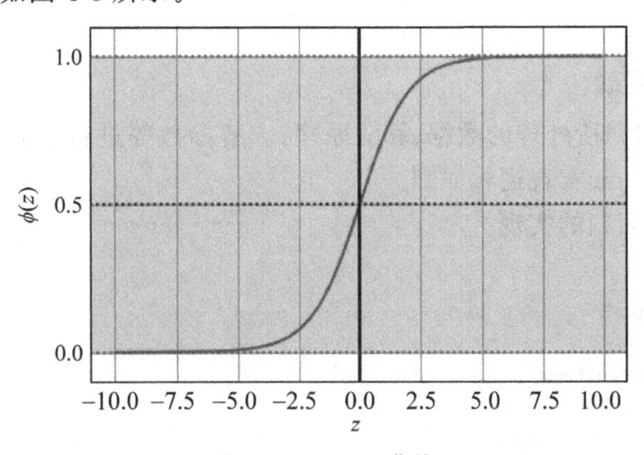

图 4-8 sigmoid 曲线

3. 求解参数

下面通过介绍两种方法求解逻辑回归的参数。

1) 极大似然估计

极大似然估计是数理统计中参数估计的一种重要方法。其思想是如果一个事件发生了,那么发生这个事件的概率就是最大的。对于样本 i,其类别为 $y_i \in (0,1)$。对于样本 i,可以把 $h(x_i)$看成是一种概率。y_i 对应 1 时,概率是 $h(x_i)$,即 x_i 属于 1 的可能性; y_i 对应 0 时,概率是 $1-h(x_i)$,即 x_i 属于 0 的可能性。构造极大似然函数:

$$\prod_{i=1}^{i=k} h(x_i) \prod_{i=k+1}^{n} (1-h(x_i))$$

其中,i 从 $1\sim k$ 属于类别 1 的个数为 k; i 从 $k+1\sim n$ 属于类别 0 的个数为 $n-k$。由于 y 是标签 0 或 1,所以上面的式子可写成:

$$\prod_{i=1}^{i=k} h(x_i)^{y_i} (1-h(x_i))^{1-y_i}$$

这样不管 y 是 0 还是 1,其中始终有一项会变成 0 次方,也就是 1,和第一个式子是等价的。

为了方便,对式子取对数。因为是求式子的最大值,可以转换成式子乘以 -1,之后求最小值。同时对于 n 个数据,累加后值会很大,之后如果用梯度下降容易导致梯度爆炸。所以可以除以样本总数 n。

$$L(w) = \frac{1}{n}\sum_{i=1}^{n} - y_i \ln(h(x_i)) - (1-y_i)\ln(1-h(x_i))$$

求最小值方法很多,机器学习中常用梯度下降系列方法,也可以采用牛顿法或求导数为零时 w 的数值等。

2) 损失函数

逻辑回归中常用交叉熵损失函数。交叉熵损失函数和上面极大似然法得到的损失函数是相同的,这里不再赘述。另一种也可以采用平方损失函数(均方误差),即

$$J(w) = \frac{1}{n}\sum_{i=1}^{n} \frac{1}{2}(h(x_i) - y_i)^2$$

上式是比较直观的,即让预测函数 $h(x_i)$与实际的分类 1 或 0 越接近越好,也就是损失函数越小越好。

4. 逻辑回归实战

前面已对逻辑回归所处理的数据、算法原理、求解参数等进行了介绍,下面通过两个实例演示如何利用 Python 实现逻辑回归。

【例 4-5】 逻辑回归的实现。

```
#coding: utf-8
import numpy as np
import math
from sklearn import datasets
from collections import Counter
infinity = float(-2**31)

def sigmoidFormatrix(Xb,thetas):
    params = - Xb.dot(thetas)
    r = np.zeros(params.shape[0])                    #返回一个 np 数组
    for i in range(len(r)):
        r[i] = 1 /(1 + math.exp(params[i]))
    return r
```

```
def sigmoidFormatrix2(Xb,thetas):
    params = - Xb.dot(thetas)
    r = np.zeros(params.shape[0])          #返回一个 np 数组
    for i in range(len(r)):
        r[i] = 1 /(1 + math.exp(params[i]))
        if r[i] >= 0.5:
            r[i] = 1
        else:
            r[i] = 0
    return r
def sigmoid(Xi,thetas):
    params = - np.sum(Xi * thetas)
    r = 1 /(1 + math.exp(params))
    return r

class LinearLogsiticRegression(object):
    thetas = None
    m = 0
    #训练
    def fit(self,X,y,alpha = 0.01,accuracy = 0.00001):
        #插入第一列为 1,构成 xb 矩阵
        self.thetas = np.full(X.shape[1] + 1,0.5)
        self.m = X.shape[0]
        a = np.full((self.m,1),1)
        Xb = np.column_stack((a,X))
        dimension  = X.shape[1] + 1
        #梯度下降迭代
        count = 1
        while True:
            oldJ = self.costFunc(Xb, y)
            #注意预测函数中使用的参数是未更新的
            c = sigmoidFormatrix(Xb, self.thetas) - y
            for j in range(dimension):
                self.thetas[j] = self.thetas[j] - alpha * np.sum(c * Xb[:,j])
            newJ = self.costFunc(Xb, y)
            if newJ == oldJ or math.fabs(newJ - oldJ) < accuracy:
                print("代价函数迭代到最小值,退出!")
                print("收敛到:",newJ)
                break
            print("迭代第",count,"次!")
            print("代价函数上一次的差:",(newJ - oldJ))
            count += 1
    #预测
    def costFunc(self,Xb,y):
        sum = 0.0
        for i in range(self.m):
            yPre = sigmoid(Xb[i,], self.thetas)
            #print("yPre:",yPre)
            if yPre == 1 or yPre == 0:
                return infinity
            sum += y[i] * math.log(yPre) + (1 - y[i]) * math.log(1 - yPre)
        return -1/self.m * sum
    def predict(self,X):
        a = np.full((len(X),1),1)
```

```
        Xb = np.column_stack((a,X))
        return sigmoidFormatrix2(Xb, self.thetas)
    def score(self,X_test,y_test):
        y_predict = myLogstic.predict(X_test)
        re = (y_test == y_predict)
        re1 = Counter(re)
        a = re1[True] / (re1[True] + re1[False])
        return a
#if __name__ == "main":
from sklearn.model_selection import train_test_split
iris = datasets.load_iris()
X = iris['data']
y = iris['target']
X = X[y!= 2]
y = y[y!= 2]
X_train,X_test, y_train, y_test = train_test_split(X,y)
myLogstic = LinearLogsiticRegression()
myLogstic.fit(X_train, y_train)
y_predict = myLogstic.predict(X_test)
print("参数:",myLogstic.thetas)
print("测试数据准确度:",myLogstic.score(X_test, y_test))
print("训练数据准确度:",myLogstic.score(X_train, y_train))
'''
sklean 中的逻辑回归
'''
from sklearn.linear_model import LogisticRegression
print("sklern 中的逻辑回归:")
logr = LogisticRegression()
logr.fit(X_train,y_train)
print("准确度:",logr.score(X_test,y_test))
```

运行程序，输出如下：

```
迭代第 1 次!
代价函数上一次的差: 1.92938627909
迭代第 2 次!
代价函数上一次的差: 0.572955749349
迭代第 3 次!
代价函数上一次的差: -4.91189833803
...
迭代第 239 次!
代价函数上一次的差: -1.00784667506e-05
迭代第 240 次!
代价函数上一次的差: -1.0016786397e-05
代价函数迭代到最小值,退出!
收敛到: 0.00339620832005
参数: [  1.01342939e-03   -8.05476241e-01   -2.19136784e+00    3.61585103e+00
   1.86218001e+00]
测试数据准确度: 1.0
训练数据准确度: 1.0
sklearn 中的逻辑回归:
准确度: 1.0
```

【例 4-6】 利用 Python 中 sklearn 包进行逻辑回归分析。

（1）提出问题。

根据已有数据探究“学习时长”与“是否通过考虑”之间关系建立预测模型。

（2）理解数据。

① 导入包和数据。

```
#导入包
import warnings
import pandas as pd
import numpy as np
from collections import OrderedDict
import matplotlib.pyplot as plt
warnings.filterwarnings('ignore')
#创建数据(学习时间与是否通过考试)
dataDict = {'学习时间':list(np.arange(0.50,5.50,0.25)),
        '考试成绩':[0, 0, 0, 0, 0, 0, 0, 0, 0, 1, 0, 1, 1, 1, 1, 1, 1, 1, 1, 1]}
dataOrDict = OrderedDict(dataDict)
dataDf = pd.DataFrame(dataOrDict)
dataDf.head()
```

	学习时间	考试成绩
0	0.50	0
1	0.75	0
2	1.00	0
3	1.25	0
4	1.50	0

② 查看数据。

```
#查看数据具体形式
dataDf.head()
#查看数据类型及缺失情况
dataDf.info()
<class 'pandas.core.frame.DataFrame'>
RangeIndex: 20 entries, 0 to 19
Data columns (total 2 columns):
学习时间      20 non-null float64
考试成绩      20 non-null int64
dtypes: float64(1), int64(1)
memory usage: 400.0 bytes

#查看描述性统计信息
dataDf.describe()
```

	学习时间	考试成绩
count	20.00000	20.000000
mean	2.87500	0.500000
std	1.47902	0.512989
min	0.50000	0.000000
25%	1.68750	0.000000
50%	2.87500	0.500000
75%	4.06250	1.000000
max	5.25000	1.000000

③ 绘制散点图查看数据分布情况，如图 4-9 所示。

```
import matplotlib.pyplot as plt
plt.rcParams['font.sans-serif'] = [u'SimHei']
plt.rcParams['axes.unicode_minus'] = False
#提取特征和标签
exam_X = dataDf['学习时间']
exam_y = dataDf['考试成绩']
#绘制散点图
plt.scatter(exam_X,exam_y,color = 'b',label = '考试数据')
plt.legend(loc = 2)
plt.xlabel('学习时间')
plt.ylabel('考试成绩')
plt.show()
```

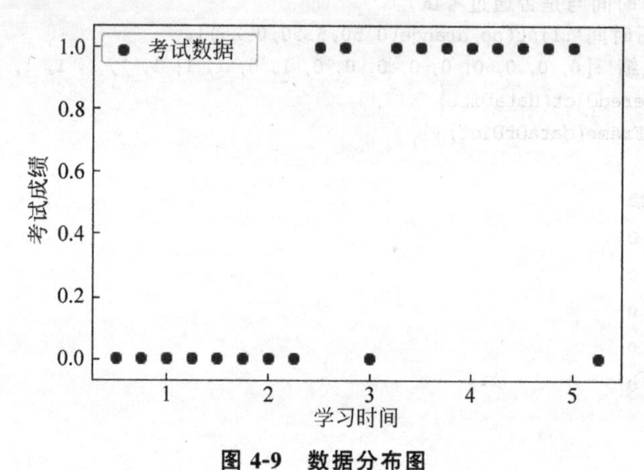

图 4-9　数据分布图

从图 4-7 中可以看出，当学习时间高于某一阈值时，一般都能够通过考试，下面利用逻辑回归方法建立模型。

(3) 构建模型。

① 拆分训练集并利用散点图观察，效果如图 4-10 所示。

```
#拆分训练集和测试集
from sklearn.cross_validation import train_test_split
exam_X = exam_X.values.reshape( - 1,1)
exam_y = exam_y.values.reshape( - 1,1)
train_X,test_X,train_y,test_y = train_test_split(exam_X,exam_y,train_size = 0.8)
print('训练集数据大小为',train_X.size,train_y.size)
print('测试集数据大小为',test_X.size,test_y.size)
训练集数据大小为 16 16
测试集数据大小为 4 4

#散点图观察
plt.scatter(train_X,train_y,color = 'b',label = '训练数据')
plt.scatter(test_X,test_y,color = 'r',label = '测试数据')
plt.legend(loc = 2)
plt.xlabel('小时')
plt.ylabel('分数')
plt.show()
```

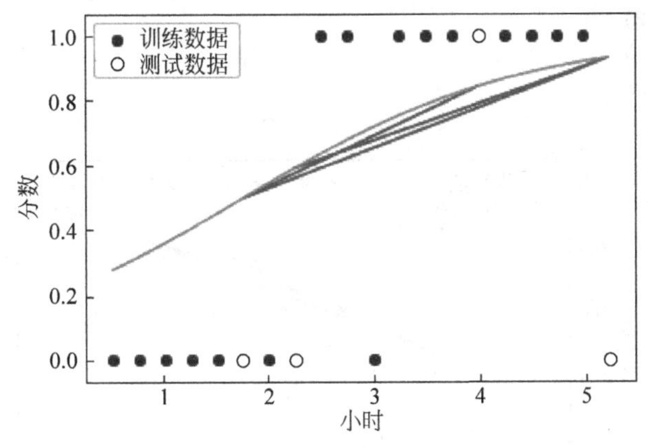

图 4-10 拆分训练集

② 导入模型。

```
from sklearn.linear_model import LogisticRegression
modelLR = LogisticRegression()

#训练模型
modelLR.fit(train_X,train_y)
LogisticRegression(C = 1.0, class_weight = None, dual = False, fit_intercept = True,
          intercept_scaling = 1, max_iter = 100, multi_class = 'ovr', n_jobs = 1,
          penalty = 'l2', random_state = None, solver = 'liblinear', tol = 0.0001,
          verbose = 0, warm_start = False)
```

(4) 模型评估。

① 模型评分(即准确率)。

```
modelLR.score(test_X,test_y)
0.5
```

② 发指定某个点的预测情况。

```
#学习时间确定时,预测为 0 和 1 的概率分别为多少?
modelLR.predict_proba(3)
array([[0.28148368,  0.71851632]])

#学习时间确定时,预测能否通过考试?
modelLR.predict(3)
array([1], dtype = int64)
```

③ 求出逻辑回归函数并绘制曲线。

```
#先求出回归函数 y = a + bx,再代入逻辑函数中 pred_y = 1/(1 + np.exp( - y))
b = modelLR.coef_
a = modelLR.intercept_
print('该模型对应的回归函数为:1/(1 + exp - ( %f + %f * x))' % (a,b))
该模型对应的回归函数为:1/(1 + exp - ( - 1.332918 + 0.756677 * x))

#画出相应的逻辑回归曲线,如图 4-11 所示
plt.scatter(train_X,train_y,color = 'b',label = '训练数据')
plt.scatter(test_X,test_y,color = 'r',label = '测试数据')
plt.plot(test_X,1/(1 + np.exp( - (a + b * test_X))),color = 'r')
plt.plot(exam_X,1/(1 + np.exp( - (a + b * exam_X))),color = 'y')
```

```
plt.legend(loc = 2)
plt.xlabel('小时')
plt.ylabel('分数')
plt.show()
```

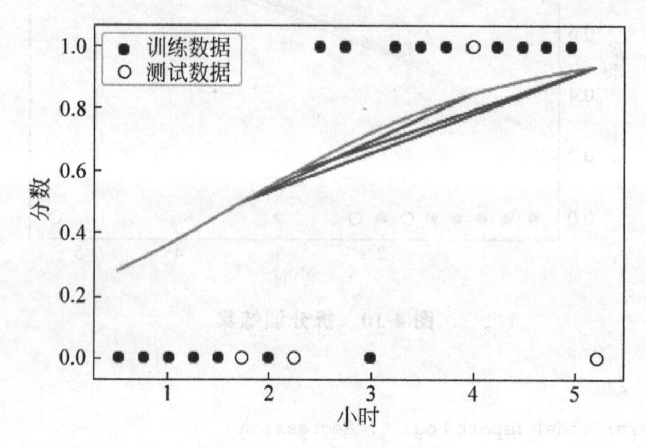

图 4-11 逻辑回归曲线

④ 得到模型混淆矩阵。

```
from sklearn.metrics import confusion_matrix
#数值处理
pred_y = 1/(1 + np.exp( - (a + b * test_X)))
pred_y = pd.DataFrame(pred_y)
pred_y = round(pred_y,0).astype(int)
#混淆矩阵
confusion_matrix(test_y.astype(str),pred_y.astype(str))
array([[1, 2],
       [0, 1]], dtype = int64)
```

从混淆矩阵可以看出：

- 该模型的准确率 ACC 为 0.75；
- 真正率 TPR 和假正率 FPR 分别为 0.50 和 0.00，说明该模型对负例的甄别能力更强。

⑤ 绘制模型 ROC 曲线，效果如图 4-12 所示。

```
from sklearn.metrics import roc_curve, auc              #计算 roc 和 auc
fpr,tpr,threshold = roc_curve(test_y, pred_y)   #计算真正率和假正率
roc_auc = auc(fpr,tpr)                           #计算 auc 的值
plt.figure()
lw = 2
plt.figure(figsize = (10,10))
plt.plot(fpr, tpr, color = 'r',
         lw = lw, label = 'ROC curve (area =  % 0.2f)' % roc_auc)
         #假正率为横坐标,真正率为纵坐标做曲线
plt.plot([0, 1], [0, 1], color = 'navy', lw = lw, linestyle = '--')
plt.xlim([0.0, 1.0])
plt.ylim([0.0, 1.0])
plt.xlabel('误码率')
plt.ylabel('正码率')
plt.title('接收机工作特性')
plt.legend(loc = "lower right")
plt.show()
```

图 4-12 中的实线以下部分面积等于 0.75,即误将一个反例划分为正例。

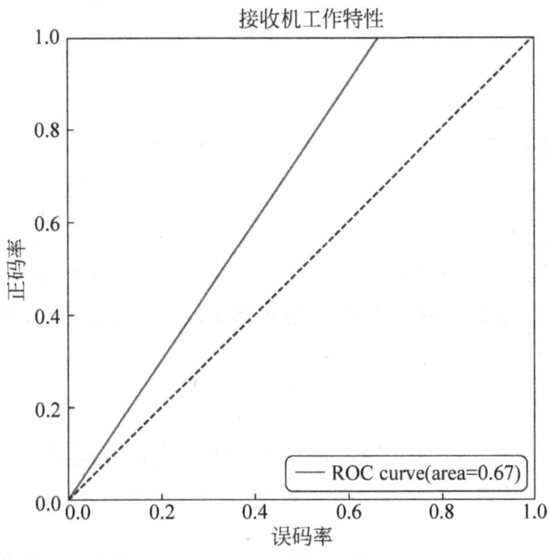

图 4-12 ROC 曲线

4.2.4 支持向量机

支持向量机是机器学习的一种形式,可用于分类或回归。尽可能简单地说,支持向量机找到了划分两组数据的最佳直线或平面,或者在回归的情况下,找到了在容差范围内描述趋势的最佳路径。

1. 间隔与支持向量

SVM 的工作原理:找到离分隔超平面最近的点,确保它们离分隔面的距离尽可能地远。点到分隔面的距离的两倍称为间隔。支持向量就是离分隔超平面最近的那些点。在样本空间中,划分超平面可通过如下形式来描述:

$$\boldsymbol{w}^{\mathrm{T}}\boldsymbol{x}+b$$

其中,$\boldsymbol{w}=(w_1,w_2,\cdots,w_d)^{\mathrm{T}}$ 为法向量,决定了超平面的方向;b 为位移项,决定了超平面与原点之间的距离。下面将其记为$(\boldsymbol{w},b)$,样本空间中任意点 $\boldsymbol{x}$ 到超平面$(\boldsymbol{w},b)$的距离可写为

$$r=\frac{|\boldsymbol{w}^{\mathrm{T}}\boldsymbol{x}+b|}{\|\boldsymbol{w}\|}$$

其中,常数 b 类似于逻辑回归中的截距。

2. 确定分类器

确定一个分类器,对任意的实数,当 $\boldsymbol{w}^{\mathrm{T}}\boldsymbol{x}+b>1$ 时,$y_i=1$;当 $\boldsymbol{w}^{\mathrm{T}}\boldsymbol{x}+b<-1$ 时,$y_i=-1$。有了分类器,接下来就是找到最小间隔的数据点,然后将其最大化并求出参数 $\boldsymbol{w}$ 和 b。可以写作:

$$\underset{\boldsymbol{w},b}{\operatorname{argmax}}\left\{\min_{n}(\text{label}\cdot(\boldsymbol{w}^{\mathrm{T}}\boldsymbol{x}+b))\cdot\frac{1}{\|\boldsymbol{w}\|}\right\}$$

显然 label $\cdot (\boldsymbol{w}^{\mathrm{T}}\boldsymbol{x}_i + b) \geqslant 1, i=1,2,\cdots,m$，为了最大化间隔只需要最大化：

$$\|\boldsymbol{w}\|^{-1}$$

这等价于最小化：

$$\|\boldsymbol{w}\|^{2}$$

所以支持向量机的基本式为

$$\min_{\boldsymbol{w},b} \frac{1}{2}\|\boldsymbol{w}\|^2$$

$$\text{s.t.} \quad y_i(\boldsymbol{w}^{\mathrm{T}}\boldsymbol{x}_i + b) \geqslant 1, \quad i=1,2,\cdots,m$$

上式本身是个凸二次规划的问题，能够使用现成的优化计算包求解，但可以有更高效的办法。

3. 对偶问题

对支持向量机的基本式使用拉格朗日乘子法可得到其对偶问题。该问题的拉格朗日函数可写为

$$L(\boldsymbol{w},b,\alpha) = \frac{1}{2}\|\boldsymbol{w}\|^2 + \sum_{i=1}^{m}\alpha_i(1 - y_i(\boldsymbol{w}^{\mathrm{T}}\boldsymbol{x}_i + b))$$

令 $L(\boldsymbol{w},b,\alpha)$ 对 $\boldsymbol{w}$ 和 b 的偏导为 0 可得：

$$\boldsymbol{w} = \sum_{i=1}^{m}\alpha_i y_i \boldsymbol{x}_i$$

$$0 = \sum_{i=1}^{m}\alpha_i y_i$$

将上式代入 L 得最终的优化目标函数：

$$\max_{\alpha}\sum_{i=1}^{m}\alpha_i - \frac{1}{2}\sum_{i=1}^{m}\sum_{j=1}^{m}\alpha_i\alpha_j y_i y_j \boldsymbol{x}_i^{\mathrm{T}}\boldsymbol{x}_j$$

约束条件为

$$\alpha \geqslant 0$$

$$\sum_{i=1}^{m}\alpha_i y_i = 0$$

求解出 α 后，求出 $\boldsymbol{w}$ 与 b 即可得到模型。接下来根据上面最后三个式子进行优化。

4. SMO 算法

SMO 算法通过将大优化问题分解为许多小优化问题进行求解，并且对它们顺序求解的结果与将它们作为整体求解的结果是完全一致的，但时间还要短得多。

SMO 算法的工作原理：每次循环选择两个 alpha 进行优化处理，一旦找到一对合适的 alpha，那么就增大其中一个同时减小另一个。这里所谓的合适就是指两个 alpha 必须在间隔边界之外、还没经过区间化处理或者不在边界上。

5. 核函数

SVM 在处理线性不可分的问题时，通常将数据从一个特征空间转换到另一个特征空间。在新的特征空间下往往有比较清晰的测试结果。总结得到，如果原始空间是有限维的，即属性有限，那么一定存在一个高维特征空间使样本可分。

SVM中优化目标函数是写成内积的形式，向量的内积就是两向量相乘得到单个标量或数值，假设$\boldsymbol{\phi}(x)$表示将x映射后的特征向量，那么优化目标函数变成：

$$\max_{\alpha}\sum_{i=1}^{m}\alpha_i-\frac{1}{2}\sum_{i=1}^{m}\sum_{j=1}^{m}\alpha_i\alpha_j y_i y_j \boldsymbol{\phi}(x_i)^{\mathrm{T}}\boldsymbol{\phi}(x_j)$$

要想直接求解$\boldsymbol{\phi}(x_i)^{\mathrm{T}}\boldsymbol{\phi}(x_j)$是困难的。为了避开这个困难，设想了一个函数：

$$k(x_i,x_j)=\boldsymbol{\phi}(x_i)^{\mathrm{T}}\boldsymbol{\phi}(x_j)$$

即x_i与x_j在特征空间的内积等于它们在原始样本空间中通过函数$k(\cdot,\cdot)$计算的结果。这样的函数就是核函数。核函数不仅应用于支持向量机，还应用到很多其他的机器学习算法中。SVM比较流行的核函数称作径向基核函数，常用的核函数有线性核、多项式核、拉普拉斯核、sigmoid核、高斯核等。具体公式表现如下：

$$k(\boldsymbol{x},\boldsymbol{y})=\exp\frac{-\|\boldsymbol{x}-\boldsymbol{y}\|^2}{2\sigma^2}$$

其中，σ是用户定义的确定到达率或函数值跌落到0的速度参数。

6. 支持向量机实现

前面介绍了支持向量机的间隔、确定分类器、对偶问题、SMO算法、核函数等问题，下面直接通过实例演示支持向量机如何实现分类。

【例4-7】 利用支持向量机对鸢尾花数据实现分类。

```
import numpy as np
from sklearn import svm
import pylab as pl
from sklearn import datasets

svc = svm.SVC(kernel = 'linear')
#鸢尾花数据集是sklearn自带的.
irics = datasets.load_iris()                    #irics为字典
#取出前两个特征
irics_feature = irics['data'][:,:2]
irics_target = irics['target']
#基于这些特征和目标训练支持向量机
#svc.fit(irics_feature,irics_target)

#将预测结果可视化
from matplotlib.colors import ListedColormap
#鸢尾花是3分类问题,我们要对样本和预测结果均用三种颜色区分开
camp_light = ListedColormap(['#FFAAAA', '#AAFFAA', '#AAAAFF'])
camp_bold = ListedColormap(['#FF0000', '#00FF00', '#0000FF'])
pl.figure()
def plot_estimater(estimator,X,y):
    '''
    这个函数的作用是基于分类器,对预测结果与原始标签进行可视化
    '''
    estimator.fit(X,y)
    #确定网格最大最小值作为边界
    x_min,x_max = X[:,0].min() - .1,X[:,0].max() + .1
```

```
    y_min,y_max = X[:,1].min() - .1,X[:,1].max() + .1
    #产生网格节点
    #linspace作用为在区间[x_min,x_max]产生100个元素的数列
    xx,yy = np.meshgrid(np.linspace(x_min,x_max,100),np.linspace(y_min,y_max,100))
    #基于分离器,对网格节点做预测
    #np.c_[xx.ravel(),yy.ravel()]相当于产生一个坐标
    Z = estimator.predict(np.c_[xx.ravel(),yy.ravel()])
    #对预测结果上色,维度保持一致
    Z = Z.reshape(xx.shape)

    pl.pcolormesh(xx,yy,Z,cmap = camp_light)
    #同时对原始训练样本上色
    pl.scatter(X[:,0],X[:,1],c = y,cmap = camp_bold)
    pl.axis('tight')
    pl.axis('off')
    pl.tight_layout()

'''不同kernel对比'''
X,y = irics_feature[np.in1d(irics_target,[1,2])],irics_target[np.in1d(irics_target,[1,2])]
svc = svm.SVC(kernel = 'linear')
plot_estimater(svc, X, y)
pl.scatter(svc.support_vectors_[:, 0], svc.support_vectors_[:, 1], s = 80, facecolors = 'none',
zorder = 10)
pl.title('线性核')
pl.show()

svc = svm.SVC(kernel = 'poly',degree = 4)
plot_estimater(svc, X, y)
pl.title('多项式核')
pl.show()

svc = svm.SVC(kernel = 'rbf',gamma = 1e2)
plot_estimater(svc, X, y)
pl.title('径向基核')
pl.show()
```

运行程序,效果如图4-13～图4-15所示。

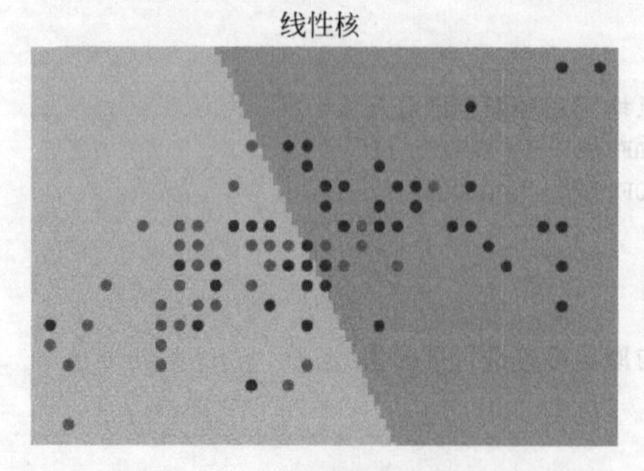

图4-13　线性核分类效果

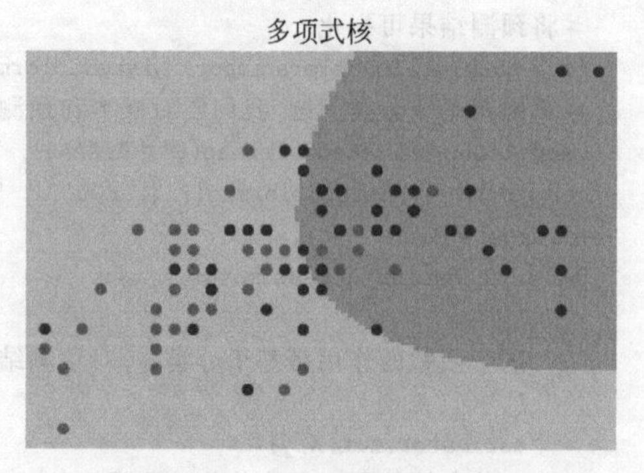

图4-14　多项式核分类效果

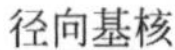
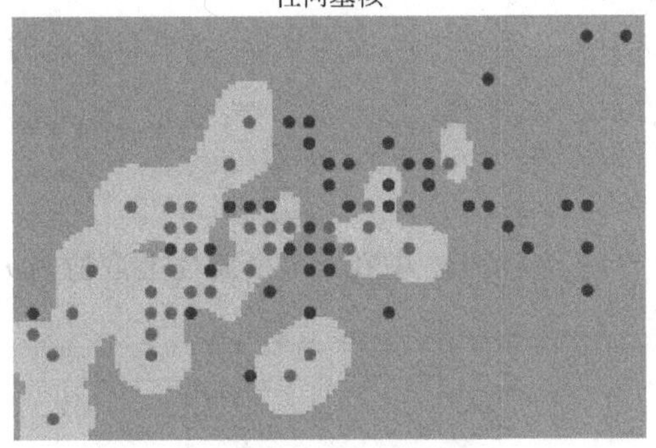

图 4-15 径向基核分类效果

4.2.5 朴素贝叶斯分类器

在机器学习中，贝叶斯分类器是一种简单的概率分类器，它基于应用贝叶斯定理。朴素贝叶斯分类器使用的特征模型做出了很强的独立性假设。这意味着一个类的特定特征的存在与其他所有特征的存在是独立的或无关的。

1. 贝叶斯分类器

贝叶斯分类器的分类原理：根据某对象的先验概率，利用贝叶斯公式计算出其后验概率，即该对象属于某一类的概率，选择具有最大后验概率的类作为该对象所属的类。

- 先验概率：指根据以往经验和分析得到的概率，即通过我们已经得到的训练集得到的概率。
- 后验概率：需要求得、预测的概率，并且通过这种概率去估计样本的可能类别。

贝叶斯公式可以看作是一种条件概率公式的推广：

$$P(x \mid c)=\frac{P(c \mid x)P(x)}{P(c)} \tag{4-3}$$

2. 朴素贝叶斯分类定理

不难发现，基于贝叶斯公式(4-3)估计后验概率 $P(c|x)$ 的主要困难在于：类条件概率 $P(x|c)$ 是所有属性上的联合概率，难以从有限的训练样本直接估计而得。为了避开这个困难，朴素贝叶斯分类器采用了“属性条件独立性假设”：已知类别，假设所有属性相互独立。换言之，假设每个属性独立地分类结果发生影响。

基于属性条件独立性假设，式(4-3)可重写为

$$P(c \mid x)=\frac{P(c)P(x \mid c)}{P(x)}=\frac{P(c)}{P(x)}\prod_{i=1}^{d}P(x_i \mid c) \tag{4-4}$$

其中，d 为属性数目，x_i 为 x 在第 i 个属性上的取值。

由于对所有类别来说 $P(x)$ 相同，因此基于贝叶斯判定准则，有

$$h_{nb}(x)=\underset{c \in y}{\operatorname{argmax}} P(c)\prod_{i=1}^{d}P(x_i \mid c) \tag{4-5}$$

这就是朴素贝叶斯分类器的表达式。

显然，朴素贝叶斯分类器的训练过程就是基于训练集 D 来估计类先验概率 $P(c)$，并为

每个属性估计条件概率 $P(x_i|c)$。

令 D_c 表示训练集 D 中第 c 类样本组成的集合，如果有充足的独立同分布样本，则可容易地估计出类先验概率：

$$P(c)=\frac{|D_c|}{|D|} \tag{4-6}$$

对离散属性而言，令 D_{c,x_i} 表示 D_c 中在第 i 个属性上取值为 x_i 的样本组成的集合，则条件概率 $P(x_i|c)$ 可估计为

$$P(x_i \mid c)=\frac{|D_{c,x_i}|}{|D_c|} \tag{4-7}$$

对连续属性可考虑概率密度函数，假定 $p(x_i|c)\sim \mathrm{N}(\mu_{c,i},\sigma_{c,i}^2)$，其中 $\mu_{c,i}$ 和 $\sigma_{c,i}^2$ 分别是第 c 类样本在第 i 个属性上取值的均值和方差，则有

$$p(x_i \mid c)=\frac{1}{\sqrt{2\pi}\sigma_{c,i}}\exp\left(-\frac{(x_i-\mu_{c,i})}{2\sigma_{c,i}^2}\right) \tag{4-8}$$

3. 朴素贝叶斯的简单应用

过去的 7 天当中，有 3 天下雨，4 天没有下雨。用 0 代表没有下雨，1 代表下雨，则可以用一个数组来表示：

$$y=[0,1,1,0,1,0,0]$$

而在这 7 天当中，还有另外一些与气象有关的信息，包括是否刮北风、闷热、多云，以及天气预报给出的是否有雨信息，如表 4-1 所示。

表 4-1 过去 7 天中和气象有关的信息

	刮北风	闷热	多云	天气预报有雨
第 1 天	否	是	否	是
第 2 天	是	是	是	否
第 3 天	否	是	是	否
第 4 天	否	否	否	是
第 5 天	否	是	是	否
第 6 天	否	是	否	是
第 7 天	是	否	否	是

同样地，用 0 代表否，1 代表是，可以得到另外一个数组：

$$X=[0,1,0,1],[1,1,1,0],[0,1,1,0],[0,0,0,1][0,1,1,0],[0,1,0,1],[1,0,0,1]$$

实现的 Python 代码为

```
import numpy as np
#将 X,y 赋值为 np 数组
X = np.array([[0, 1, 0, 1],
              [1, 1, 1, 0],
              [0, 1, 1, 0],
              [0, 0, 0, 1],
              [0, 1, 1, 0],
              [0, 1, 0, 1],
              [1, 0, 0, 1]])
y = np.array([0, 1, 1, 0, 1, 0, 0])
```

```
#对不同分类计算每个特征为 1 的数量
counts = {}
for label in np.unique(y):
    counts[label] = X[y == label].sum(axis = 0)
print("feature counts:\n{}".format(counts))
feature counts:
{0: array([1, 2, 0, 4]), 1: array([1, 3, 3, 0])}
```

由结果分析得到，当 y 为 0 时，也就在没有下雨的 4 天当中，有 1 天刮北风，2 天比较闷热，而没有出现多云的情况，但这 4 天天气预报全部有雨。同时，在 y 为 1 时，也就是在下雨的 3 天当中，有 1 天刮北风，3 天全部都比较闷热，且 3 天全部出现了多云的现象，但这 3 天的天气预报都没有预报有雨。

那么对朴素贝叶斯来说，它会根据上述的计算进行推理。它会认为，如果某一天天气预报没有播有雨，但出现了多云的情况，它会倾向于把这一天放到"下雨"这一个分类中。

下面利用 Python 进行验证：

```
from sklearn.naive_bayes import BernoulliNB
clf = BernoulliNB()
clf.fit(X, y)
#要进行预测的这一天，没有刮北风，也不闷热
#但是多云，天气预报没有说有雨
Next_Day = [[0, 0, 1, 0]]
pre = clf.predict(Next_Day)
if pre == [1]:
    print("要下雨啦!")
else:
    print("又是一个艳阳天!")
要下雨啦!
```

由结果可看出，朴素贝叶斯分类器把这一天放到会下雨的分类当中。

那么如果有另外一天，刮了北风，而且很闷热，但云量不多，同时天气预报说有雨，又会怎样呢？通过代码验证：

```
Another_day = [[1, 1, 0, 1]]
pre2 = clf.predict(Another_day)
if pre2 == [1]:
    print("要下雨啦!")
else:
    print("又是一个艳阳天!")
又是一个艳阳天!
```

这次分类器把这一天归为不会下雨的分类中了。

下面利用 predict_proba 方法实现朴素贝叶斯预测准确率：

```
clf.predict_proba(Next_Day)
array([[0.13848881,  0.86151119]])
```

由结果可看出，所预测的第一天，不下雨的概率约是 13.8%，而下雨的概率约是 86.2%。

再尝试第二天的预测情况：

```
clf.predict_proba(Another_day)
array([[0.92340878,  0.07659122]])
```

由结果可看出，第二天不下雨的概率约是92.3%，下雨的概率只有约7.7%。从结果可看出，朴素贝叶斯做出的预测还是可以的。

4. 朴素贝叶斯算法的不同方法

朴素贝叶斯算法包含多种方法，在scikit-learn中，朴素贝叶斯有三种方法，分别为高斯朴素贝叶斯、多项分布朴素贝叶斯和伯努利朴素贝叶斯，下面将对这几种算法进行简单介绍。

1）高斯朴素贝叶斯

高斯朴素贝叶斯是一种基于贝叶斯理论的分类方法，主要用于文本分类。假设特征的可能性(即概率)为高斯分布：

$$P(x_i \mid y)=\frac{1}{\sqrt{2\pi\sigma_y^2}}\exp\left(-\frac{(x_i-\mu_y)^2}{2\sigma_y^2}\right)$$

其中，参数 σ_y 和 μ_y 使用最大似然估计。

【例4-8】 利用高斯朴素贝叶斯分析iris样本。

```
from sklearn import datasets
iris = datasets.load_iris()

from sklearn.naive_bayes import GaussianNB
clf = GaussianNB()
clf = clf.fit(iris.data, iris.target)
y_pred = clf.predict(iris.data)
print("高斯朴素贝叶斯,样本总数: %d 错误样本数 : %d" % (iris.data.shape[0],(iris.target
!= y_pred).sum()))
```

运行程序，输出如下：

```
高斯朴素贝叶斯,样本总数: 150 错误样本数 : 6
```

2）多项分布朴素贝叶斯

多项分布朴素贝叶斯是一种用于处理多项分布数据的朴素贝叶斯分类器，特别适用于文本分类(其中的数据通常表示为词向量，尽管在实际项目中，TF-IDF向量表现良好)。对于每一个 y 来说，分布通过向量 $\boldsymbol{\theta}_y=(\theta_{y_1},\theta_{y_2},\cdots,\theta_{y_n})$ 参数化，n 是类别的数目(在文本分类中，表示词汇量的长度)，θ_{y_i} 表示标签 i 出现的样本属于类别 y 的概率 $P(x_i|y)$。

该参数 θ_{y_i} 是一个平滑的最大似然估计，即相对频率计数：

$$\hat{\theta}_{y_i}=\frac{N_{y_i}+\alpha}{N_y+\alpha n}$$

其中：

- $N_{y_i}=\sum_{x\in T} x_i$ 表示标签 i 在样本集 T 中属于类别 y 的数目。
- $N_y=\sum_{i=1}^{|T|} N_{y_i}$ 表示在所有标签中类别 y 出现的数目。

先验平滑先验 $\alpha\geqslant 0$ 表示学习样本中不存在的特征并防止在计算中概率为0，当 $\alpha=1$ 时，称为拉普拉斯平滑(Laplace smoothing)；当 $\alpha<1$ 时，称为利德斯通平滑(Lidstone smoothing)。

【例 4-9】 利用多项分布朴素贝叶斯分析 iris 样本。

```
from sklearn import datasets
iris = datasets.load_iris()

from sklearn.naive_bayes import MultinomialNB
clf = MultinomialNB()
clf = clf.fit(iris.data, iris.target)
y_pred = clf.predict(iris.data)
print("多项分布朴素贝叶斯,样本总数: %d 错误样本数 : %d" % (iris.data.shape[0],(iris.
target != y_pred).sum()))
```

运行程序,输出如下:

```
多项分布朴素贝叶斯,样本总数: 150 错误样本数 : 7
```

3) 伯努利分布朴素贝叶斯

伯努利分布朴素贝叶斯实现了用于多重伯努利分布数据的朴素贝叶斯训练和分类算法,即有多个特征,但每个特征都假设是一个二元(Bernoulli, boolean)变量。因此,这类算法要求样本以二元值特征向量表示;如果样本含有其他类型的数据,一个伯努利朴素贝叶斯实例会将其二值化(取决于 binarize 参数)。

伯努利朴素贝叶斯的决策规则基于:

$$P(x_i \mid y)=P(i \mid y)x_i+(1-P(i \mid y))(1-x_i)$$

与多项分布朴素贝叶斯的规则不同,伯努利朴素贝叶斯明确地惩罚类 y 中没有出现作为预测因子的特征 i,而多项分布朴素贝叶斯只是简单地忽略没出现的特征。

【例 4-10】 利用伯努利分布朴素贝叶斯分析 iris 样本。

```
from sklearn import datasets
iris = datasets.load_iris()

from sklearn.naive_bayes import BernoulliNB
clf = BernoulliNB()
clf = clf.fit(iris.data, iris.target)
y_pred = clf.predict(iris.data)
print("伯努利朴素贝叶斯,样本总数: %d 错误样本数 : %d" % (iris.data.shape[0],(iris.
target != y_pred).sum()))
```

运行程序,输出如下:

```
伯努利朴素贝叶斯,样本总数: 150 错误样本数 : 100
```

5. 朴素贝叶斯实战

下面使用朴素贝叶斯算法进行一个小的实战:判断一个患者的肿瘤是良性的还是恶性的。

1) 对数据集进行分析

威斯康星乳腺肿瘤数据集是一个非常经典的用于医疗病情分析的数据集,它包括 569 个病例的数据样本,每个样本具有 30 个特征值,而样本共分为两类:恶性(malignant)和良性(benign)。

```
from sklearn.datasets import load_breast_cancer
cancer = load_breast_cancer()
```

```
cancer.keys()
dict_keys(['data', 'target', 'target_names', 'DESCR', 'feature_names'])
```

从结果可看出，数据集包含的信息有特征数据 data、分类值 target、分类名称 target_names、数据描述 DESCR，以及特征名称 feature_names。

下面观察分类的名称和特征名称：

```
print('肿瘤的分类：',cancer['target_names'])
print('\n 肿瘤的特征：\n',cancer['feature_names'])
肿瘤的分类：['malignant' 'benign']
肿瘤的特征：
 ['mean radius' 'mean texture' 'mean perimeter' 'mean area'
 'mean smoothness' 'mean compactness' 'mean concavity'
 'mean concave points' 'mean symmetry' 'mean fractal dimension'
 'radius error' 'texture error' 'perimeter error' 'area error'
 'smoothness error' 'compactness error' 'concavity error'
 'concave points error' 'symmetry error' 'fractal dimension error'
 'worst radius' 'worst texture' 'worst perimeter' 'worst area'
 'worst smoothness' 'worst compactness' 'worst concavity'
 'worst concave points' 'worst symmetry' 'worst fractal dimension']
```

从结果可看出，该数据集中肿瘤的分类包括恶性和良性，而特征值就多了很多，如半径、表面纹理的灰度值、周长值、表面积值、平滑度等。

2）使用高斯朴素贝叶斯进行建模

该数据集的特征并不属于二项式分布，也不属于多项式分布，所以此处使用高斯朴素贝叶斯。接下来，先将数据集拆分为训练数据集和测试集。

```
X, y = cancer.data, cancer.target
X_train, X_test, y_train, y_test = train_test_split(X, y, random_state = 38)
print('训练集数据形态：',X_train.shape)
print('测试集数据形态：',X_test.shape)
训练集数据形态：(426, 30)
测试集数据形态：(143, 30)
```

从结果可看到，通过使用 train_test_split 工具进行拆分，现在的训练集中有 426 个样本，而测试值中有 143 个样本，特征数量都是 30 个。

下面开始使用高斯朴素贝叶斯对训练数据集进行拟合。

```
gnb = GaussianNB()
gnb.fit(X_train, y_train)
print('训练集得分：{:.3f}'.format(gnb.score(X_train, y_train)))
print('测试集得分：{:.3f}'.format(gnb.score(X_test, y_test)))
训练集得分：0.948
测试集得分：0.944
```

从结果可看出，高斯朴素贝叶斯在训练集和测试集的得分都非常不错，均在 95%左右。

下面随机使用其中一个样本让模型进行以下预测，看是否可以分到正确的分类中。

```
print('模型预测的分类是：{}'.format(gnb.predict([X[312]])))
print('样本的正确分类是：',y[312])
模型预测的分类是：[1]
样本的正确分类是：1
```

从结果可看到，模型 312 个样本所进行的分类和正确的分类完全一致，都是分类 1，也就是说，这个样本的肿瘤是一个良性的肿瘤。

4.2.6　决策树

决策树算法通常是一个递归的选择最优特征的过程，并根据该特征对训练数据进行分割，使各个子数据集有一个最好的分类过程。决策树在进行训练的时候，会使用某种策略（如ID3算法）进行最优属性选择，按照最优属性的取值将原始数据集划分为几个数据子集，然后递归地生成一棵决策树。

1. 构建决策树

决策树就是一棵树，一棵决策树包含一个根节点、若干内部节点和若干叶节点；叶节点对应决策结果，其他每个节点则对应一个属性测试；每个节点包含的样本集合根据属性测试的结果被划分到子节点中；根节点包含样本全集，从根节点到每个叶节点的路径对应了一个判定测试序列。

1）如何选择测试属性

测试属性（分支属性）的选择顺序影响决策树的结构甚至决策树的准确率（信息增益、信息增益率、Gini指标）。

2）如何停止划分样本

从根节点测试属性开始，每个内部节点测试属性都把样本空间划分为若干子区域，一般当某个区域的样本同类时，就停止划分样本，有时也通过阈值提前停止划分样本。

3）决策树分类的过程

决策树的生成是一个递归过程，在决策树基本算法中，有3种情况导致递归返回：①当前节点包含的样本全属于同一类别，无须划分；②属性集为空，或所有样本在所有属性上取值相同，无法划分；③当前节点包含的样本集合为空，不能划分。

（1）划分选择。

决策树学习的关键是如何选择最优划分属性，一般而言，随着划分过程不断进行，我们希望决策树的分支节点所包含的样本尽可能属于同一类别，即节点的“纯度”越来越高。

① ID3算法。

ID3算法是国际上最有影响力的决策树算法，这种方法就是找出最具有判断力的特征，把数据分为多个子集，每个子集又选择最具判断力的特征进行划分，一直到所有子集都包含同一种类型的数据为止，最后得到一棵决策树。

ID3算法通过对比选择不同特征下数据集的信息增益和香农熵来确定最优划分特征。

香农熵：

$$H(U)=E[-\log p_i]=-\sum_{i=1}^{n} p_i \log p_i$$

```
from collections import Counter
import operator
import math
def calcEnt(dataSet):
    classCount = Counter(sample[ - 1] for sample in dataSet)
    prob = [float(v)/sum(classCount.values()) for v in classCount.values()]
    return reduce(operator.add, map(lambda x: - x * math.log(x, 2), prob))
```

纯度差，也称为信息增益，表示为

$$\Delta = I(\text{parent}) - \sum_{j=1}^{k} \frac{N(v_j)}{N} \times I(v_j) \tag{4-9}$$

式(4-9)实际上就是当前节点的不纯度减去子节点不纯度的加权平均数，权重由子节点记录数与当前节点记录数的比例决定。信息增益越大，则意味着使用属性进行划分所获得的"纯度"提升越大，效果越好。

信息增益准则对可取值数目较多的属性有所偏好。

② C4.5 算法。

C4.5 算法相对于 ID3 算法的重要改进是使用信息增益率来选择节点属性。它克服了 ID3 算法存在的不足：ID3 算法只适用于离散的描述属性，对于连续数据需离散化，而 C4.5 则对离散、连续均能处理。

增益率定义为

$$\text{Gain\_ratio}(D,a) = \frac{\text{Gain}(D,a)}{IV(a)}$$

其中，

$$IV(a) = -\sum_{v=1}^{V} \frac{|D^v|}{|D|} \log_2 \frac{|D^v|}{|D|}$$

需注意的是，增益率准则对可取值数目较少的属性有所偏好。因此，C4.5 算法并不是直接选择增益率最大的候选划分属性，而是使用了一个启发式：先从候选划分属性中找出信息增益高于平均水平的属性，再从中选择增益率最高的。

③ CART 算法。

CART 算法使用"基尼指数"来选择划分属性，数据集 D 的纯度可用基尼值来度量：

$$\text{Gini} = \sum_{k=1}^{|y|} \sum_{k' \neq k} p_k p'_k = 1 - \sum_{k=1}^{|y|} p_k^2$$

它反映了从数据集 D 中随机抽取两个样本，其类别标记不一致的概率。因此 Gini(D) 越小，则数据集 D 的纯度越高。

```
from collections import Counter
import operator

def calcGini(dataSet):
    labelCounts = Counter(sample[-1] for sample in dataSet)
    prob = [float(v)/sum(labelCounts.values()) for v in labelCounts.values()]
    return 1 - reduce(operator.add, map(lambda x: x**2, prob))
```

(2) 剪枝处理。

为避免过拟合，需要对生成树剪枝。决策树剪枝的基本策略有"预剪枝"和"后剪枝"。预剪枝是指在决策树生成过程中，对每个节点划分前先进行估计，如果当前节点的划分不能带来决策树泛化性能提升，则停止划分并将当前节点标记为叶节点(有欠拟合风险)。后剪枝则是先从训练集生成一棵完整的决策树，然后自底向上地对非叶节点进行考查，如果将该节点对应的子树替换为叶节点能带来决策树泛化性能提升，则将该子树替换为叶节点。

2. 决策树实战

前面已介绍决策树的原理、构建等相关内容，下面直接通过决策树对导入的红酒数据集进行分析。

【例 4-11】 利用决策树分析红酒数据集。

```
#导入 tree 模块
from sklearn import tree
#导入红酒数据集,数据集包含来自 3 种不同起源的葡萄酒的共 178 条记录
#13 个属性是葡萄酒的 13 种化学成分,通过化学分析可推断葡萄酒的起源,起源为 3 个产地
#所有属性变量都是连续变量
from sklearn.datasets import load_wine
#导入训练集和测试集切分包
from sklearn.model_selection import train_test_split
import pandas as pd
#红酒数据集的数据探索
wine = load_wine()
print('x 数据集形状: ',wine.data.shape)
print('y 数据集形状: ',wine.target.shape)
#将 x,y 都放到数据集 data_frame 中
data_frame = pd.concat([pd.DataFrame(wine.data),pd.DataFrame(wine.target)],axis = 1)
#显示前 10 行
print('数据前十行显示:\n',data_frame.head(10))
#显示数据集特征列名
print('数据集特征列名:',wine.feature_names)
#显示数据集的标签分类
print('数据集标签分类:',wine.target_names)
#70 % 为训练数据,30 % 为测试数据
Xtrain, Xtest, Ytrain, Ytest = train_test_split(wine.data,wine.target,test_size = 0.3)
print('训练数据的大小为: ',Xtrain.shape)
print('测试数据的大小为: ',Xtest.shape)
#初始化树模型,criterion: gini 或者 entropy,前者是基尼系数,后者是信息熵
clf = tree.DecisionTreeClassifier(criterion = "entropy")
#实例化训练集
clf = clf.fit(Xtrain, Ytrain)
#返回测试集的准确度
score = clf.score(Xtest, Ytest)
y = clf.predict(Xtest)
print('测试集的准确度: ',score)
for each in range(len(Ytest)):
    print('预测结果: ',y[each],'\t 真实结果: ',Ytest[each],'\n')
#特征重要性
feature_name = ['酒精','苹果酸','灰','灰的碱性','镁','总酚','类黄酮','非黄烷类酚类',\
                '花青素','颜色强度','色调','od280/od315 稀释葡萄酒','脯氨酸']
print(clf.feature_importances_)
print([ * zip(feature_name,clf.feature_importances_)])
```

运行程序,输出如下:

```
x 数据集形状: (178, 13)
y 数据集形状: (178,)
数据前十行显示:
0     1     2     3     4      5     6     7     8     9     10    11   \
0  14.23  1.71  2.43  15.6  127.0  2.80  3.06  0.28  2.29  5.64  1.04  3.92
1  13.20  1.78  2.14  11.2  100.0  2.65  2.76  0.26  1.28  4.38  1.05  3.40
2  13.16  2.36  2.67  18.6  101.0  2.80  3.24  0.30  2.81  5.68  1.03  3.17
3  14.37  1.95  2.50  16.8  113.0  3.85  3.49  0.24  2.18  7.80  0.86  3.45
4  13.24  2.59  2.87  21.0  118.0  2.80  2.69  0.39  1.82  4.32  1.04  2.93
```

```
5  14.20  1.76  2.45  15.2  112.0  3.27  3.39  0.34  1.97  6.75  1.05  2.85
6  14.39  1.87  2.45  14.6   96.0  2.50  2.52  0.30  1.98  5.25  1.02  3.58
7  14.06  2.15  2.61  17.6  121.0  2.60  2.51  0.31  1.25  5.05  1.06  3.58
8  14.83  1.64  2.17  14.0   97.0  2.80  2.98  0.29  1.98  5.20  1.08  2.85
9  13.86  1.35  2.27  16.0   98.0  2.98  3.15  0.22  1.85  7.22  1.01  3.55
       12  0
0  1065.0  0
1  1050.0  0
2  1185.0  0
3  1480.0  0
4   735.0  0
5  1450.0  0
6  1290.0  0
7  1295.0  0
8  1045.0  0
9  1045.0  0
数据集特征列名：['alcohol', 'malic_acid', 'ash', 'alcalinity_of_ash', 'magnesium', 'total_phenols', 'flavanoids', 'nonflavanoid_phenols', 'proanthocyanins', 'color_intensity', 'hue', 'od280/od315_of_diluted_wines', 'proline']
数据集标签分类：['class_0' 'class_1' 'class_2']
训练数据的大小为：(124, 13)
测试数据的大小为：(54, 13)
测试集的准确度：0.962962962963
…            …
预测结果：0   真实结果：0
预测结果：1   真实结果：1
预测结果：0   真实结果：0
预测结果：1   真实结果：1
预测结果：0   真实结果：0
[ 0.          0.01789104  0.          0.          0.01658185  0.
  0.46220527  0.          0.          0.18773294  0.          0.
  0.31558891]
[('酒精', 0.0), ('苹果酸', 0.017891036487245639), ('灰', 0.0), ('灰的碱性', 0.0), ('镁', 0.016581845458501384), ('总酚', 0.0), ('类黄酮', 0.46220526817493346), ('非黄烷类酚类', 0.0), ('花青素', 0.0), ('颜色强度', 0.18773293638314775), ('色调', 0.0), ('od280/od315 稀释葡萄酒', 0.0), ('脯氨酸', 0.3155889134961718)]
```

3. 决策树的优势与不足

与其他算法相比，决策树有其自身的优势与不足。

1）优势

决策树的优势主要表现在：

- 计算复杂度不高，易于理解和解释，甚至比线性回归更直观。
- 与人类做决策思考的思维习惯契合。
- 模型可以通过树的形式进行可视化展示。
- 可以直接处理非数值型数据，不需要进行哑变量的转换，甚至可以直接处理含缺失值的数据。
- 可以处理不相关特征数据。

2）不足

决策树的不足主要表现在：

- 对于有大量数值型输入和输出的问题，特别是当数值型变量之间存在许多错综复杂的关系时(如金融数据分析)，决策树未必是一个好的选择。
- 决定分类的因素更倾向于更多变量的复杂组合。
- 模型不够稳健，某一个节点的小小变化可能导致整棵树会有很大的不同。
- 可能会产生过度匹配(过拟合)问题。

为了避免过拟合的问题出现，可以使用集合学习的方法，也就是下面要介绍的随机森林算法。

4.2.7 随机森林

随机森林就是通过集成学习的思想将多棵树集成的一种算法，它的基本单元是决策树，而它的本质属于机器学习的一大分支——集成学习(ensemble learning)方法。把分别建立的多个决策树放到一起就是森林，这些决策树都是为了解决同一任务建立的，最终的目标也都是一致的，最后取其结果的平均即可，如图 4-16 所示。

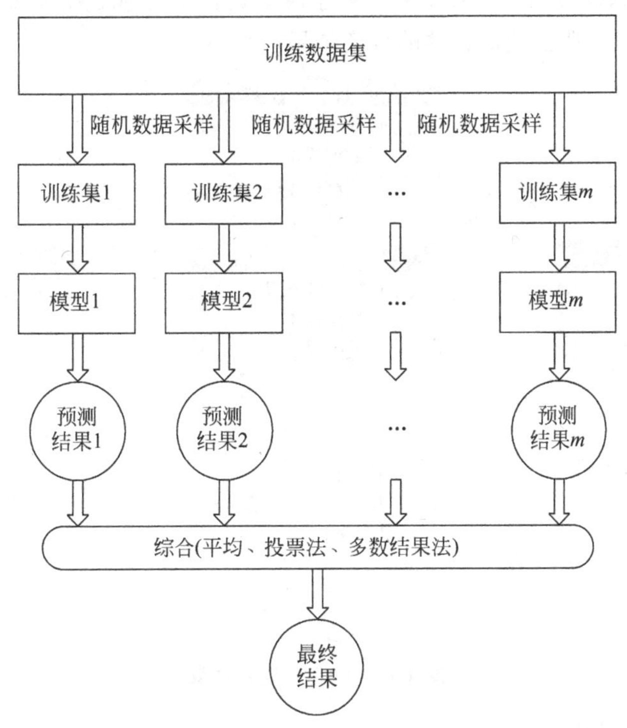

图 4-16 随机森林结构图

1. 随机森林的构建

1) 算法实现

随机森林算法实现步骤如下：

(1) 一个样本容量为 N 的样本，有放回地抽取 N 次，每次抽取 1 个，最终形成了 N 个样本。选择好了的 N 个样本用来训练一个决策树，作为决策树根节点处的样本。

(2) 当每个样本有 M 个属性时，在决策树的每个节点需要分裂时，随机从这 M 个属性中选取出 m 个属性，满足条件 $m \ll M$。然后从这 m 个属性中采用某种策略(如信息增益)来选择 1 个属性作为该节点的分裂属性。

(3) 决策树形成过程中每个节点都要按照步骤(2)来分裂(很容易理解,如果下一次该节点选出来的属性是刚刚其父节点分裂时用过的属性,则该节点已经达到了叶节点,无须继续分裂了),一直到不能够再分裂为止。注意整个决策树形成过程中没有进行剪枝。

(4) 按照步骤(1)～(3)建立大量的决策树,这样就构成了随机森林。

2) 数据的随机选取

在随机森林中,数据是随机进行选取的,选取步骤如下:

(1) 从原始的数据集中采取有放回的抽样,构造子数据集,子数据集的数据量和原始数据集相同。不同子数据集的元素可以重复,同一个子数据集中的元素也可以重复。

(2) 利用子数据集构建子决策树,将这个数据放到每棵子决策树中,每棵子决策树输出一个结果。

(3) 如果有了新的数据,需要通过随机森林得到分类结果,通过对子决策树的判断结果的投票,得到随机森林的输出结果。

如图 4-17 所示,假设随机森林中有 3 棵子决策树,2 棵子树的分类结果是 A 类,1 棵子树的分类结果是 B 类,那么随机森林的分类结果就是 A。

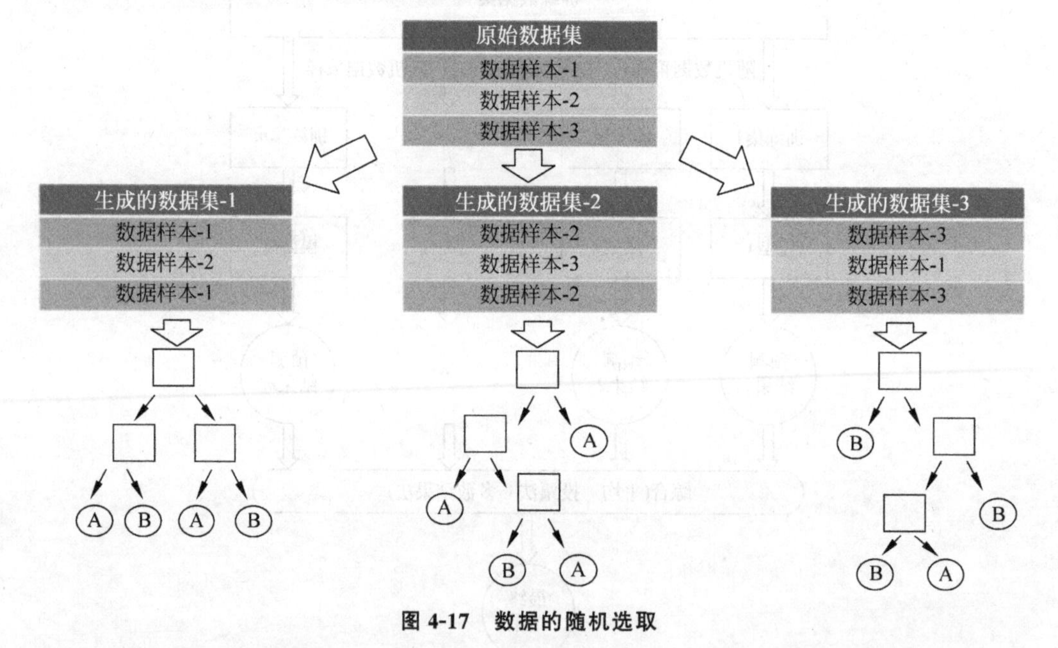

图 4-17 数据的随机选取

3) 待选特征的随机选取

与数据集的随机选取类似,随机森林中的子树的每一个分裂过程并未用到所有的待选特征,而是从所有的待选特征中随机选取一定的特征,之后再在随机选取的特征中选取最优的特征。这样能使随机森林中的决策树都能彼此不同,提升系统的多样性,从而提升分类性能。

图 4-18 中,有色的方块代表所有可以被选择的特征,也就是待选特征。无色的方块是分裂特征。左边是一棵决策树的特征选取过程,通过在待选特征中选取最优的分裂特征,完成分裂。右边是一个随机森林中的子树的特征选取过程。

2. 随机森林优缺点

跟其他算法相比,随机森林算法有其自身的优势与不足。

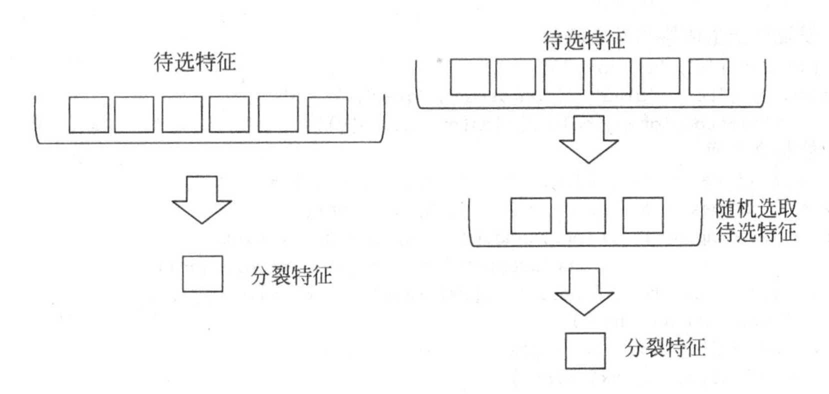

图 4-18　待选特征

1）优点

随机森林算法的优点主要表现在以下几点：

- 它可以求出很高维度(特征很多)的数据，并且不用降维，无须做特征选择。
- 不容易过度拟合。
- 对于不平衡的数据集来说，它可以平衡误差。
- 如果有很大一部分的特征遗失，仍可以维持准确度。

2）缺点

随机森林算法的缺点主要表现在以下几点：

- 随机森林已经被证明在某些噪声较大的分类或回归问题上会过度拟合。
- 由于随机森林使用许多决策树，因此在较大的项目上可能需要大量内存，这使它比其他一些更有效的算法速度慢。

3. 随机森林算法实战

前面已对随机森林算法的定义、构建、优缺点等进行了介绍，下面通过实战演示随机森林算法应用。

【例 4-12】 利用随机森林算法对 iris 数据集进行分类。

```
import matplotlib.pyplot as plt
import numpy as np
from matplotlib.colors import ListedColormap
from sklearn import datasets
from sklearn.model_selection import train_test_split
from sklearn.ensemble import RandomForestClassifier

iris = datasets.load_iris()
X = iris.data[:, [2, 3]]
y = iris.target
print('Class labels:', np.unique(y))
#将数据分成 70%的训练数据和 30%的测试数据:
X_train, X_test, y_train, y_test = train_test_split(
    X, y, test_size=0.3, random_state=1, stratify=y)
X_combined = np.vstack((X_train, X_test))
y_combined = np.hstack((y_train, y_test))

def plot_decision_regions(X, y, classifier, test_idx=None, resolution=0.02):
```

```
    #设置标记生成器和颜色映射
    markers = ('s', 'x', 'o', '^', 'v')
    colors = ('red', 'blue', 'lightgreen', 'gray', 'cyan')
    cmap = ListedColormap(colors[:len(np.unique(y))])
    #绘制决策面
    x1_min, x1_max = X[:, 0].min() - 1, X[:, 0].max() + 1
    x2_min, x2_max = X[:, 1].min() - 1, X[:, 1].max() + 1
    xx1, xx2 = np.meshgrid(np.arange(x1_min, x1_max, resolution),
                           np.arange(x2_min, x2_max, resolution))
    Z = classifier.predict(np.array([xx1.ravel(), xx2.ravel()]).T)
    Z = Z.reshape(xx1.shape)
    plt.contourf(xx1, xx2, Z, alpha = 0.3, cmap = cmap)
    plt.xlim(xx1.min(), xx1.max())
    plt.ylim(xx2.min(), xx2.max())

    for idx, cl in enumerate(np.unique(y)):
        plt.scatter(x = X[y == cl, 0],
                    y = X[y == cl, 1],
                    alpha = 0.8,
                    c = colors[idx],
                    marker = markers[idx],
                    label = cl,
                    edgecolor = 'black')

    #突出显示测试样本
    if test_idx:
        #绘制所有样本
        X_test, y_test = X[test_idx, :], y[test_idx]
        plt.scatter(X_test[:, 0],
                    X_test[:, 1],
                    c = 'y',
                    edgecolor = 'black',
                    alpha = 1.0,
                    linewidth = 1,
                    marker = 'o',
                    s = 100,
                    label = 'test set')

forest = RandomForestClassifier(criterion = 'gini',
                                n_estimators = 25,
                                random_state = 1,
                                n_jobs = 2)
forest.fit(X_train, y_train)

from pylab import *
mpl.rcParams['font.sans-serif'] = ['SimHei']  #中文
plot_decision_regions(X_combined, y_combined,
                      classifier = forest, test_idx = range(105, 150))
plt.xlabel('花瓣长度/cm')
plt.ylabel('花瓣宽度/cm')
plt.legend(loc = 'upper left')
plt.tight_layout()
plt.show()
```

运行程序，输出如下，效果如图 4-19 所示。

```
Class labels: [0 1 2]
```

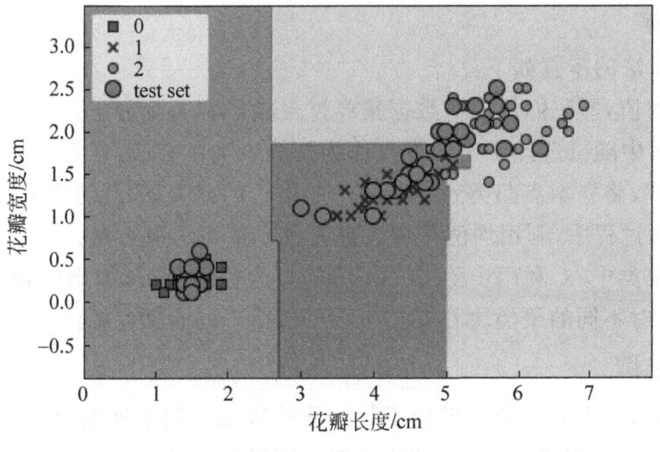

图 4-19 分类效果

4.3 非监督学习

非监督学习是指在没有类别信息的情况下，通过对所研究对象的大量样本的数据分析实现对样本分类的一种数据处理方法。该学习方式不需要先验知识进行指导，而是不断地自我认知，自我巩固，最后进行自我归纳。相比监督学习，非监督学习的输入数据没有标签信息，需要通过算法模型挖掘数据内在的结构和模式。

非监督学习主要包含两大类学习方法：聚类算法和特征变量关联。其中，聚类算法往往通过多次迭代找到数据的最优分割，而特征变量关联则利用各种相关性分析方法找到变量之间的关系。

常用的非监督学习算法有：

- k 均值聚类(k-means clustering)。
- 具有噪声的基于密度的聚类(density-based spatial clustering of applications with noise：DBSCAN)方法。
- 主成分分析(principal component analysis，PCA)算法。
- 高斯混合模型(Gaussian mixture model，GMM)。
- 受限玻尔兹曼机(restricted Boltzmann machine，RBM)。

4.3.1 k 均值聚类

k 均值聚类算法是一种迭代求解的聚类分析算法。在各种聚类算法中，k 均值聚类算法可以说是最简单的。但是简单不代表不好用，k 均值聚类算法绝对是在聚类中用的最多的算法。它的工作原理：假设数据集中的样本因为特征不同，像小沙堆一样散布在地面上，k 均值算法会在小沙堆上插上旗子。而第一遍插的旗子并不能很完美地代表沙堆的分布，所以 k 均值还要继续，让每个旗子能够插到每个沙堆最佳的位置上，也就是数据点的均值上，这也是 k 均值聚类算法名字的由来。接下来一直重复上述的动作，直到找不出更好的位置。

1. 算法步骤

k 均值聚类算法的步骤如下：

(1) 输入 k 的值，即我们希望将数据集经过聚类得到 k 个分组。

(2) 从数据集中随机选择 k 个数据点作为初始聚类中心，对任意一个样本点，求其到 k 个聚类中心的距离，将样本点归类到距离最小的中心的聚类，如此迭代 n 次。

(3) 每次迭代过程中，利用均值等方法更新各个聚类的中心点。

(4) 对 k 个聚类中心，利用步骤(2)和步骤(3)迭代更新后，如果位置点变化很小，则认为达到稳定状态，对不同的聚类块和聚类中心可选择不同的颜色标注。

2. k 值的选取

在实际应用中，由于 k 均值一般用于数据预处理或者用于辅助分类贴标签。所以 k 的值一般不会设置很大。对于 k 值的选取，一般采用以下两种方法。

1) 手肘法

手肘法的核心指标是 SSE(sum of the squared errors，误差平方和)。聚类数 k 增大，数据划分就会更精细，每个簇的聚合程度也会提高，从而 SSE 会逐渐变小。当 k 小于真实聚类数时，k 的增大会增加每个簇的聚合程度，因此 SSE 的下降幅度会很大。当 k 到达真实聚类数时，再增加 k 所得到的聚合程度会迅速变小，所以 SSE 的下降幅度会骤减，然后随着 k 值的继续增大而趋于平缓，由此可见，SSE 和 k 的关系图是一个手肘的形状，而这个肘部对应的 k 值就是数据的真实聚类数。

具体做法是让 k 从 1 开始取值直到取到你认为合适的上限，对每个 k 值进行聚类并记下对应的 SSE，然后画出 k 和 SSE 的关系图，最后选取肘部对应的 k 作为最佳聚类数。对葡萄酒数据集 wine.data，用 sklearn 库中自带的 k 均值算法对 k 值的选取进行可视化操作，如图 4-20 所示。

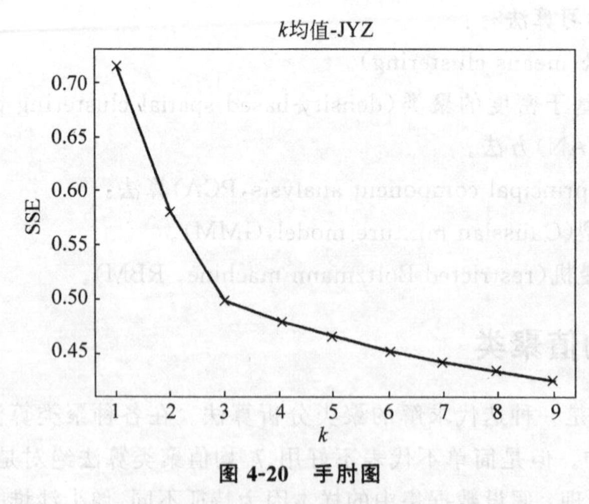

图 4-20 手肘图

2) 轮廓系数法

轮廓系数(silhouette coefficient)是簇的密集与分散程度的评价指标。

(1) 计算样本 i 到同一类中其他样本的平均距离 a_i。如果 a_i 越小，则说明样本 i 与同类中其他样本的距离越近，即越相似。称 a_i 为样本 i 的类别内不相似度。

(2) 计算样本 i 到其他类别的所有样本的平均距离 b_i。如果 b_i 越大，说明样本 i 与其他类之间距离越远，即越不相似。称 b_i 为样本 i 与其他类之间的不相似度。

轮廓系数的值在 -1 和 1 之间，该值越接近于 1，簇越紧凑，聚类越好。当轮廓系数接近 1 时，簇内紧凑，并远离其他簇。其中，轮廓系数的计算如下所示：

$$s_i = \frac{b_i - a_i}{\max\{a_i, b_i\}} = \begin{cases} 1 - \dfrac{a_i}{b_i}, & a_i < b_i \\ 0, & a_i = b_i \\ \dfrac{b_i}{a_i}, & a_i < b_i \end{cases}$$

3. 算法优缺点

经过以上分析，可总结出 k 均值聚类算法的优缺点。

1) 优点

k 均值聚类算法的优点主要表现在：

(1) k 均值聚类算法原理比较简单，实现起来也很容易，收敛速度较快。

(2) 聚类效果相对于其他聚类算法来说较好，算法的可解释度比较强。

(3) 参数较少，主要需要调参的参数仅仅是簇数 k。

2) 缺点

k 均值聚类算法的缺点主要表现在：

(1) 不适用字符串等非数值型数据。k 均值聚类算法基于均值计算，首先要求簇的平均值可以被定义和使用。

(2) k 均值的第一步是确定 k(要生成的簇的数目)，对于不同的初始值 k，可能会导致不同结果。

(3) 应用数据集存在局限性，适用于球状或集中分布数据，不适用于特殊情况数据。

4. *k* 均值聚类算法实战

下面直接通过实例来演示 k 均值的实战过程。

【例 4-13】 利用 k 均值聚类算法对给定篮球运动员比赛数据进行聚类。

```
from sklearn.cluster import Birch   #从 sklearn.cluster 机器学习聚类包中导入 Birch 聚类
from sklearn.cluster import KMeans  #从 sklearn.cluster 机器学习聚类包中导入 KMeans 聚类
"""
数据集:
X 表示二维矩阵数据,篮球运动员比赛数据
总共 20 行,每行两列数据
第一列表示球员每分钟助攻数: x1
第二列表示球员每分钟得分数: x2
"""
X = [[0.0888, 0.5885],[0.1399, 0.8291],[0.0747, 0.4974],[0.0983, 0.5772],[0.1276, 0.5703],
     [0.1671, 0.5835],[0.1906,0.5276],[0.1061, 0.5523],[0.2446, 0.4007],[0.1670, 0.4770],
     [0.2485, 0.4313],[0.1227,0.4909],[0.1240, 0.5668],[0.1461, 0.5113],[0.2315, 0.3788],
     [0.0494, 0.5590],[0.1107,0.4799],[0.2521, 0.2735],[0.1007, 0.6318],[0.1067, 0.4326],
     [0.1456, 0.8280]
     ]
"""
```

```
k均值聚类
clf = KMeans(n_clusters=3) 表示类簇数为3,聚成3类数据,clf即赋值为KMeans
y_pred = clf.fit_predict(X) 载入数据集X,并且将聚类的结果赋值给y_pred
"""
clf = KMeans(n_clusters=3)   #聚类算法,参数n_clusters=3,聚成3类
y_pred = clf.fit_predict(X)   #直接对数据进行聚类,聚类不需要进行预测
#输出完整k均值函数,包括很多省略参数
print('k均值模型:\n',clf)
#输出聚类预测结果,20行数据,每个y_pred对应X一行或一个球员,聚成3类,类标为0、1、2
print('聚类结果:\n',y_pred)

"""
可视化绘图
Python导入Matplotlib包,专门用于绘图
import matplotlib.pyplot as plt 此处as相当于重命名,plt用于显示图像
"""
import numpy as np
import matplotlib.pyplot as plt
%matplotlib inline

plt.rcParams['font.sans-serif'] = ['SimHei']      #显示中文
#获取第一列和第二列数据 使用for循环获取 n[0]表示X第一列
x1 = [n[0] for n in X]
x2 = [n[1] for n in X]
#绘制散点图——参数:x横轴 y纵轴 c=y_pred聚类预测结果 marker类型 o表示圆点 *表示
#星形 x表示点
plt.scatter(x1, x2, c=y_pred, marker='x')
#绘制标题
plt.title("k均值篮球数据")
#绘制x轴和y轴坐标
plt.xlabel("x1")
plt.ylabel("x2")
#显示图形
plt.show()
```

运行程序,输出如下,效果如图4-21所示。

```
k均值模型:
 KMeans(algorithm='auto', copy_x=True, init='k-means++', max_iter=300,
    n_clusters=3, n_init=10, n_jobs=1, precompute_distances='auto',
    random_state=None, tol=0.0001, verbose=0)
聚类结果:
 [0 1 0 0 0 0 0 0 2 0 2 0 0 0 2 0 0 2 0 0 1]
```

5. 小批量 k 均值

小批量 k 均值是 k 均值算法的一个变体,它使用小批量(mini-batch)来减少计算时间,同时仍然尝试优化相同的目标函数。小批量是输入数据的子集,在每次训练迭代中随机抽样。这些小批量大大减少了融合到本地解决方案所需的计算量。与其他降低 k 均值收敛时间的算法相反,小批量 k 均值产生的结果通常只比标准算法略差。

该算法在两个主要步骤之间进行迭代。第一步,从数据集中随机抽取b样本,形成一个mini-batch,然后将它们分配到最近的质心(centroid)。第二步,更新质心。与 k 均值相反,这是在每个样本的基础上完成的。对于mini-batch中的每个样本,通过取样本的流平均值

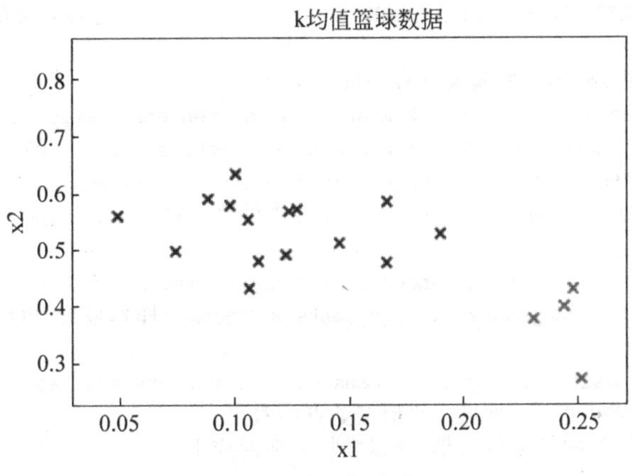

图 4-21 篮球数据聚类效果

(streaming average)和分配给该质心的所有先前样本来更新分配的质心。这具有随时间降低质心的变化率的效果。执行这些步骤直到达到收敛或达到预定次数的迭代。

【例 4-14】 *k* 均值聚类和小批量 *k* 均值聚类对比实例。

```
import time
import numpy as np
import matplotlib.pyplot as plt
from sklearn.cluster import MiniBatchKMeans, KMeans
from sklearn.metrics.pairwise import pairwise_distances_argmin
from sklearn.datasets.samples_generator import make_blobs

#产生样本数据
np.random.seed(0)
batch_size = 45
centers = [[1, 1], [-1, -1], [1, -1]]                    #三种聚类的中心
n_clusters = len(centers)
X, labels_true = make_blobs(n_samples = 3000, centers = centers, cluster_std = 0.7)
                                                          #生成样本随机数

#k均值聚类
k_means = KMeans(init = 'k-means++', n_clusters = 3, n_init = 10)
begin_time = time.time()                                  #记录训练开始时间
k_means.fit(X)                                            #聚类模型
t_batch = time.time() - begin_time                        #记录训练用时
print('k均值聚类时长：',t_batch)

#小批量k均值聚类
#batch_size为每次更新使用的样本数
mbk = MiniBatchKMeans(init = 'k-means++', n_clusters = 3, batch_size = batch_size,
                      n_init = 10, max_no_improvement = 10, verbose = 0)
begin_time = time.time()                                  #记录训练开始时间
mbk.fit(X)                                                #聚类模型
t_mini_batch = time.time() - begin_time                   #记录训练用时
print('小批量k均值聚类时长：',t_mini_batch)

#结果可视化
fig = plt.figure(figsize = (16, 6))                       #窗口大小
fig.subplots_adjust(left = 0.02, right = 0.98, bottom = 0.05, top = 0.9)  #窗口四周留白
```

```
colors = ['#4EACC5', '#FF9C34', '#4E9A06']                    #三种聚类的颜色

#在两种聚类算法中,样本的所属类标号和聚类中心
k_means_cluster_centers = np.sort(k_means.cluster_centers_, axis = 0) #三个聚类点排序
mbk_means_cluster_centers = np.sort(mbk.cluster_centers_, axis = 0)   #三个聚类点排序
k_means_labels = pairwise_distances_argmin(X, k_means_cluster_centers)
#计算X中每个样本与k_means_cluster_centers中的哪个样本最近,也就是获取所有对象的所属的
#类标签
mbk_means_labels = pairwise_distances_argmin(X, mbk_means_cluster_centers)
#计算X中每个样本与mbk_means_cluster_centers中的哪个样本最近,也就是获取所有对象的所属
#的类标签
order = pairwise_distances_argmin(k_means_cluster_centers,mbk_means_cluster_centers)
#计算k均值聚类点相对于小批量k均值聚类点的索引
#因为要比较两次聚类的结果的区别,所以类标号要对应上

#绘制k-Means
ax = fig.add_subplot(1, 3, 1)
for k, col in zip(range(n_clusters), colors):
    my_members = k_means_labels == k                          #获取属于当前类别的样本
    cluster_center = k_means_cluster_centers[k]               #获取当前聚类中心
    ax.plot(X[my_members, 0], X[my_members, 1], 'w',markerfacecolor = col, marker = '.')
                                                              #绘制当前聚类的样本点
    ax.plot(cluster_center[0], cluster_center[1], 'o', markerfacecolor = col,markeredgecolor =
'k', markersize = 6)                                          #绘制聚类中心点
ax.set_title('k-Means')
ax.set_xticks(())
ax.set_yticks(())
plt.text(-3.5, 1.8,  'train time: %.2fs\ninertia: %f' % (t_batch, k_means.inertia_))
plt.rcParams['font.sans-serif'] = ['SimHei']                  #显示中文
#绘制MiniBatchKMeans
ax = fig.add_subplot(1, 3, 2)
for k, col in zip(range(n_clusters), colors):
    my_members = mbk_means_labels == k                        #获取属于当前类别的样本
    cluster_center = mbk_means_cluster_centers[k]             #获取当前聚类中心
    #绘制当前聚类的样本点
    ax.plot(X[my_members, 0], X[my_members, 1], 'w',markerfacecolor = col, marker = '.')
    ax.plot(cluster_center[0], cluster_center[1], 'o', markerfacecolor = col,markeredgecolor =
'k', markersize = 6)                                          #绘制聚类中心点
ax.set_title('MiniBatchKMeans')
ax.set_xticks(())
ax.set_yticks(())
plt.text(-3.5, 1.8, 'train time: %.2fs\ninertia: %f' % (t_mini_batch, mbk.inertia_))

#初始化两次结果中
different = (mbk_means_labels == 4)
ax = fig.add_subplot(1, 3, 3)
for k in range(n_clusters):
    #将两种聚类算法中聚类结果不一样的样本设置为true,聚类结果相同的样本设置为false
    different += ((k_means_labels == k) != (mbk_means_labels == order[k]))
#向量取反,也就是聚类结果相同设置为true,聚类结果不相同设置为false
identic = np.logical_not(different)
#绘制聚类结果相同的样本点
ax.plot(X[identic, 0], X[identic, 1], 'w',markerfacecolor = '#bbbbbb', marker = '.')
#绘制聚类结果不同的样本点
```

```
ax.plot(X[different, 0], X[different, 1], 'w',markerfacecolor = 'm', marker = '.')
ax.set_title('差别')
ax.set_xticks(())
ax.set_yticks(())
plt.show()
```

运行程序,输出如下,效果如图 4-22 所示。

```
k 均值聚类时长: 0.05260491371154785
小批量 k 均值聚类时长: 0.03690028190612793
```

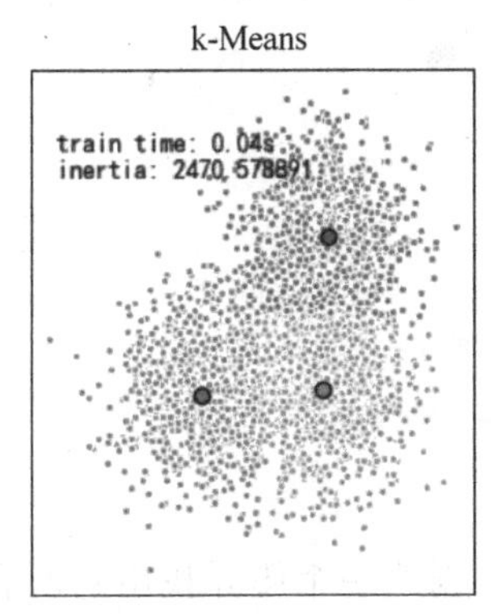

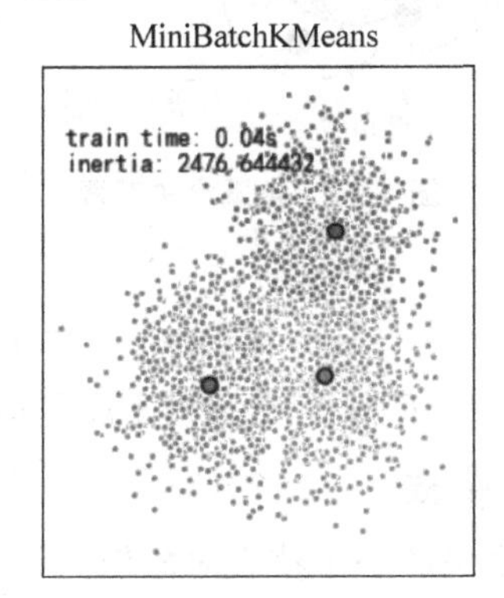

图 4-22　*k* 均值与小批量 *k* 均值效果图

4.3.2　密度聚类

DBSCAN(具有噪声的基于密度的聚类方法)算法将具有足够密度的区域划分为簇,并可在具有噪声的空间数据库中发现任意形状的簇,它将簇定义为密度相连的点的最大集合。

1. 基本概念

给定的数据集 $D=\{x^{(1)},x^{(2)},\cdots,x^{(m)}\}$。

(1) ε-邻域(Eps):对 $x^{(j)}\in D$,其ε-邻域包含 D 中与 $x^{(j)}$ 的距离不大于ε的所有样本。

$$N_\varepsilon(x^{(j)})=\{x^{(i)}\in D \mid \text{dist}(x^{(i)},x^{(j)})\leqslant \varepsilon\}$$

(2) MinPts:ε-邻域内样本的个数最小值。

(3) 核心对象:如果 $x^{(j)}$ 的ε-邻域至少包含 MinPts 个样本,$|N_\varepsilon(x^{(j)})|\geqslant$MinPts,则 $x^{(j)}$ 为一个核心对象。

(4) 密度直达(directly density-reachable):如果 $x^{(j)}$ 位于 $x^{(i)}$ 的ε-邻域中,且 $x^{(i)}$ 是核心对象,则称 $x^{(j)}$ 由 $x^{(i)}$ 密度直达。密度直达关系通常不满足对称性,除非 $x^{(j)}$ 也是核心对象。

(5) 密度可达(density-reachable):对 $x^{(i)}$ 与 $x^{(j)}$,如果存在样本序列 $p_1,p_2,\cdots,p_n$,其中 $p_1=x^{(j)}$,$p_1,p_2,\cdots,p_{n-1}$ 均为核心对象且 p_{i+1} 从 p_i 密度直达,则称 $x^{(j)}$ 由 $x^{(i)}$ 密度可达。密度可达关系满足直递性,但不满足对称性。

(6) 密度相连(density-connected):对 $x^{(i)}$ 与 $x^{(j)}$,如果存在 $x^{(k)}$ 使得 $x^{(i)}$ 与 $x^{(j)}$ 密度可达,则称 $x^{(i)}$ 与 $x^{(j)}$ 密度相连。密度相连关系满足对称性。各个概念的关系如图 4-23 所示。

(7) 基于密度的簇:由密度可达关系导出的最大的密度相连样本集合 C,簇 C 满足以

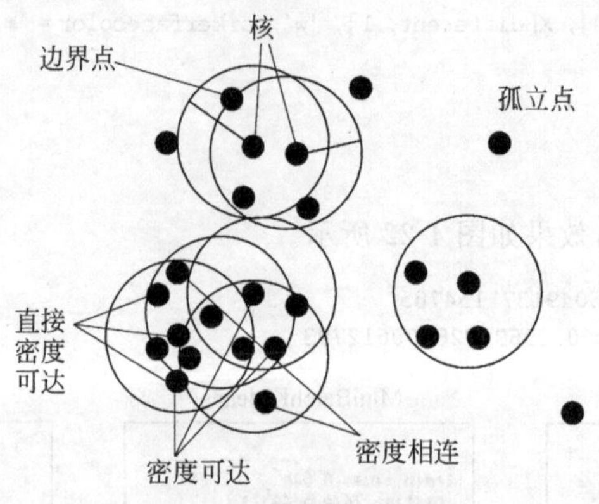

图 4-23 各概念关系图

下两个性质：

- 连接性(connectivity)：$x^{(i)} \in C, x^{(j)} \in C \rightarrow x^{(i)}$ 与 $x^{(j)}$ 密度相连。
- 最大性(maximality)：$x^{(i)} \in C, x^{(j)}$ 由 $x^{(i)}$ 密度可达 $\rightarrow x^{(j)} \in C$。

2. DBSCAN 算法原理与流程

DBSCAN 算法先任选数据集中的一个核心对象作为种子，创建一个簇并找出它所有的核心对象，寻找合并核心对象密度可达的对象，直到所有核心对象均被访问过为止。

DBSCAN 的簇中至少包含一个核心对象：如果只有一个核心对象，则其他非核心对象都落在核心对象的 ε-邻域内；如果有多个核心对象，则任意一个核心对象的 ε-邻域内至少有一个其他核心对象，否则这两个核心对象无法密度可达；包含过少对象的簇可以被认为是噪声。

DBSCAN 算法的优点：能克服基于距离的算法只能发现"凸多边形"的聚类的缺点，可发现任意形状的聚类，且对噪声数据不敏感。缺点：计算密度单元的复杂度大，需要建立空间索引来降低计算量。

3. DBSCAN 算法实战

前面已对 DBSCAN 算法的相关概念、原理、算法、优缺点进行了介绍，下面直接通过实战演示 DBSCAN 算法。

【例 4-15】 利用 DBSCAN 算法对鸢尾花数据集进行聚类。

DBSCAN 算法聚类过程：

- 构造数据集。
- 使用 DBSCAN 算法对数据集进行聚类。
- 可视化聚类效果。

```
'''导入数据'''
import pandas as pd
from sklearn.datasets import load_iris
#导入数据,sklearn 自带鸢尾花数据集
iris = load_iris().data
print(iris)
[[ 5.1  3.5  1.4  0.2]
 [ 4.9  3.   1.4  0.2]
```

```
 [ 4.7  3.2  1.3  0.2]
 [ 4.6  3.1  1.5  0.2]
 [ 5.   3.6  1.4  0.2]
...
 [ 6.3  2.5  5.   1.9]
 [ 6.5  3.   5.2  2. ]
 [ 6.2  3.4  5.4  2.3]
 [ 5.9  3.   5.1  1.8]]
'''使用 DBSCAN 算法'''
from sklearn.cluster import DBSCAN
iris_db = DBSCAN(eps = 0.6,min_samples = 4).fit_predict(iris)
#设置半径为 0.6,最小样本量为 2,建模
db = DBSCAN(eps = 10, min_samples = 2).fit(iris)
#统计每一类的数量
counts = pd.value_counts(iris_db,sort = True)
print(counts) 1    92
 0    49
-1     5
 2     4
dtype: int64
'''可视化'''
import matplotlib.pyplot as plt
from pylab import *
plt.rcParams['font.sans-serif'] = [u'Microsoft YaHei']
mpl.rcParams['font.sans-serif'] = ['SimHei']  #中文

fig,ax = plt.subplots(1,2,figsize = (12,12))
#画聚类后的结果
ax1 = ax[0]
ax1.scatter(x = iris[:,0],y = iris[:,1],s = 250,c = iris_db)
ax1.set_title('DBSCAN 聚类结果',fontsize = 20)
#画真实数据结果
ax2 = ax[1]
ax2.scatter(x = iris[:,0],y = iris[:,1],s = 250,c = load_iris().target)
ax2.set_title('真实分类',fontsize = 20)
plt.show()
```

运行程序,效果如图 4-24 所示。

从图 4-24 可以观察聚类效果的好坏,但是当数据量很大,或者指标很多的时候,观察起来就会非常麻烦,此时可以使用轮廓系数来判定结果的好坏。聚类结果的轮廓系数是该聚类是否合理、有效的度量。

聚类结果的轮廓系数的取值在[−1,1],值越大,说明同类样本相距越近,不同样本相距越远,则聚类效果越好。轮廓系数以及其他的评价函数都定义在 sklearn.metrics 模块中,其中函数 silhouette_score()用于计算所有点的平均轮廓系数。例如:

```
from sklearn import metrics
#metrics.silhouette_score 函数可以计算轮廓系数(sklearn 是一个强大的包)
score = metrics.silhouette_score(iris,iris_db)
score
0.42260692782268894
```

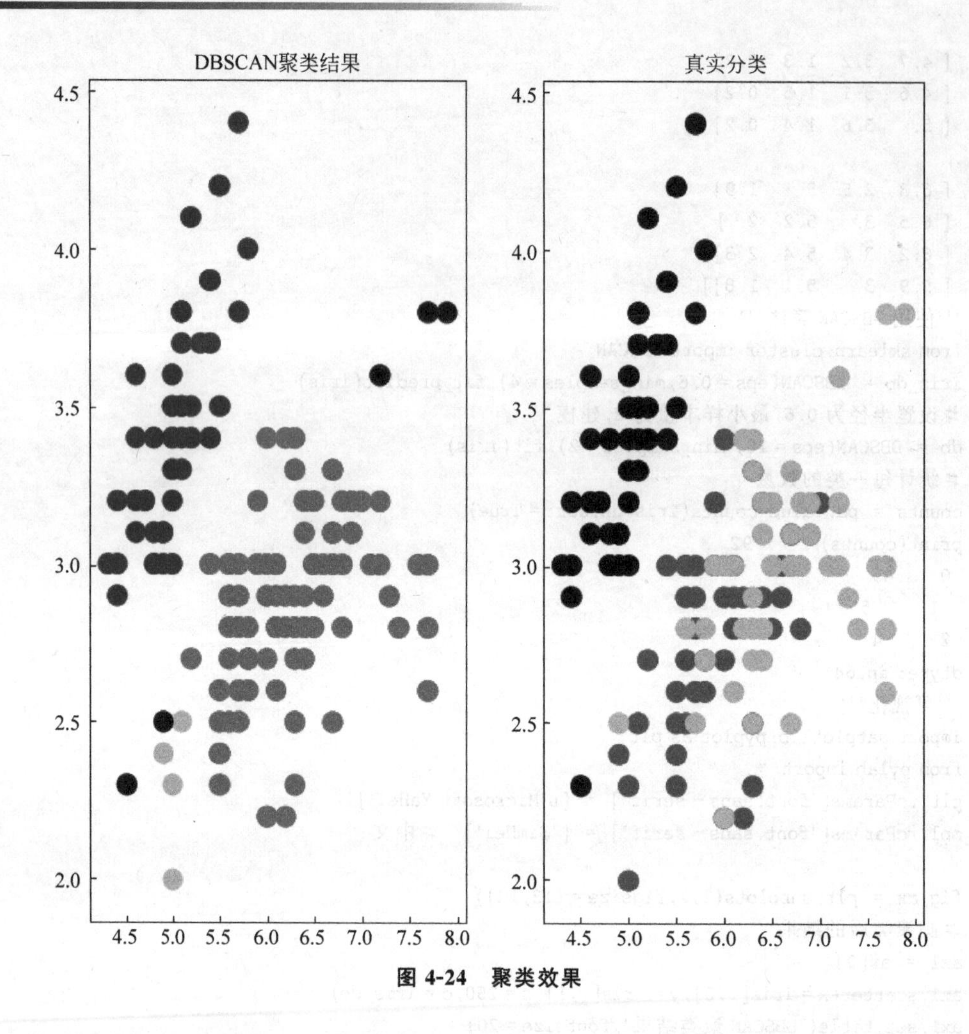

图 4-24 聚类效果

4.3.3 层次聚类

层次聚类是聚类算法的一种,通过计算不同类别数据点间的相似度来创建一棵有层次的嵌套聚类树,如图 4-25 所示。在聚类树中,不同类别的原始数据点是树的最底层,树的顶层是一个聚类的根节点。层次聚类算法相比划分聚类算法的优点之一是可以在不同的尺度上(层次)展示数据集的聚类情况。

创建聚类树有两种方式:自下而上和自上而下。基于层次的聚类算法可以分为凝聚的(agglomerative)或者分裂的(divisive)。

- 自下而上法:一开始每个个体(object)都是一个类,然后根据 linkage 寻找同类,最后形成一个"类"。
- 自上而下法:一开始所有个体都属于一个"类",然后根据 linkage 排除异己,最后每个个体都成为一个"类"。

1. 自底向上的层次算法

层次聚类的合并算法通过计算两类数据点间的相似性,对所有数据点中最为相似的两个数据点进行组合,并反复迭代这一过程。简单地说层次聚类的合并算法是通过计算每一个类别的数据点与所有数据点之间的距离来确定它们之间的相似性，距离越小，相似度越高。并将距离最近的两个数据点或类别进行组合，生成聚类树。

绝大多数层次聚类属于凝聚型层次聚类，它的算法流程如下（见图 4-26）：

（1）将每个对象看作一类，计算两两之间的距离。

（2）将距离最小的两个类合并成一个新类。

（3）重新计算新类与所有类之间的距离。

（4）重复步骤（2）、（3），直到所有类最后合并成一类。

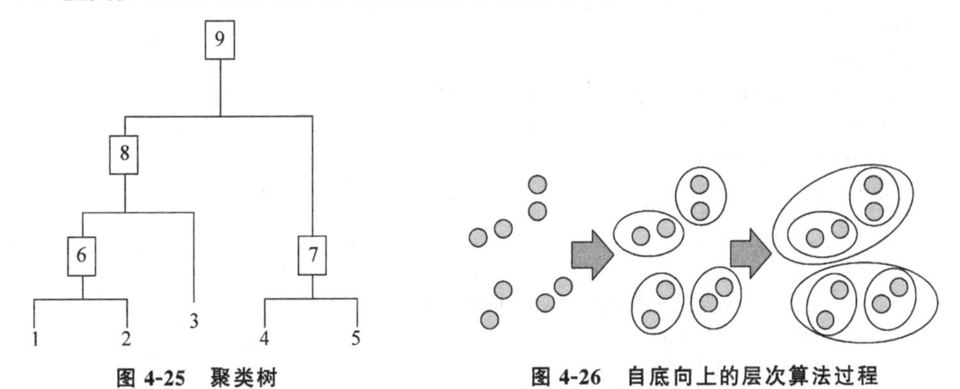

图 4-25 聚类树　　图 4-26 自底向上的层次算法过程

整个过程就是建立一棵树，在建立的过程中，可以在步骤（4）设置所需分类的类别个数，作为迭代的终止条件，如果都归为一类并不实际。

层次聚类使用欧氏距离来计算不同类别数据点间的距离（相似度）。

$$D=\sqrt{(x_1-x_2)^2+(y_1-y_2)^2}$$

2. 聚类间的相似度

计算两个组合数据点间距离的方法有三种，分别为单连接、全连接和平均连接。在开始计算之前，先介绍这三种计算方法及其优缺点。

- 单连接（single linkage）：将两个组合数据点中距离最近的两个数据点间的距离作为这两个组合数据点的距离。这种方法容易受到极端值的影响。两个很相似的组合数据点可能由于其中的某个极端的数据点距离较近而组合在一起。
- 全连接（complete linkage）：与单连接相反，将两个组合数据点中距离最远的两个数据点间的距离作为这两个组合数据点的距离。其问题也与单连接相反，即两个不相似的组合数据点可能由于其中的极端值距离较远而无法组合在一起。
- 平均连接（average linkage）：计算两个组合数据点中的每个数据点与其他所有数据点的距离。将所有距离的均值作为两个组合数据点间的距离。这种方法计算量比较大，但结果比前两种方法更合理。

使用平均连接计算组合数据点间的距离。下面是计算组合数据点(A,F)到(B,C)的距离，这里分别计算了(A,F)和(B,C)两两间距离的均值。

$$D=\frac{\sqrt{(A-B)^2}+\sqrt{(A-C)^2}+\sqrt{(F-B)^2}+\sqrt{(F-C)^2}}{4}$$

3. 层次聚类实战

前面已对层次聚类的算法、相似度进行了介绍，下面通过实例来演示层次聚类实战。

【例 4-16】 利用层次聚类法对给定的数据进行聚类。

```
import math
import numpy as np
import sklearn
from sklearn.datasets import load_iris

def euler_distance(point1: np.ndarray, point2: list) -> float:
    """
    计算两点之间的欧式距离,支持多维
    """
    distance = 0.0
    for a, b in zip(point1, point2):
        distance += math.pow(a - b, 2)
    return math.sqrt(distance)

class ClusterNode(object):
    def __init__(self, vec, left = None, right = None, distance = -1, id = None, count = 1):
        """
        :param vec: 保存两个数据聚类后形成新的中心
        :param left: 左节点
        :param right: 右节点
        :param distance: 两个节点的距离
        :param id: 用来标记哪些节点是计算过的
        :param count: 这个节点的叶节点个数
        """
        self.vec = vec
        self.left = left
        self.right = right
        self.distance = distance
        self.id = id
        self.count = count

class Hierarchical(object):
    def __init__(self, k = 1):
        assert k > 0
        self.k = k
        self.labels = None
    def fit(self, x):
        nodes = [ClusterNode(vec = v, id = i) for i,v in enumerate(x)]
        distances = {}
        point_num, future_num = np.shape(x)          #特征的维度
        self.labels = [ -1 ] * point_num
        currentclustid = -1
        while len(nodes) > self.k:
            min_dist = math.inf
            nodes_len = len(nodes)
            closest_part = None                      #表示最相似的两个聚类
            for i in range(nodes_len - 1):
                for j in range(i + 1, nodes_len):
                    #为了不重复计算距离,保存在字典内
                    d_key = (nodes[i].id, nodes[j].id)
                    if d_key not in distances:
                        distances[d_key] = euler_distance(nodes[i].vec, nodes[j].vec)
```

```
                    d = distances[d_key]
                    if d < min_dist:
                        min_dist = d
                        closest_part = (i, j)
            #合并两个聚类
            part1, part2 = closest_part
            node1, node2 = nodes[part1], nodes[part2]
            new_vec = [ (node1.vec[i] * node1.count + node2.vec[i] * node2.count) /
(node1.count + node2.count)
                    for i in range(future_num)]  ##??
            new_node = ClusterNode(vec = new_vec,
                                   left = node1,
                                   right = node2,
                                   distance = min_dist,
                                   id = currentclustid,
                                   count = node1.count + node2.count)
            currentclustid -= 1
            del nodes[part2], nodes[part1]          #一定要先 del 索引较大的
            nodes.append(new_node)
        self.nodes = nodes
        self.calc_label()

    def calc_label(self):
        """
        调取聚类的结果
        """
        for i, node in enumerate(self.nodes):
            #将节点的所有叶节点都分类
            self.leaf_traversal(node, i)

    def leaf_traversal(self, node: ClusterNode, label):
        """
        递归遍历叶节点
        """
        if node.left == None and node.right == None:
            self.labels[node.id] = label
        if node.left:
            self.leaf_traversal(node.left, label)
        if node.right:
            self.leaf_traversal(node.right, label)

if __name__ == '__main__':
    data = [[16.9,0],[38.5,0],[39.5,0],[80.8,0],[82,0],[834.6,0],[116.1,0]]
    my = Hierarchical(4)
    my.fit(data)
    print('层次聚类效果：',np.array(my.labels))
```

运行程序，输出如下：

```
层次聚类效果：[3 3 3 2 2 0 1]
```

4. 使用 Scipy 库中的层次聚类

linkage 方法用于计算两个聚类簇 s 和 t 之间的距离 $d(s,t)$，这个方法的使用在层次聚类之前。当 s 和 t 形成一个新的聚类簇 u 时，s 和 t 从森林（已经形成的聚类簇群）中移除，

用新的聚类簇 u 代替。当森林中只有一个聚类簇时算法停止，而这个聚类簇就成了聚类树的根。距离矩阵在每次迭代中都将被保存，$d[i,j]$对应于第 i 个聚类簇与第 j 个聚类簇之间的距离。每次迭代必须更新新形成的聚类簇之间的距离矩阵。linkage 函数的格式为

```
linkage(y, method = 'single', metric = 'euclidean')
```

其中，各参数含义：

- y：距离矩阵，可以是一维压缩向量（距离向量），也可以是二维观测向量（坐标矩阵）。如果 y 是一维压缩向量，则 y 必须是 n 个初始观测值的组合，n 是坐标矩阵中成对的观测值。
- method：指计算类间距离的方法，常用的有 3 种。

① single：最近邻，把类与类间距离最近的作为类间距。

② complete：最远邻，把类与类间距离最远的作为类间距。

③ average：平均距离，类与类间所有 pairs 距离的平均。

其他的 method 还有 weighted、centroid 等。

- 返回值：(n－1) * 4 的矩阵 Z。

【例 4-17】 利用 Scipy 库中的层次聚类法对给定数据进行聚类。

```
#导入相应的包
import scipy
import scipy.cluster.hierarchy as sch
from scipy.cluster.vq import vq,kmeans,whiten
import numpy as np
import matplotlib.pylab as plt

#生成待聚类的数据点,这里生成了 20 个点,每个点 4 维:
data = [[16.9,0],[38.5,0],[39.5,0],[80.8,0],[82,0],[834.6,0],[116.1,0]]
#加一个标签进行区分
A = []
for i in range(len(data)):
    a = chr(i + ord('A'))
    A.append(a)
'''层次聚类'''
#生成点与点之间的距离矩阵,这里用的欧氏距离:
disMat = sch.distance.pdist(data,'euclidean')
#进行层次聚类:
Z = sch.linkage(disMat,method = 'average')
#将层级聚类结果以树状图表示出来并保存为 plot_dendrogram.png
fig = plt.figure()
P = sch.dendrogram(Z, labels = A)
f = sch.fcluster(Z, t = 30, criterion = 'distance')   #聚类,这里 t 阈值的选择很重要
print('打印类标签:',f)                                 #打印类标签
print('打印 Z 值:',Z)
plt.show()
```

运行程序，输出如下，效果如图 4-27 所示。

```
打印类标签: [1 1 1 2 2 4 3]
打印 Z 值: [[    1.         2.         1.         2.      ]
          [    3.         4.         1.2        2.      ]
          [    0.         7.        22.1        3.      ]
```

```
[   6.           8.          34.7          3.         ]
[   9.          10.          61.33333333   6.         ]
[   5.          11.         772.3          7.         ]]
```

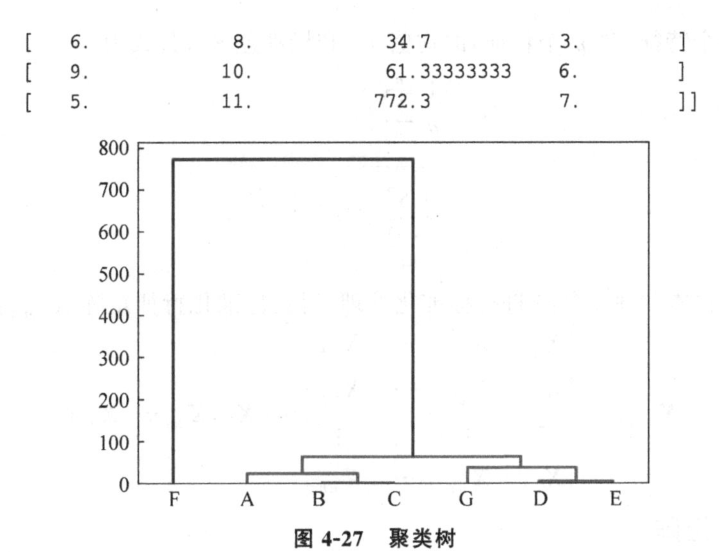

图 4-27 聚类树

以上结果 Z 共有四列：

- 第一、二列：聚类簇的编号，在初始距离前每个初始值被从 $0\sim n-1$ 进行标识，每生成一个新的聚类簇就在此基础上增加一对新的聚类簇进行标识。
- 第三列表示前两个聚类簇之间的距离。
- 第四列表示新生成聚类簇所包含的元素的个数。

4.3.4 主成分分析

主成分分析(PCA)是一种统计方法。通过正交变换将一组可能存在相关性的变量转换为一组线性不相关的变量，转换后的这组变量叫主成分。PCA 用于去除噪声和不重要的特征时，将多个指标转换为少数几个主成分，这些主成分是原始变量的线性组合，且彼此之间互不相关，其能反映出原始数据的大部分信息，而且可以提升数据处理的速度。

首先假设有 n 个样本，p 个特征，x_{ij} 表示第 i 个样本的第 j 个特征，这些样本构成的 $n\times p$ 特征矩阵 $\boldsymbol{X}$ 为

$$\boldsymbol{X}=\begin{bmatrix} x_{11} & x_{12} & \cdots & x_{1p} \\ x_{21} & x_{22} & \cdots & x_{2p} \\ \vdots & \vdots & \ddots & \vdots \\ x_{n1} & x_{n2} & \cdots & x_{np} \end{bmatrix}=[x_1,x_2,\cdots,x_p]$$

目的是找到一个转换矩阵，将 p 个特征转化为 m 个特征($m<p$)，从而实现特征降维。即找到一组新的特征/变量 $z_1,z_2,\cdots,z_m(m\leqslant p)$，满足以下式子：

$$\begin{cases} z_1=l_{11}x_1+l_{12}l_2+\cdots+l_{1p}x_p \\ z_2=l_{21}x_1+l_{22}l_2+\cdots+l_{2p}x_p \\ \qquad\qquad\vdots \\ z_m=l_{m1}x_1+l_{m2}l_2+\cdots+l_{mp}x_p \end{cases}$$

1. 标准化

标准化过程如下：

(1) 计算每个特征(共 p 个特征)的均值 $\bar{x}_j$ 和标准差 S_j,公式为

$$\bar{x}_j = \frac{1}{n}\sum_{i=1}^{n} x_{ij}$$

$$S_j = \sqrt{\frac{\sum_{i=1}^{n}(x_{ij} - \bar{x}_j)^2}{n-1}}$$

(2) 将每个样本的每个特征进行标准化处理,得到标准化特征矩阵 $\boldsymbol{X}_{\text{stand}}$:

$$\boldsymbol{X}_{\text{stand}} = \begin{bmatrix} X_{11} & X_{12} & \cdots & X_{1p} \\ X_{21} & X_{22} & \cdots & X_{2p} \\ \vdots & \vdots & \ddots & \vdots \\ X_{n1} & X_{n2} & \cdots & X_{np} \end{bmatrix} = [\boldsymbol{X}_1, \boldsymbol{X}_2, \cdots, \boldsymbol{X}_p]$$

2. 协方差矩阵

协方差矩阵是汇总了所有可能配对的变量间相关性的一个表。协方差矩阵 $\boldsymbol{R}$ 为

$$\boldsymbol{R} = \begin{bmatrix} r_{11} & r_{12} & \cdots & r_{1p} \\ r_{21} & r_{22} & \cdots & r_{2p} \\ \vdots & \vdots & \ddots & \vdots \\ r_{p1} & r_{p2} & \cdots & r_{pp} \end{bmatrix}$$

$$r_{ij} = \frac{1}{n-1}\sum_{k=1}^{n}(X_{ki} - \bar{X}_i)(X_{kj} - \bar{X}_j) = \frac{1}{n-1}\sum_{k=1}^{n} X_{ki}X_{kj}$$

3. 特征值和特征向量

计算矩阵 $\boldsymbol{R}$ 的特征值,并按照大小顺序排列,计算对应的特征向量,并进行标准化,使其长度为 1。$\boldsymbol{R}$ 是半正定矩阵,且 $\operatorname{tr}(\boldsymbol{R}) = \sum_{k=1}^{p}\lambda_k = p$。

特征值:$\lambda_1 \geqslant \lambda_2 \geqslant \cdots \geqslant \lambda_p \geqslant 0$。

特征向量:$\boldsymbol{L}_1 = [l_{11}, l_{12}, \cdots, l_{1p}]^{\mathrm{T}}, \cdots, \boldsymbol{L}_p = [l_{p1}, l_{p2}, \cdots, l_{pp}]^{\mathrm{T}}$。

4. 主成分贡献率与累计贡献率

第 i 个主成分的贡献率为

$$\frac{\lambda_i}{\sum_{k=1}^{p}\lambda_k}$$

前 i 个主成分的累计贡献率为

$$\frac{\sum_{j=1}^{i}\lambda_j}{\sum_{k=1}^{p}\lambda_k}$$

5. 选取和表示主成分

一般累计贡献率超过 80% 的特征值所对应的第 $1,2,\cdots,m(m \leqslant p)$ 个主成分。F_i 表示

第 i 个主成分：

$$F_i = l_{i1}X_1 + l_{i2}X_2 + \cdots + l_{ip}X_p (i = 1, 2, \cdots, p)$$

6. 系数分析

对于某个主成分而言，指示前面的系数(l_{ij})越大，代表该指标对于该主成分的影响越大。

7. 主成分分析实战

前面已对主成分分析的定义、标准化、协方差、特征值与特征向量、贡献率等内容进行了介绍，下面直接通过实例演示主成分分析实战。

【例 4-18】 某面馆有各种种类的汤面，为了得知受欢迎程度，进行了在“面”“汤”“配料”3 个维度的打分。现利用主成分分析法进行数据挖掘。

实现步骤如下：

(1) 确定主成分。

① 加载包。

```
import numpy as np
import pandas as pd
import matplotlib.pyplot as plt
#中文文字显示问题
from pylab import mpl
#指定默认字体
mpl.rcParams['font.sans-serif'] = ['FangSong']
#解决保存图像是负号'-'显示为方块的问题
mpl.rcParams['axes.unicode_minus'] = False
```

② 读取数据。

```
df_org = pd.read_excel("拉面.xlsx")
df_org
```

	面	配料	汤
0	2	4	5
1	1	5	1
2	5	3	4
3	2	2	3
4	3	5	5
5	4	3	2
6	4	4	3
7	1	2	1
8	3	3	2
9	5	5	3

③ 标准化数据。

```
df_std = (df_org - df_org.mean())/df_org.std()
df_std
```

	面	配料	汤
0	-0.670820	0.340777	1.449138
1	-1.341641	1.192720	-1.311125
2	1.341641	-0.511166	0.759072
3	-0.670820	-1.363108	0.069007
4	0.000000	1.192720	1.449138
5	0.670820	-0.511166	-0.621059
6	0.670820	0.340777	0.069007
7	-1.341641	-1.363108	-1.311125
8	0.000000	-0.511166	-0.621059
9	1.341641	1.192720	0.069007

④ 获得相关系数矩阵。

```
df_corr = df_std.corr()
df_corr
```

	面	配料	汤
面	1.000000	0.19050	0.360041
配料	0.190500	1.00000	0.300480
汤	0.360041	0.30048	1.000000

⑤ 计算特征值和特征向量。

```
eig_value,eig_vector = np.linalg.eig(df_corr)
#特征值排序
eig = pd.DataFrame({"eig_value":eig_value})
eig = eig.sort_values(by = ["eig_value"], ascending = False)
#获取累积贡献度
eig["eig_cum"] = (eig["eig_value"]/eig["eig_value"].sum()).cumsum()
#合并入特征向量
eig = eig.merge(pd.DataFrame(eig_vector).T, left_index = True, right_index = True)
eig
```

	eig_value	eig_cum	0	1	2
0	1.572854	0.524285	-0.571511	-0.522116	-0.633064
1	0.814008	0.795621	-0.604471	0.789607	-0.105526
2	0.613138	1.000000	-0.554969	-0.322359	0.766873

⑥ 提取主成分。

```
#假设要求累积贡献度要达到70%,则取2个主成分
#成分得分系数矩阵(因子载荷矩阵法)
loading = eig.iloc[:2,2:].T
loading["vars"] = df_std.columns
loading
```

	0	1	vars
0	-0.571511	-0.604471	面
1	-0.522116	0.789607	配料
2	-0.633064	-0.105526	汤

(2) 计算得分。

① 确定分析精度。

从累积贡献度可以看到,前2个主成分的累积贡献度达到了约79%,就是本次的分析精度。

② 计算主成分得分。

```
score = pd.DataFrame(np.dot(df_std,loading.iloc[:,0:2]))
score
```

	0	1
0	-0.711941	0.521650
1	0.974050	1.891121
2	-0.980416	-1.294705
3	1.051397	-0.678110
4	-1.540135	0.788858
5	0.276677	-0.743574
6	-0.604992	-0.143693
7	2.308489	-0.126979
8	0.660058	-0.338082
9	-1.433186	0.123515

(3) 解读结果。

① 查看变量在新坐标系中的位置,效果如图 4-28 所示。

```
plt.plot(loading[0],loading[1], "o")
xmin ,xmax = loading[0].min(), loading[0].max()
ymin, ymax = loading[1].min(), loading[1].max()
dx = (xmax - xmin) * 0.2
dy = (ymax - ymin) * 0.2
plt.xlim(xmin - dx, xmax + dx)
plt.ylim(ymin - dy, ymax + dy)
plt.xlabel('第 1 主成分')
plt.ylabel('第 2 主成分')
for x, y,z in zip(loading[0], loading[1], loading["vars"]):
    plt.text(x, y + 0.1, z, ha = 'center', va = 'bottom', fontsize = 13)
plt.grid(True)
plt.show()
```

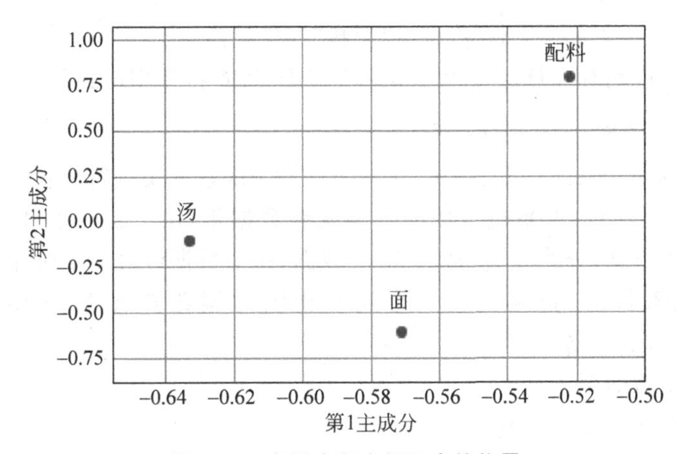

图 4-28 变量在新坐标系中的位置

从图 4-28 可看出,变量中"汤"对第 1 主成分影响较大;"配料"对第 2 主成分影响略大于"面"。

② 查看每个数据在新坐标系中的位置,效果如图 4-29 所示。

```
plt.plot(score[0],score[1], "o")
xmin ,xmax = score[0].min(), score[0].max()
ymin, ymax = score[1].min(), score[1].max()
dx = (xmax - xmin) * 0.2
dy = (ymax - ymin) * 0.2
plt.xlim(xmin - dx, xmax + dx)
plt.ylim(ymin - dy, ymax + dy)
plt.xlabel('第 1 主成分')
plt.ylabel('第 2 主成分')
for x, y,z in zip(score[0], score[1], score.index):
    plt.text(x, y + 0.1, z, ha = 'center', va = 'bottom', fontsize = 13)
plt.grid(True)
plt.show()
```

由于第 1 主成分的所有系数都是负值,所以其得分负向越大,该数据对应的第 1 主成分得分越高。在图 4-29 中可以看到 4 号数据第 1 主成分得分最高,说明它的"汤"最受欢迎;

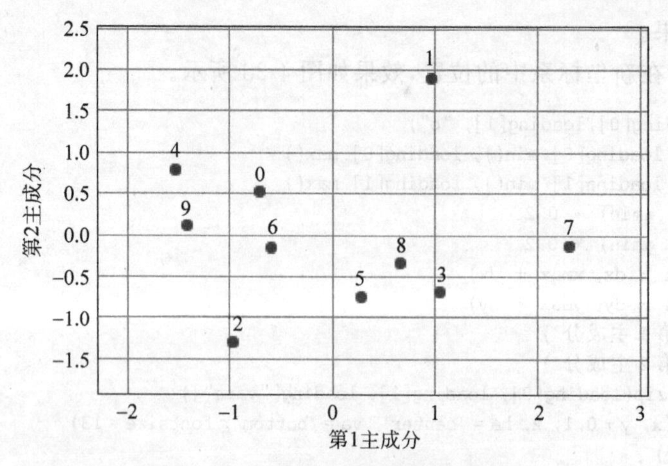

图 4-29 每个数据在新坐标系中的位置

同理，1 号数据第 2 主成分得分最高，说明“配料”评价最高。

此实例是为了说明具体算法过程。实际应用中，可直接使用已封装好的 PCA 包：

```
from sklearn.decomposition import PCA
```

【例 4-19】 利用 sklearn 包自带的 PCA 方法对 iris 数据集进行分析。

解析：iris(鸢尾花)数据集是常用的分类实验数据集，由 Fisher 在 1936 年收集整理。数据集包含 150 个数据，分为 3 类，每类 50 个数据，每个数据包含 4 个属性。可通过花萼长度、花萼宽度、花瓣长度、花瓣宽度 4 个属性预测鸢尾花卉属于(Setosa、Versicolour、Virginica)三类中的哪一类。

算法的具体步骤如下：

(1) 对向量 $\boldsymbol{X}$ 进行去中心化。

(2) 计算向量 $\boldsymbol{X}$ 的协方差矩阵，自由度可以选择 0 或者 1。

(3) 计算协方差矩阵的特征值和特征向量。

(4) 选取最大的 k 个特征值及其特征向量。

(5) 用 $\boldsymbol{X}$ 与特征向量相乘。

```
import numpy as np
from numpy.linalg import eig
from sklearn.datasets import load_iris
def pca(X,k):
    X = X - X.mean(axis = 0)                    #向量X去中心化
    X_cov = np.cov(X.T, ddof = 0)               #计算向量X的协方差矩阵,自由度可以选择0或1
    eigenvalues,eigenvectors = eig(X_cov)  #计算协方差矩阵的特征值和特征向量
    klarge_index = eigenvalues.argsort()[-k:][::-1] #选取最大的k个特征值及其特征向量
    k_eigenvectors = eigenvectors[klarge_index]      #用X与特征向量相乘
    return np.dot(X, k_eigenvectors.T)
iris = load_iris()
X = iris.data
k = 2
X_pca = pca(X, k)
print(X_pca)
[[  4.91948928e-01   -1.34738775e+00]
 [  7.47900934e-01   -9.66077783e-01]
 [  6.02374750e-01   -1.15520829e+00]
```

```
[  5.15670315e-01  -9.54726544e-01]
[  3.90135972e-01  -1.41213209e+00]
...
[  3.01389471e-02   8.79746675e-01]
[ -3.10287060e-01   5.85310893e-01]
[ -7.02403009e-01   3.40161924e-01]
[ -5.32592048e-01   6.39849289e-01]]
```

```
'''查年各特征值的贡献率'''
import seaborn as sns
import matplotlib.pyplot as plt
from sklearn.datasets import load_iris
from numpy.linalg import eig
#matplotlib inline
plt.rcParams['font.sans-serif'] = ['SimHei']          #显示中文
iris = load_iris()
X = iris.data
X = X - X.mean(axis = 0)
#计算协方差矩阵
X_cov = np.cov(X.T, ddof = 0)
#计算协方差矩阵的特征值和特征向量
eigenvalues,eigenvectors = eig(X_cov)
tot = sum(eigenvalues)
var_exp = [(i/tot) for i in sorted(eigenvalues, reverse = True)]
cum_var_exp = np.cumsum(var_exp)
plt.bar(range(1,5), var_exp, alpha = 0.5, align = 'center', label = '单个贡献率')
plt.step(range(1,5), cum_var_exp, where = 'mid', label = '累积贡献率')
plt.ylabel('方差')
plt.xlabel('主成分')
plt.legend(loc = 'best')
plt.show()
```

运行程序,效果如图4-30所示。

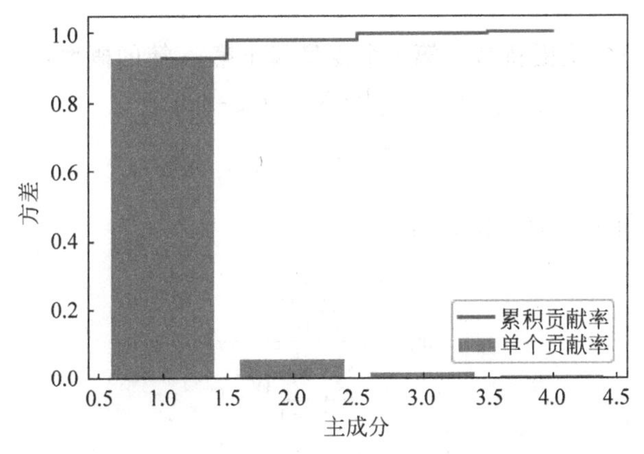

图4-30 各特征值的贡献率

4.3.5 高斯混合模型

高斯混合模型(GMM)是一种软聚类模型。GMM也可以看作是k均值的推广,因为GMM不仅是考虑到了数据分布的均值,也考虑到了协方差。和k均值一样,GMM需要提前确定簇的个数。

1. 高斯混合模型概述

在高斯混合模型中，需要估计每一个高斯分布的均值与方差。从最大似然估计的角度来说，给定某个有 n 个样本的数据集 X，假如已知 GMM 中一共有 k 簇，我们就是要找到 k 组均值 $\mu_1,\cdots,\mu_k$，k 组方程 $\sigma_1,\cdots,\sigma_k$ 来最大化以下似然函数 L：

$$L((\mu_1,\cdots,\mu_k),(\sigma_1,\cdots,\sigma_k);X)$$

在此直接计算似然函数比较困难，于是引入隐变量(latent variable)，这里的隐变量就是每个样本属于每一簇的概率。假设 $\boldsymbol{W}$ 是一个 $n\times k$ 的矩阵，其中 $W_{i,j}$ 是第 i 个样本属于第 j 簇的概率。

在已知 $\boldsymbol{W}$ 的情况下，就很容易计算似然函数 L_W：

$$L_W((\mu_1,\cdots,\mu_k),(\sigma_1,\cdots,\sigma_k);X)$$

将其改成

$$L_W=\prod_{i=1}^{n}\left(\sum_{j=1}^{k}W_{i,j}P(X_i \mid \mu_j,\sigma_j)\right)$$

其中，$P(X_i|\mu_j,\sigma_j)$是样本 X_i 在第 j 个高斯分布中的概率密度函数。以一维高斯分布为例：

$$P(X_i \mid \mu_j,\sigma_j)=\frac{1}{\sqrt{2\pi\sigma_j^2}}\mathrm{e}^{-\frac{(X-\mu_j)^2}{2\sigma_j^2}}$$

2. 最大期望(expectation-maximization，EM)算法

有了隐变量还不够，我们还需要一个算法来找到最佳的 $\boldsymbol{W}$，从而得到 GMM 的模型参数。EM 算法就是这样一个算法，简单说来，EM 算法分两个步骤。

第一个步骤是 E(期望)步。

第二个步骤是 M(最大化)步。

然后重复进行以上两个步骤，直到达到迭代终止条件。

1) E 步骤

E 步骤中，主要目的是更新 $\boldsymbol{W}$。第 i 个变量属于第 m 簇的概率：

$$W_{i,m}=\frac{\pi_j P(X_i \mid \mu_m,\mathrm{var}_m)}{\sum_{j=1}^{3}\pi_j P(X_i \mid \mu_j,\mathrm{var}_j)}$$

根据 $\boldsymbol{W}$，就可以更新每一簇的占比 π_m：

$$\pi_m=\frac{\sum_{i=1}^{n}W_{i,m}}{\sum_{j=1}^{k}\sum_{i=1}^{n}W_{i,j}}$$

2) M 步骤

M 步骤中，需要根据 E 步骤得到的 $\boldsymbol{W}$ 更新均值 μ 和方差 var。μ 和 var 分别是 $\boldsymbol{W}$ 的权重的样本 X 的均值和方差。第 m 簇的第 k 个分量的均值为

$$\mu_{m,k}=\frac{\sum_{i=1}^{n}W_{i,m}X_{i,k}}{\sum_{i=1}^{n}W_{i,m}}$$

第 m 簇的第 k 个分量的方差为

$$\mathrm{var}_{m,k}=\frac{\sum_{i=1}^{n}W_{i,m}(X_{i,k}-\mu_{m,k})^2}{\sum_{i=1}^{n}W_{i,m}}$$

3. 高斯混合模型实战

前面已介绍了高斯混合模型的概念、最大期望算法等相关内容，下面通过实例来演示高斯混合模型的实战。

【例 4-20】 利用高斯混合模型对 iris 数据集进行聚类。

```
import numpy as np
import matplotlib as mpl
import matplotlib.pyplot as plt
from sklearn.datasets import load_iris
from sklearn.preprocessing import Normalizer
from sklearn.metrics import accuracy_score

class GMM:
    def __init__(self,Data,K,weights = None,means = None,covars = None):
        """
        GMM(高斯混合模型)类的构造函数
        :param Data: 训练数据
        :param K: 高斯分布的个数
        :param weigths: 每个高斯分布的初始概率(权重)
        :param means: 高斯分布的均值向量
        :param covars: 高斯分布的协方差矩阵集合
        """
        self.Data = Data
        self.K = K
        if weights is not None:
            self.weights = weights
        else:
            self.weights  = np.random.rand(self.K)
            self.weights /= np.sum(self.weights)      #归一化
        col = np.shape(self.Data)[1]
        if means is not None:
            self.means = means
        else:
            self.means = []
            for i in range(self.K):
                mean = np.random.rand(col)
                self.means.append(mean)
        if covars is not None:
            self.covars = covars
        else:
            self.covars  = []
            for i in range(self.K):
                cov = np.random.rand(col,col)
                self.covars.append(cov)          #cov是np.array,但是self.covars是list

    def Gaussian(self,x,mean,cov):
```

```
        """
        自定义的高斯分布概率密度函数
        :param x: 输入数据
        :param mean: 均值数组
        :param cov: 协方差矩阵
        :return: x的概率
        """
        dim = np.shape(cov)[0]
        #cov的行列式为零时的措施
        covdet = np.linalg.det(cov + np.eye(dim) * 0.001)
        covinv = np.linalg.inv(cov + np.eye(dim) * 0.001)
        xdiff = (x - mean).reshape((1,dim))
        #概率密度
        prob = 1.0/(np.power(np.power(2 * np.pi,dim) * np.abs(covdet),0.5)) * \
               np.exp( - 0.5 * xdiff.dot(covinv).dot(xdiff.T))[0][0]
        return prob

    def GMM_EM(self):
        """
        这是利用EM算法进行优化GMM参数的函数
        :return: 返回各组数据的属于每个分类的概率
        """
        loglikelyhood = 0
        oldloglikelyhood = 1
        len,dim = np.shape(self.Data)
        #gamma表示第n个样本属于第k个混合高斯的概率
        gammas = [np.zeros(self.K) for i in range(len)]
        while np.abs(loglikelyhood - oldloglikelyhood) > 0.00000001:
            oldloglikelyhood = loglikelyhood
            #E步骤
            for n in range(len):
                #respons是GMM的EM算法中的权重w,即后验概率
                respons = [self.weights[k] * self.Gaussian(self.Data[n], self.means[k],
self.covars[k]) for k in range(self.K)]
                respons = np.array(respons)
                sum_respons = np.sum(respons)
                gammas[n] = respons/sum_respons
            #M步骤
            for k in range(self.K):
                #nk表示N个样本中有多少属于第k个高斯
                nk = np.sum([gammas[n][k] for n in range(len)])
                #更新每个高斯分布的概率
                self.weights[k] = 1.0 * nk / len
                #更新高斯分布的均值
                self.means[k] = (1.0/nk) * np.sum([gammas[n][k] * self.Data[n] for n in
range(len)], axis = 0)
                xdiffs = self.Data - self.means[k]
                #更新高斯分布的协方差矩阵
                self.covars[k] = (1.0/nk) * np.sum([gammas[n][k] * xdiffs[n].reshape((dim,
1)).dot(xdiffs[n].reshape((1,dim))) for n in range(len)],axis = 0)
            loglikelyhood = []
            for n in range(len):
                tmp = [np.sum(self.weights[k] * self.Gaussian(self.Data[n],self.means[k],
self.covars[k])) for k in range(self.K)]
```

```
                tmp = np.log(np.array(tmp))
                loglikelyhood.append(list(tmp))
            loglikelyhood = np.sum(loglikelyhood)
        for i in range(len):
            gammas[i] = gammas[i]/np.sum(gammas[i])
        self.posibility = gammas
        self.prediction = [np.argmax(gammas[i]) for i in range(len)]

def run_main():
    """主函数 """
    #导入 iris 数据集
    iris = load_iris()
    label = np.array(iris.target)
    data = np.array(iris.data)
    print("iris 数据集的标签: \n",label)
    #对数据进行预处理
    data = Normalizer().fit_transform(data)
    #解决图中中文乱码问题
    mpl.rcParams['font.sans-serif'] = [u'simHei']
    mpl.rcParams['axes.unicode_minus'] = False
    #数据可视化
    plt.scatter(data[:,0],data[:,1],c = label)
    plt.title("iris 数据集显示")
    plt.show()
    #GMM 模型
    K = 3
    gmm = GMM(data,K)
    gmm.GMM_EM()
    y_pre = gmm.prediction
    print("GMM 预测结果: \n",y_pre)
    print("GMM 正确率为: \n",accuracy_score(label,y_pre))
    plt.scatter(data[:, 0], data[:, 1], c = y_pre)
    plt.title("GMM 结果显示")
    plt.show()
if __name__ == '__main__':
    run_main()
```

运行程序,输出如下,效果如图 4-31 及图 4-32 所示。

```
iris 数据集的标签:
[0 0 0 0 0 0 0 0 0 0 0 0 0 0 0 0 0 0 0 0 0 0 0 0 0 0 0 0 0 0 0 0 0 0 0 0 0
 0 0 0 0 0 0 0 0 0 0 0 0 0 1 1 1 1 1 1 1 1 1 1 1 1 1 1 1 1 1 1 1 1 1 1 1 1
 1 1 1 1 1 1 1 1 1 1 1 1 1 1 1 1 1 1 1 1 1 1 1 1 1 1 2 2 2 2 2 2 2 2 2 2 2
 2 2 2 2 2 2 2 2 2 2 2 2 2 2 2 2 2 2 2 2 2 2 2 2 2 2 2 2 2 2 2 2 2 2 2 2 2
 2 2]
GMM 预测结果:
[1, 1, 1, 1, 1, 1, 1, 1, 1, 1, 1, 1, 1, 1, 1, 1, 1, 1, 1, 1, 1, 1, 1, 1, 1, 1, 1, 1, 1, 1, 1, 1, 1,
 1, 1, 1, 1, 1, 1, 1, 1, 1, 1, 1, 1, 1, 1, 1, 1, 1, 0, 0, 0, 0, 0, 0, 0, 0, 0, 0, 0, 0, 0, 0, 0, 0,
 0, 0, 0, 0, 0, 0, 0, 0, 0, 0, 0, 0, 0, 0, 0, 0, 0, 0, 0, 0, 0, 0, 0, 0, 0, 0, 0, 0, 0, 0, 0, 0, 0,
 0, 0, 0, 0, 0, 0, 0, 0, 0, 0, 0, 0, 0, 0, 0, 0, 0, 0, 0, 0, 0, 0, 0, 0, 0, 0, 0, 0, 0, 0, 0, 0, 0,
 0, 0, 0, 0, 0, 0, 0, 0, 0, 0, 0, 0, 0, 0, 0, 0, 0, 0]
GMM 正确率为:
 0.6666666666666
```

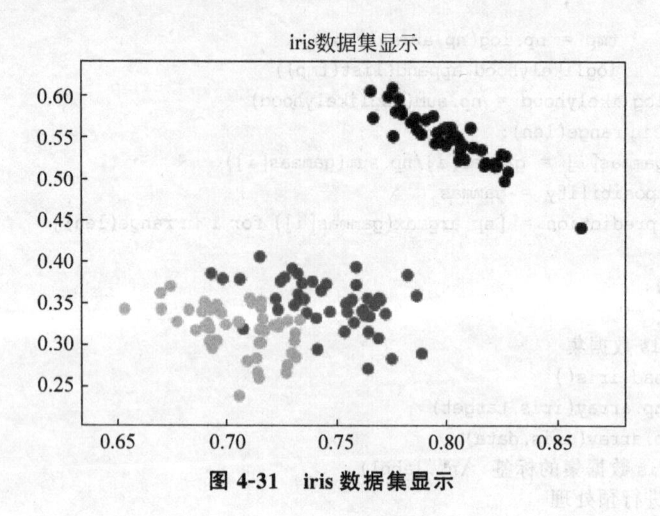

图 4-31 iris 数据集显示

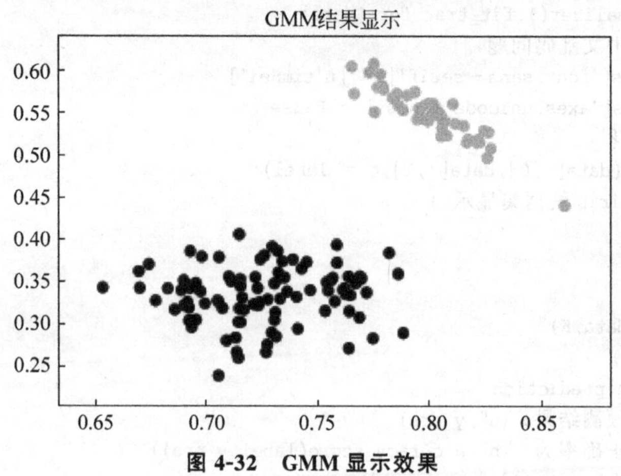

图 4-32 GMM 显示效果

4.3.6 受限玻尔兹曼机

受限玻尔兹曼机(RBM)是一种可以用于降维、分类、回归、协同过滤、特征学习以及主题建模的算法。总而言之,RBM 是通过输入数据集学习概率分布的随机生成神经网络。它把网络中的节点分为两层:

- 可见层。
- 隐藏层。

每层有若干节点。

可见层 $v=(v_1,v_2,\cdots,v_i,\cdots,v_n)$,隐藏层 $h=(h_1,h_2,\cdots,h_j,\cdots,h_m)$,层内的节点没有连接。层间节点两两相连,每条连接都有一个权值 w_{ij},每个节点都是二值的随机变量 $v_i,h_j\in\{0,1\}$,如图 4-33 所示。

RBM 是一种随机的动力系统,因此用联合组态能量表示系统的一种总体状态。定义如下:

$$E(v,h;\theta)=-\sum_{ij}w_{ij}v_ih_j-\sum_i b_iv_i-\sum_j a_jh_j$$

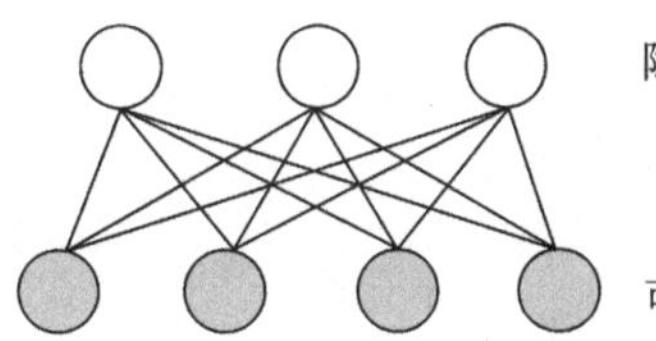

RBM结构：
- 一个可见层
- 一个隐藏层
- 层内无连接

图 4-33 受限玻尔兹曼机结构

其中，模型参数 $\theta=\{w_{ij},a_j,b_i\}$，$a_j$、$b_i$ 分别为偏置单位。

根据联合组态能量，可定义 v、h 这两组随机向量的联合概率分布：

$$P_\theta(v,h)=\frac{1}{z(\theta)}\exp(-E(v,h;\theta))=\frac{1}{z(\theta)}\prod_{ij}\mathrm{e}^{w_{ij}v_ih_j}\prod_{i}\mathrm{e}^{b_iv_i}\prod_{j}\mathrm{e}^{a_jh_j}$$

其中，$z(\theta)=\sum_{v,h}\exp(-E(v,h;\theta))$。

RBM 通过最大化似然函数来找到最优的参数 W、a 和 b。对于给定的训练样本 $D=\{\hat{v}^{(1)},\hat{v}^{(3)},\cdots,\hat{v}^{(N)}\}$，其对数似然函数为

$$L(D;\theta)=\frac{1}{N}\sum_{n=1}^{N}\log p(\hat{v}^{(N)};\theta)$$

其中，$p(\hat{v}^{(N)};\theta)$ 可通过在联合分布的基础上求边缘分布获得。随后求偏导，使用梯度下降法求解参数。

$$\log p(v)=\log\sum_{h}\exp(-E(v,h))-\log\sum_{v',h'}\exp(-E(v'h'))$$

$$\frac{\partial\log p(v)}{\partial\theta}=\cdots=E_{p(h|v)}\left[\frac{-\partial E(v,h)}{\partial\theta}\right]-E_{p(v',h')}\left[\frac{-\partial E(v',h')}{\partial\theta}\right]$$

具体地：

$$\frac{\partial\log p(v)}{\partial w_{ij}}=E_{p(h|v)}(v_ih_j)-E_{p(v',h')}(v'_ih'_j)$$

$$\frac{\partial\log p(v)}{\partial a_i}=E_{p(h|v)}(v_i)-E_{p(v',h')}(v'_i)$$

$$\frac{\partial\log p(v)}{\partial b_i}=E_{p(h|v)}(h_j)-E_{p(v',h')}(h'_j)$$

偏导中含有的期望很难计算，因此需要通过采样来估计。采样及优化过程使用 CD-k 算法，通常 k 取 1。

【例 4-21】 演示如何使用 BernoulliRBM()特征提取器和 LogisticRegression()分类器构建分类管道。

```
import numpy as np
import matplotlib.pyplot as plt
from scipy.ndimage import convolve
from sklearn import linear_model, datasets, metrics
from sklearn.model_selection import train_test_split
from sklearn.neural_network import BernoulliRBM
from sklearn.pipeline import Pipeline
from sklearn.base import clone

def nudge_dataset(X, Y):
```

```
    """
    扩展数据集
    这样产生的数据集比原始数据集大 5 倍
    """
    direction_vectors = [
        [[0, 1, 0],
         [0, 0, 0],
         [0, 0, 0]],
        [[0, 0, 0],
         [1, 0, 0],
         [0, 0, 0]],

        [[0, 0, 0],
         [0, 0, 1],
         [0, 0, 0]],
        [[0, 0, 0],
         [0, 0, 0],
         [0, 1, 0]]]

    def shift(x, w):
        return convolve(x.reshape((8, 8)), mode = 'constant', weights = w).ravel()
    X = np.concatenate([X] +
                       [np.apply_along_axis(shift, 1, X, vector)
                        for vector in direction_vectors])
    Y = np.concatenate([Y for _ in range(5)], axis = 0)
    return X, Y

'''载入数据'''
X, y = datasets.load_digits(return_X_y = True)
X = np.asarray(X, 'float32')
X, Y = nudge_dataset(X, y)
X = (X - np.min(X, 0)) / (np.max(X, 0) + 0.0001)  #0～1 范围
X_train, X_test, Y_train, Y_test = train_test_split(
    X, Y, test_size = 0.2, random_state = 0)

#要使用的模型：
logistic = linear_model.LogisticRegression(solver = 'newton - cg', tol = 1)
rbm = BernoulliRBM(random_state = 0, verbose = True)
rbm_features_classifier = Pipeline(
    steps = [('rbm', rbm), ('logistic', logistic)])
'''训练'''
#超参数,使用 GridSearchCV 通过交叉验证设置的
rbm.learning_rate = 0.06
rbm.n_iter = 10
#更多的组件倾向于提供更好的预测性能,但拟合时间更长
rbm.n_components = 100
logistic.C = 6000
#训练 RBM - Logistic 管道
rbm_features_classifier.fit(X_train, Y_train)
#直接在像素上训练 Logistic 回归分类器
raw_pixel_classifier = clone(logistic)
raw_pixel_classifier.C = 100
```

```
raw_pixel_classifier.fit(X_train, Y_train)

'''评估'''
Y_pred = rbm_features_classifier.predict(X_test)
print("使用 RBM 特征的 Logistic 回归:\n%s\n" % (
    metrics.classification_report(Y_test, Y_pred)))
Y_pred = raw_pixel_classifier.predict(X_test)
print("使用原始像素特征的 Logistic 回归:\n%s\n" % (
    metrics.classification_report(Y_test, Y_pred)))

'''可视化'''
plt.figure(figsize=(4.2, 4))
for i, comp in enumerate(rbm.components_):
    plt.subplot(10, 10, i + 1)
    plt.imshow(comp.reshape((8, 8)), cmap=plt.cm.gray_r,
               interpolation='nearest')
    plt.xticks(())
    plt.yticks(())
plt.suptitle('RBM 提取的 100 种成分', fontsize=16)
plt.subplots_adjust(0.08, 0.02, 0.92, 0.85, 0.08, 0.23)
plt.show()
```

运行程序,输出如下,效果如图 4-34 所示。

```
[BernoulliRBM] Iteration 1, pseudo-likelihood = -25.39, time = 0.17s
[BernoulliRBM] Iteration 2, pseudo-likelihood = -23.77, time = 0.21s
[BernoulliRBM] Iteration 3, pseudo-likelihood = -22.94, time = 0.24s
[BernoulliRBM] Iteration 4, pseudo-likelihood = -21.91, time = 0.24s
[BernoulliRBM] Iteration 5, pseudo-likelihood = -21.69, time = 0.24s
[BernoulliRBM] Iteration 6, pseudo-likelihood = -21.06, time = 0.23s
[BernoulliRBM] Iteration 7, pseudo-likelihood = -20.89, time = 0.23s
[BernoulliRBM] Iteration 8, pseudo-likelihood = -20.64, time = 0.24s
[BernoulliRBM] Iteration 9, pseudo-likelihood = -20.36, time = 0.23s
[BernoulliRBM] Iteration 10, pseudo-likelihood = -20.09, time = 0.24s
```

使用 RBM 特征的 Logistic 回归:

	precision	recall	f1-score	support
0	0.99	0.98	0.98	174
1	0.89	0.94	0.91	184
2	0.93	0.96	0.95	166
3	0.92	0.86	0.89	194
4	0.97	0.95	0.96	186
5	0.92	0.92	0.92	181
6	0.98	0.97	0.98	207
7	0.89	0.99	0.94	154
8	0.89	0.84	0.86	182
9	0.88	0.88	0.88	169
avg / total	0.93	0.93	0.93	1797

使用原始像素特征的 Logistic 回归:

	precision	recall	f1-score	support
0	0.85	0.93	0.89	174
1	0.57	0.55	0.56	184

```
           2       0.72      0.84      0.78      166
           3       0.76      0.74      0.75      194
           4       0.84      0.81      0.82      186
           5       0.74      0.74      0.74      181
           6       0.92      0.87      0.90      207
           7       0.86      0.90      0.88      154
           8       0.66      0.54      0.59      182
           9       0.71      0.75      0.73      169
avg / total        0.76      0.77      0.76     1797
```

图 4-34 RBM 提取效果

4.4 半监督学习

半监督学习(semi-supervised learning,SSL)是模式识别和机器学习领域研究的重点问题,是监督学习与无监督学习相结合的一种学习方法。当使用半监督学习时,将会要求尽量少的人员来从事工作,同时,又能够带来比较高的准确性,因此,半监督学习正越来越受到人们的重视。

4.4.1 半监督思想

半监督思想是在标记样本数量较少的情况下,通过在模型训练中直接引入无标记样本,充分捕捉数据整体潜在分布,以改善如传统无监督学习过程盲目性、监督学习在训练样本不足导致的学习效果不佳等问题。

半监督学习的有效性通常基于如下假设:

(1) 平滑假设:稠密数据区域的两个距离很近的样例的类标签相似。

(2) 聚类假设:当两个样例位于同一聚类簇时,具有相同类标签的概率很大。

(3) 流形假设:高维数据嵌入低维流形中,当两个样例位于低维流形中的一个小局部邻域内时,具有相似的类标签。当模型假设不正确时,无标签的样本可能无法有效地提供增益信息,反而会恶化学习性能。

4.4.2 半监督算法的类别

半监督算法可按理论差异、学习场景划分。

1. 按理论差异划分

按照统计学习理论差异，半监督学习可以分为：直推学习和(纯)归纳半监督学习，如图 4-35 所示。

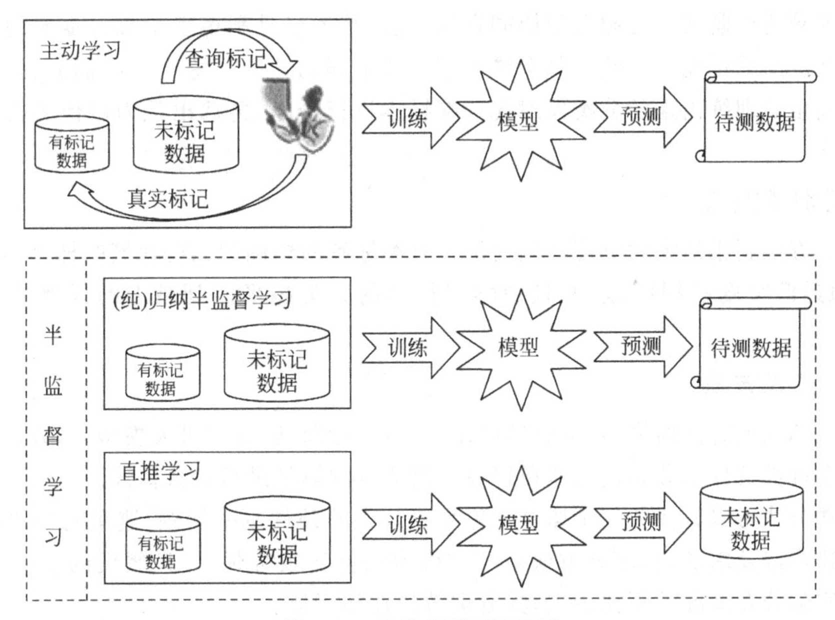

图 4-35 半监督学习流程图

- 直推学习。只处理样本空间内给定的训练数据，利用训练数据中有类标签的样本和无类标签的样例进行训练，仅预测训练数据中无类标签的样例的类标签，典型如标签传播算法(label propagation algorithm，LPA)。
- (纯)归纳半监督学习。处理整个样本空间中所有给定和未知的样例，不仅预测训练数据中无类标签的样例的类标签，更主要的是预测未知的测试样例的类标签，典型如半监督 SVM。

2. 按学习场景划分

从不同的学习场景看，半监督学习可分为四类：半监督分类(semi-supervised classification)、半监督回归(semi-supervised regression)、半监督聚类(semi-supervised clustering)及半监督降维(semi-supervised dimensionality reduction)。

- 半监督分类：通过大量的未标记样本帮助学习一个好的分类系统，代表算法可以划分为四类，包括生成式方法、判别式方法、基于图的方法和基于差异的方法。
- 半监督回归：通过引入大量的未标记样本改进监督学习方法的性能，训练得到性能更优的回归器。
- 半监督聚类：利用先验信息更好地指导未标记样本的划分过程。
- 半监督降维：在大量的无类标签的样例中引入少量的有类标签的样本，利用监督信息找到高维数据的低维结构表示，同时保持数据的内在固有信息。而利用的监督信息既可以是样例的类标签，也可以是成对约束信息，还可以是其他形式的监督信息。

4.4.3 半监督分类算法

1. 基于差异的方法

基于差异的半监督学习起源于协同训练算法，其思想是利用多个拟合良好的学习器之间的差异性提高泛化能力。假设每个样本可以从不同的角度训练出不同的分类器，然后用这些从不同角度训练出来的分类器对无标签样本进行分类，再选出认为可信的无标签样本加入训练集中。

2. 判别式方法

判别式方法利用最大间隔算法同时训练有类标签的样例和无类标签的样例学习决策边界，使其通过低密度数据区域，并且使学习得到的分类超平面到最近的样例的距离间隔最大。

3. 生成式方法

生成式的模型有高斯模型、贝叶斯网络、朴素贝叶斯、隐马尔可夫模型等，方法关键在于对来自各个种类的样本分布进行假设以及对所假设的模型进行参数估计。

生成式方法可以直接关注半监督学习和决策中的条件概率问题，避免对边缘概率或联合概率的建模以及求解，然而该方法对一些假设条件比较苛刻，一旦假设的 $p(x|y_i)$ 与样本数据的实际分布情况差距比较大，其分类效果往往不佳。

4. 基于图的方法

基于图的方法的实质是标签传播，基于流形假设，根据样例之间的几何结构构造边（边的权值可以用样本间的相近程度），用图的节点表示样例，利用图上的邻接关系将类标签从有类标签的样本向无类标签的样例传播。

标签传播算法（LPA）是基于图的半监督学习算法，基本思路是从已标记的节点标签信息来预测未标记的节点标签信息。

4.4.4 半监督学习实战

本节通过一个实例来演示半监督学习的实战。

【例 4-22】 用半监督学习做数字识别。

假设有一份数据集，共 330 个数字，其中前十个是已知的，已经标注好了，后 320 个未知的，需要预测出来。步骤如下：

- 一共 330 个点，都是已经标注好的，将其中的 320 个点赋值为-1，这样就可以假装 320 个点都没有标注。
- 训练一个只有 10 个标记点的标签传播模型。
- 从所有数据中选择要标记的前 5 个最不确定的点，把它们（带有正确的标签）放到原来的 10 个点中。
- 接下来可以训练 15 个标记点。
- 重复这个过程四次，就可以使用 30 个标记好的点来训练模型。

可以通过改变参数 max_iterations 将这个值增加到 30 以上。

```
'''导入各种包'''
import numpy as np
import matplotlib.pyplot as plt
from scipy import stats
from sklearn import datasets
from sklearn.semi_supervised import label_propagation
from sklearn.metrics import classification_report,confusion_matrix
from scipy.sparse.csgraph import *
from pylab import *
mpl.rcParams['font.sans-serif'] = ['SimHei']  #显示中文

'''读取数据集'''
digits = datasets.load_digits()
rng = np.random.RandomState(0)
#indices是随机产生的0-1796个数字,且打乱
indices = np.arange(len(digits.data))
rng.shuffle(indices)
#取前330个数字
X = digits.data[indices[:330]]
y = digits.target[indices[:330]]
images = digits.images[indices[:330]]
n_total_samples = len(y)                             #330
n_labeled_points = 10                                #标注好的数据共10条
max_iterations = 5                                   #迭代5次
unlabeled_indices = np.arange(n_total_samples)[n_labeled_points:] #未标注的数据320条
f = plt.figure()                                                  #创建绘图窗口

'''训练模型且画图'''
for i in range(max_iterations):
    if len(unlabeled_indices) == 0:
        print("没有未标记的物品的标签")    #没有未标记的标签了,全部标注好了
        break
    y_train = np.copy(y)
    y_train[unlabeled_indices] = -1       #把未标注的数据全部标记为-1,即为320条数据
    lp_model = label_propagation.LabelSpreading(gamma = 0.25,max_iter = 5) #训练模型
    lp_model.fit(X,y_train)
    predicted_labels = lp_model.transduction_[unlabeled_indices]         #预测的标签
    true_labels = y[unlabeled_indices]                                   #实的标签
    cm = confusion_matrix(true_labels,predicted_labels,
                          labels = lp_model.classes_)
for i in range(max_iterations):
    if len(unlabeled_indices) == 0:
        print("没有未标记的物品的标签")    #没有未标记的标签了,全部标注好了
        break
    y_train = np.copy(y)
    y_train[unlabeled_indices] = -1       #把未标注的数据全部标记为-1,即为320条数据
    lp_model = label_propagation.LabelSpreading(gamma = 0.25,max_iter = 5) #训练模型
    lp_model.fit(X,y_train)
    predicted_labels = lp_model.transduction_[unlabeled_indices]         #预测的标签
    true_labels = y[unlabeled_indices]                                   #真实的标签
    cm = confusion_matrix(true_labels,predicted_labels,
                          labels = lp_model.classes_)
    print("迭代次数 %i %s" % (i,70 * "_"))                               #打印迭代次数
    print("标签传播模型: %d 标记 & %d 已标记 (%d 总数)"
```

```
        % (n_labeled_points,n_total_samples - n_labeled_points,n_total_samples))
    print(classification_report(true_labels,predicted_labels))

    print("混淆矩阵")
    print(cm)
    #计算转换标签分布的熵
    pred_entropies = stats.distributions.entropy(
    lp_model.label_distributions_.T)
    #首先计算出所有的熵,也就是不确定性,然后从 320 个中选择出前 5 个熵最大
    uncertainty_index = np.argsort(pred_entropies)[::1]
    uncertainty_index = uncertainty_index[
        np.in1d(uncertainty_index,unlabeled_indices)][:5] #确定每次选前几个作为不确定的
                                                          #数,最终都会加回到训练集
    #跟踪获得标签的索引
    delete_indices = np.array([])
    #可视化前 5 次的结果
    if i < 5:
        f.text(.05,(1 - (i + 1) * .183),
            '模型 1 %d\n\n 符合\n%d 标签' %
            ((i + 1),i * 5 + 10),size = 10)
    for index,image_index in enumerate(uncertainty_index):
        #image_index 是前 5 个不确定标签
        image = images[image_index]
        #可视化前 5 次的结果
        if i < 5:
            sub = f.add_subplot(5,5,index + 1 + (5 * i))
            sub.imshow(image,cmap = plt.cm.gray_r)
            sub.set_title("预测: %i\n 正确: %i" % (
                lp_model.transduction_[image_index],y[image_index]),size = 10)
            sub.axis('off')
        #从 320 条里删除要那 5 个不确定的点
        delete_index, = np.where(unlabeled_indices == image_index)
        delete_indices = np.concatenate((delete_indices,delete_index))
    unlabeled_indices = np.delete(unlabeled_indices,delete_indices)
    #n_labeled_points 是前面不确定的点有多少个被标注了
    n_labeled_points += len(uncertainty_index)
f.suptitle("带有标签传播的主动学习.\n 最多显示 5 行"
        "用下一个模型学习不确定标签")
plt.subplots_adjust(0.12,0.03,0.9,0.8,0.2,0.45)
plt.show()
```

运行程序,输出如下,效果如图 4-36 所示。

```
迭代次数 0 ────────────────────────────────
标签传播模型: 10 标记 & 320 已标记 (330 总数)
          precision    recall  f1 - score   support
    0       0.00        0.00      0.00        24
    1       0.51        0.86      0.64        29
    2       0.83        0.97      0.90        31
    3       0.00        0.00      0.00        28
    4       0.00        0.00      0.00        27
    5       0.85        0.49      0.62        35
    6       0.84        0.95      0.89        40
    7       0.70        0.92      0.80        36
    8       0.57        0.76      0.65        33
```

```
           9        0.41      0.86      0.55        37
 avg / total        0.51      0.62      0.54       320

混淆矩阵
[[25  3  0  0  0  0  1]
 [ 1 30  0  0  0  0  0]
 [ 0  0 17  7  0  1 10]
 [ 2  0  0 38  0  0  0]
 [ 0  3  0  0 33  0  0]
 [ 8  0  0  0  0 25  0]
 [ 0  0  3  0  0  2 32]]
...
迭代次数 4 ——————————————————————————————————————
标签传播模型: 30 标记 & 300 已标记 (330 总数)
             precision    recall  f1 - score   support
           0        0.00      0.00      0.00        24
           1        0.51      0.86      0.64        29
           2        0.91      0.97      0.94        31
           3        0.00      0.00      0.00        28
           4        0.00      0.00      0.00        27
           5        0.73      0.67      0.70        24
           6        1.00      0.95      0.97        38
           7        0.65      0.90      0.75        29
           8        0.57      0.76      0.65        33
           9        0.42      0.86      0.57        37
 avg / total        0.51      0.63      0.55       300

混淆矩阵
[[25  3  0  0  0  0  1]
 [ 1 30  0  0  0  0  0]
 [ 0  0 16  0  0  1  7]
 [ 2  0  0 36  0  0  0]
 [ 0  0  3  0 26  0  0]
 [ 8  0  0  0  0 25  0]
 [ 0  0  3  0  0  2 32]]
```

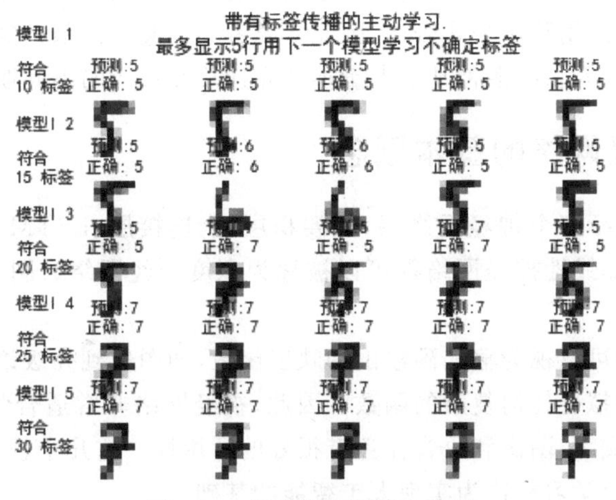

图 4-36　半监督实现数字识别

第5章 神经网络大战

CHAPTER 5

人工智能包含机器学习,机器学习包含深度学习(是其中比较重要的分支)。深度学习源自人工神经网络的研究,但是并不完全等于传统神经网络。

神经网络与深度神经网络的区别在于隐藏层级,通常两层或两层以上隐藏层的网络叫作深度神经网络。一般隐藏层越多,精确度越高。

5.1 深度学习

随着大数据的涌现和计算机算力的提升,深度学习模型异军突起,极大改变了机器学习的应用格局。如今,多数机器学习任务都可以使用深度学习模型解决,尤其在语音、计算机视觉和自然语言处理等领域,深度学习模型的效果与传统机器学习算法相比有显著提升。

相比传统的机器学习算法,深度学习做出了哪些改进呢?其实两者在理论结构上是一致的,即模型假设、评价函数和优化算法,其根本差别在于假设的复杂度。例如,对于美女照片,人脑可以接收到五颜六色的光学信号,能快速反映出这张图片是一位美女,而且是程序员喜欢的类型。但对计算机而言,只能接收到一个数字矩阵,对于美女这种高级的语义概念,从像素到高级语义概念中间要经历的信息变换的复杂性是难以想象的。

这种变换已经无法用数学公式表达,因此研究者们借鉴了人脑神经元的结构,设计出神经网络的模型,类似于人脑中多种基于大量神经元连接而形成的不同职能的器官。

5.1.1 神经网络的基本概念

人工神经网络包括多个神经网络层,如卷积层、全连接层、LSTM等,每层又包括很多神经元,超过三层的非线性神经网络都可以被称为深度神经网络。图5-1汇总了人工神经网络。

深度学习的模型可以视为输入到输出的映射函数,如图像到高级语义的映射,足够深的神经网络理论上可以拟合任何复杂的函数。因此,神经网络非常适合学习样本数据的内在规律和表示层次,对文字、图像和语音任务有很好的适用性。这几个领域的任务是人工智能的基础模块,因此深度学习被称为实现人工智能的基础。

神经网络的基本结构如图5-2所示。

(1) 神经元:神经网络中每个节点称为神经元,由两部分组成。

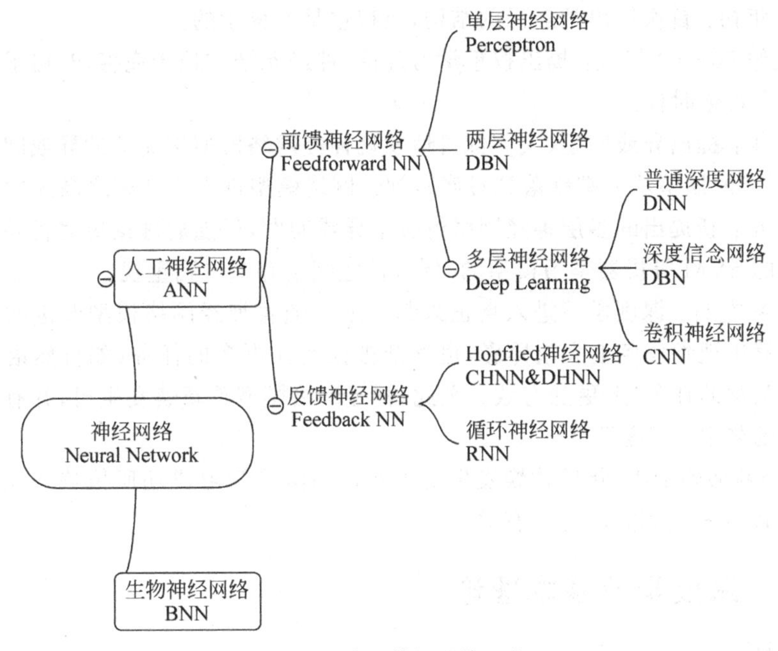

图 5-1 人工神经网络汇总

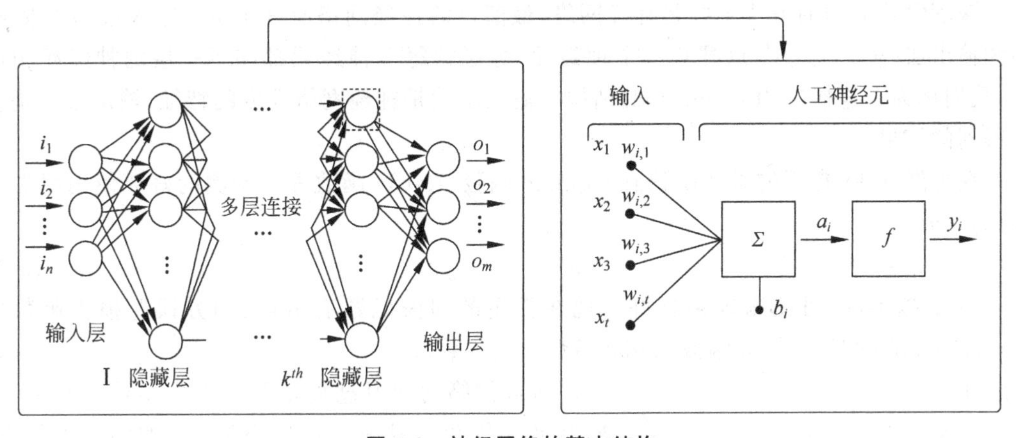

图 5-2 神经网络的基本结构

- 加权和：将所有输入加权求和。
- 非线性变换(激活函数)：加权和的结果经过一个非线性函数变换，让神经元计算具备非线性的能力。

(2) 多层连接：大量节点按照不同的层次排布，形成多层的结构连接起来，即称为神经网络。

(3) 前向计算：从输入到计算输出的过程。

(4) 计算图：以图形化的方式展现神经网络的计算逻辑又称为计算图，也可以将神经网络的计算图以公式的方式表达：

$$Y = f_3(f_2(f_1(w_1x_1 + w_2x_2 + w_3x_3 + b) + \cdots)\cdots) \tag{5-1}$$

5.1.2 深度学习的发展历程

现今的神经网络和深度学习的设计理论是一步步趋于完善的，其历程大概如下。

- 1940 年初：首次提出神经元的结构，但权重是不科学的。
- 20 世纪 50—60 年代：提出权重学习理论，神经元结构趋于完善，开启了神经网络的第一个黄金时代。
- 1969 年：提出异或问题（人们惊讶地发现神经网络模型连简单的异或问题也无法解决，对其的期望从云端跌落到谷底），神经网络模型进入了被束之高阁的黑暗时代。
- 1986 年：新提出的多层神经网络解决了异或问题，但随后理论更完备并且实践效果更好的 SVM 等机器学习模型的兴起，神经网络并未得到重视。
- 2010 年左右：深度学习进入真正兴起时期。随着神经网络模型改进的技术在语音和计算机视觉任务上大放异彩，也逐渐被证明在更多的任务（如自然语言处理以及海量数据的任务）上更加有效。至此，神经网络模型重新焕发生机，并有了一个更加响亮的名字：深度学习。

为何神经网络到 2010 年后才焕发生机呢？这与深度学习成功所依赖的先决条件——大数据涌现、硬件发展和算法优化有关。

5.1.3 深度学习基本理论

1. 神经网络

深度学习应用的方法主要是神经网络，最简单的神经网络有 3 部分：输入层（x）、隐藏层和输出层（y）。每个节点都是一个神经元，每层的每个神经元都和下一层的神经元相连接，我们称为全连接（full connected）结构。输入层就是神经网络提取的特征，输出层就是想要得到的结果。

在神经元中，常用的激活函数有 sigmoid 函数、ReLU 函数等。预测的好坏使用损失函数 Loss 分析：

$$\text{Loss}=(\hat{y}-y)^2 \tag{5-2}$$

Loss 越小，说明预测效果越好。现在常用的损失函数有 mse（均方误差损失函数）、cross entropy（交叉熵损失函数）、ada（指数损失函数）。

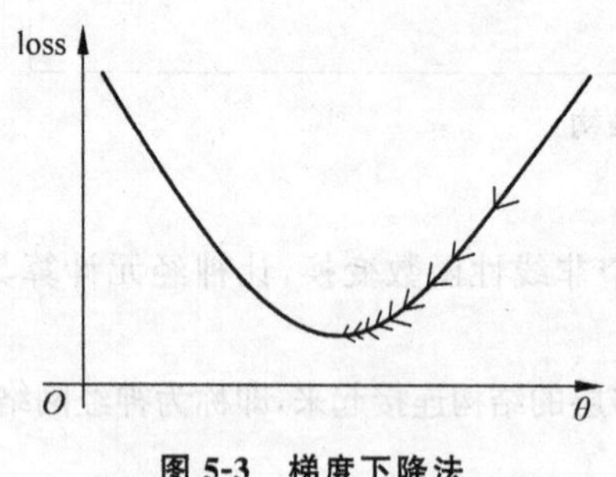

图 5-3 梯度下降法

神经网络的学习过程是利用损失函数优化 W 和 b，常见的优化算法——梯度下降法，如图 5-3 所示。更新参数的过程是从后往前的过程，我们称之为反向传播（计算出 $\hat{y}$ 值，反过来根据 $\hat{y}$ 值分析权重的过程）。W 和 b 的更新公式如下：

$$W=W-\eta\left(\frac{\partial L}{\partial W}\right) \tag{5-3}$$

$$b=b-\eta\left(\frac{\partial L}{\partial b}\right) \tag{5-4}$$

其中，η 为学习率。

在训练过程中常常会出现以下两个问题：

(1) 欠拟合：根本原因是特征维度过少，模型过于简单，导致拟合的函数无法满足训练集，误差较大。解决方法：增加特征维度，增加训练数据。

(2) 过拟合：根本原因是特征维度过多，模型假设过于复杂，参数过多，训练数据过少，噪声过多,导致拟合的函数能完美地预测训练集,但对新数据的测试集预测结果差。这种情况即过度地拟合了训练数据,而没有考虑到泛化能力。解决方法:减少特征维度;正则化,降低参数值。

2. 卷积神经网络

在应用深度学习方法分析图像时,由于图像的特殊性质(如平移不变性、旋转/视角不变性、尺寸不变性等),处理图像常用的是卷积神经网络。经典卷积神经网络结构如图 5-4 所示。

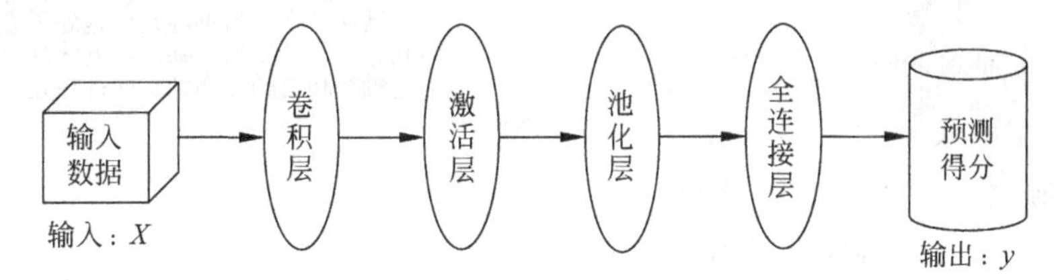

图 5-4 经典卷积神经网络结构

与普通神经网络相比,增加的是卷积层和池化层。

卷积过程(图 5-5):我们通常采用 3×3、5×5 或 7×7 卷积核(卷积核中的数字就是权重)对图像进行滑动卷积,自动提取图像的高维特征。一个卷积核在图像上的滑动卷积,应用了权值共享的思想;由卷积核指定的是一个区域,应用了局部感知的思想。

池化过程(图 5-6):一般采用 2×2 的窗口,使用最大池化和平均池化。图 5-6 使用的 2×2 窗口,应用最大池化(池化过程使图像数据量大大减少,应用了下采样思想)。

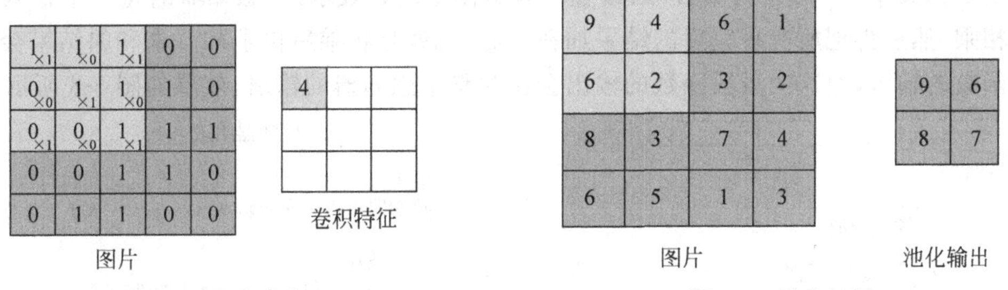

图 5-5 图像卷积

图 5-6 池化过程

增加卷积层和池化层的目的是减少数据量,并能提取图像的所有特征。

5.2 人工神经网络基础

神经网络是在生物功能启示下建立起来的一种数据处理技术。它是由大量简单神经元互连而构成的一种计算结构,在某种程度上模拟生物神经系统的工作过程,从而具备解决实际问题的能力。

5.2.1 神经元与感知器

感知器是一种数学模型,模仿生物神经元。了解感知器,通常是学习 AI 知识的第一步。

1. 生物神经元

神经元是一种特殊的细胞，可以认为是生物智能的来源。神经元细胞有很多的树突，通常还有一根很长的轴突，轴突边缘有突触。神经元的突触会和其他神经元的树突连接在一起，从而形成庞大的生物神经元网络，如图 5-7 所示。

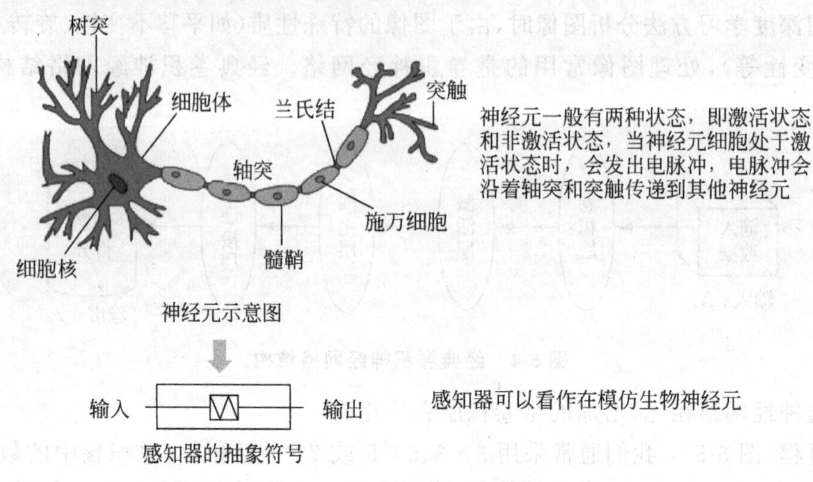

图 5-7 生物神经元网络

2. 感知器

感知器可以有多个输入，即 $1, x_1, \cdots, x_n$，可以用一个向量 $\boldsymbol{X}$ 表示。每个输入上都有一个权重 w_i，其中 w_0 通常为偏置项（偏置项有时候也用 b 表示）。感知器的每一个输入都和权重相乘，然后再把所有乘完后的结果加在一起，也就是相乘后再求和。求和的结果会作为激活函数的输入，而这个激活函数的输出会作为整个感知器的输出，效果如图 5-8 所示。

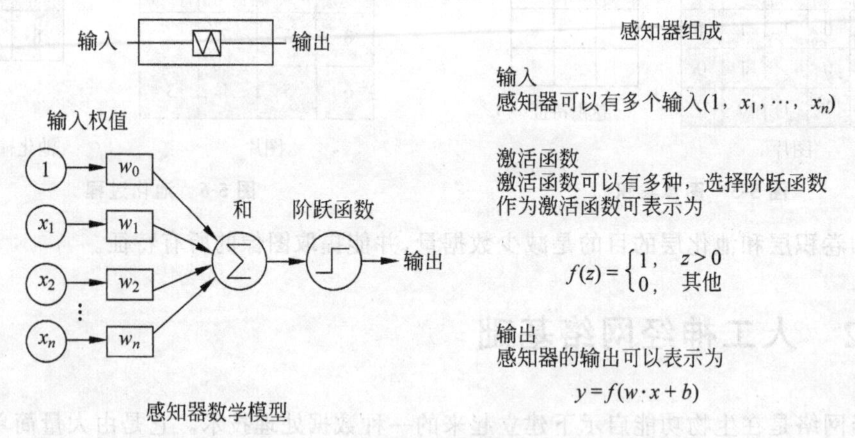

图 5-8 感知器

激活函数可以有很多种类型，在这里选择一个阶跃函数作为激活函数。当这个阶跃函数的输入小于或等于 0 的时候，输出结果为 0，此时模仿生物神经元的非激活状态。当阶跃函数的输入大于 0 的时候，阶跃函数的输出为 1。

感知器在结构上简单地模仿了生物神经元，比如都有多个输入、一个输出，输出的结果会作为其他单位的输入。但是感知器同生物神经元的差异仍是巨大的。生物的神经元结构非常复杂，里面有很复杂的电化学反应，工作过程是动态模拟的过程。感知器是一个简单的数学模型，是在做数字运算。

3. 感知器能力

感知器具有一定的拟合能力，可以对输入进行二分类，也就是把输入数据分成两种类别，如图 5-9 所示。

布尔运算是逻辑运算，也可看作二分类问题，即给定输入，输出 0(属于分类 0)或 1(属于分类 1)。感知器可以模拟 and 和 or 这样简单的布尔运算，如图 5-10 所示。

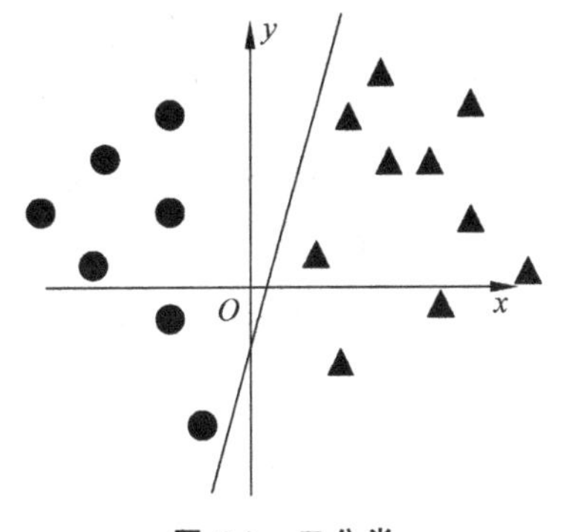

图 5-9 二分类

x_1	x_2	y
0	0	0
0	1	0
1	0	0
1	1	1

(a) and布尔运算真值表

x_1	x_2	y
0	0	0
0	1	1
1	0	1
1	1	1

(b) or布尔运算真值表

图 5-10 布尔运算

布尔运算是一个二元函数，有两个输入 x_1 和 x_2。对于有三个权重的情况，即有 w_1、w_2 及偏置项 b 三个参数，可以调节这三个参数的值，使感知器可以模拟 and 布尔运算。例如，令 $w_1=0.5$，$w_2=0.5$，$b=-0.8$，此时感知器可以模拟 and 布尔运算。可以检验当两个输入都为 0 的情况：

$$
\begin{aligned}
y &= f(w \cdot x + b) \\
&= f(w_1 x_1 + w_2 x_2 + b) \\
&= f(0.5 \times 0 + 0.5 \times 0 - 8) \\
&= f(-8)
\end{aligned}
$$

但是一个感知器是没有办法模仿复杂的逻辑运算的，如“异或”运算。但是当多个感知器连接在一起，则具有了模仿复杂逻辑运算的能力。例如，可以用两组感知器连接在一起去模拟“异或”。

感知器可以相互连接在一起构成多层感知器，如图 5-11 所示。多层感知器可以看作最基本的神经网络，具备更强大的模拟能力，可以处理更为复杂的问题。

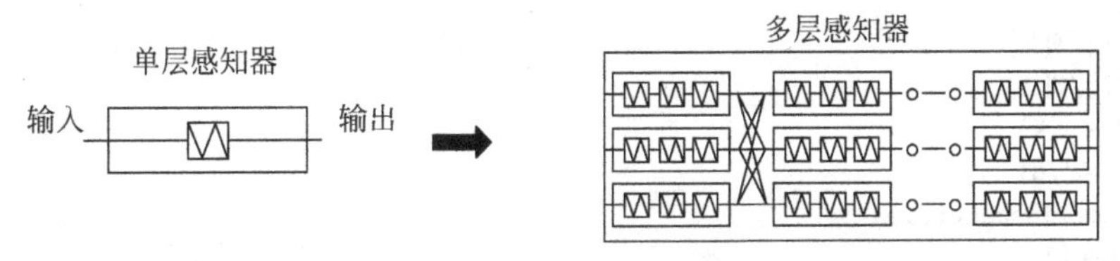

图 5-11 多层感知器

【例 5-1】 利用感知器对给定数组进行分类。

```
import numpy as np
import matplotlib as mpl
```

```
import matplotlib.pyplot as plt

#定义坐标,设定6组输入数据,每组为(x0,x1,x2)
X = np.array([[1,4,3],
              [1,5,4],
              [1,4,5],
              [1,1,1],
              [1,2,1],
              [1,3,2]]);
#设定输入向量的期待输出值
Y = np.array([1,1,1,-1,-1,-1]);
#设定权值向量(w0,w1,w2),权值范围为-1,1
W = (np.random.random(3) - 0.5) * 2;
#设定学习率
lr = 0.3;
#计算迭代次数
n = 0;
#神经网络输出
O = 0;

def  update():
    global  X,Y,W,lr,n;
    n = n + 1;
    O = np.sign(np.dot(X,W.T));
     #计算权值差
    W_Tmp = lr * ((Y - O.T).dot(X));
    W = W + W_Tmp;

if __name__ == '__main__':
    for index in range (100):
        update()
        O = np.sign(np.dot(X,W.T))
        print(O)
        print(Y)
        if(O == Y).all():
            print('Finished')
            print('epoch:',n)
            break
x1 = [3,4]
y1 = [3,3]
x2 = [1]
y2 = [1]
k = -W[1]/W[2]
d = -W[0]/W[2]
print('k = ',k)
print('d = ',d)
xdata = np.linspace(0,5)
plt.figure()
plt.plot(xdata,xdata * k + d,'r')
plt.plot(x1,y1,'bo')
plt.plot(x2,y2,'yo')
plt.show()
```

运行程序,输出如下,效果如图5-12所示。

```
[-1. -1. -1. -1. -1. -1.]
[1 1 1 -1 -1 -1]
[1. 1. 1. 1. 1. 1.]
[1 1 1 -1 -1 -1]
[1. 1. 1. 1. 1. 1.]
...
[1 1 1 -1 -1 -1]
[1. 1. 1. -1. -1. -1.]
[1 1 1 -1 -1 -1]
Finished
epoch: 21
k = 0.255202404006
d = 1.71779769654
```

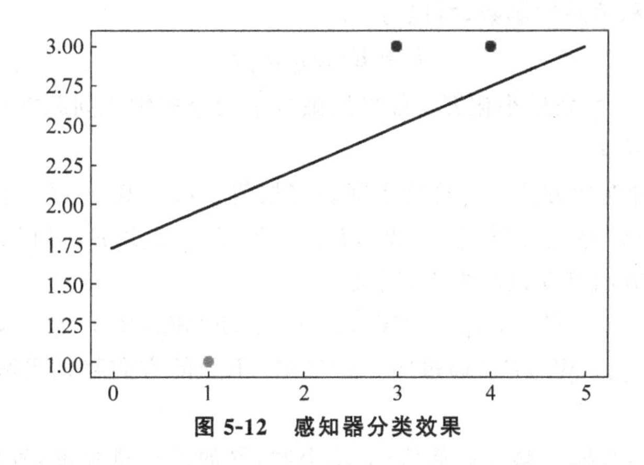

图 5-12　感知器分类效果

5.2.2　学习过程建模

在深入研究这个问题之前，让我们先介绍一些表示法。考虑如图 5-13 所示的网络结构，它有一个输入层、一个输出层和一些隐藏层。

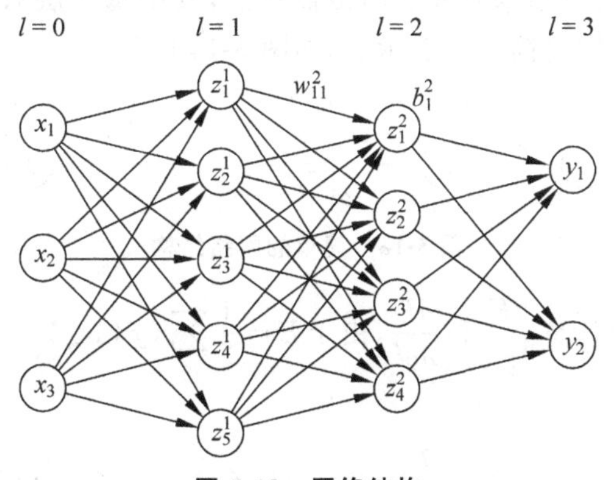

图 5-13　网络结构

l 表示层索引，$l=0$ 描述输入层，$l=3$ 描述输出层。偏差是每个神经元的属性，所以 b_j^l 将表示 l 层内神经元 j。每个突触都有一个相应的权重，所以用 w_{jk}^l 连接 $l-1$ 层内神经元 k 和 l 层内神经元 j。有：

$$z_j^l=\sigma\left(\sum_k w_{jk}^l z_k^{l-1}+b_j^l\right)$$

这个神经网络描述了一个函数 $f:R^n \to R^m$，其中 n 是输入的数量，m 是产出数量。为了使目标更具体，考虑识别手写数字的问题。辨识函数 $i:R^{784} \to R^{10}$ 有这样的性质，如 $x=2$，有 $i(x)=(0,0,1,0,0,0,0,0,0,0)$。接下来的任务是选择权重 w_{jk}^l 和 b_j^l 使得函数 f 定义的神经网络有效地逼近识别函数 i。MNIST 手写体数字数据库包含 60000 个"训练"图像，可表示为 $x_1,x_2,\cdots,x_{60000}$。我们将选择权重和偏差，使神经网络和识别函数在这些训练图像上的差异尽可能小。更具体地说，通过最小化最小二乘函数 E，衡量净产出的总差额 $f(x)$ 和识别函数 $i(x)$：

$$E=\frac{1}{2}\sum_m \| f(x_m)-i(x_m) \|^2$$

因为 E 是权值和偏差的函数，所以有

$$E=E(w_{jk}^l,b_j^l)$$

想要找到 w_{jk}^l 和 b_j^l 来最小化 E。如果用微分中的经典优化问题求解的话，发现是不可行的，因为权重和偏差较大。

在此选择了一种迭代方法——梯度下降。将权值表示为 $W=w_{jk}^l$，偏差表示为 $B=b_j^l$。首先，为初始权重和偏差选择随机值 (W_0,B_0)。为了不减少 E，可以计算梯度 $\nabla E(W_0,B_0)$，即确定从哪个方向移动以减少 E，定义为

$$(W_1,B_1)=(W_0,B_0)-\varepsilon\nabla E(W_0,B_0)$$

其中，ε 为"学习速率"。(W_0,B_0) 通过向 $-\nabla E(W_0,B_0)$ 的方向移动可减少误差，从而提高训练数据的性能。

提示：ε 过大时，可能会越过最低值；ε 过小时，取的是小值梯度，可能需要许多步骤才能接近 E。所以，ε 取值需要恰当。

5.2.3 反向传播

本节将用一个简单的网络来解释反向传播算法，其中每个层只有一个神经元。这说明了反向传播的基本思想，同时简化了表示法，如图 5-14 所示。

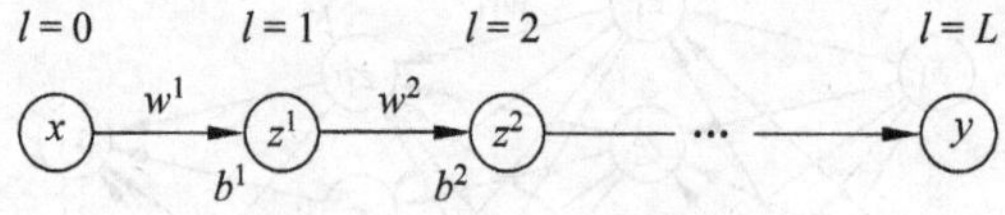

$l=0$ $l=1$ $l=2$ $l=L$

$x \xrightarrow{w^1} z^1 \xrightarrow{w^2} z^2 \longrightarrow \cdots \longrightarrow y$

b^1 b^2

图 5-14 简单的网络结构

在这种情况下，需要计算 $\frac{\partial E}{\partial w^l}$ 和 $\frac{\partial E}{\partial b^l}$，由于 $E=\frac{1}{2}\sum_m (f(x_m)-i(x_m))^2$（其中，$f(x)$ 可用 $y(x)$ 代替），有

$$\frac{\partial E}{\partial w^l}=\sum_m \frac{\partial}{\partial w^l}[y(x_m)(y(x_m)-i(x_m))]$$

在计算时找到一个类似的表达式 $\frac{\partial E}{\partial b^l}$，这意味着为了找到梯度 ∇E 只需要计算：

$$\frac{\partial y}{\partial w^l} \quad 与 \quad \frac{\partial y}{\partial b^2}$$

在"向前"通过神经网络时，我们从数据 x 开始然后从左向右移动，对每个 l 计算：

$$z^l=\sigma(w^l z^{l-1}+b^l)$$

这个表达式也适用于 $y=z^L$ 和 $x=z^0$。请注意，链式规则意味着：

$$\frac{z^l}{\partial z^{l-1}}=\sigma'(w^l z^{l-1}+b^l)w^l$$

$$\frac{\partial z^l}{\partial w^l}=\sigma'(w^l z^{l-1}+b^l)z^{l-1}$$

$$\frac{\partial z^l}{\partial b^l}=\sigma'(w^l z^{l-1}+b^l)$$

从左到右再来一次。首先注意到：

$$\frac{\partial y}{\partial z^L}=\frac{\partial z^L}{\partial z^L}=1$$

使用链式规则向后穿过各层：

$$\frac{z^l}{\partial z^{l-1}}=\frac{\partial y}{\partial z^l}\frac{\partial z^l}{\partial z^{l-1}}=\frac{\partial y}{\partial z^l}\sigma'(w^l z^{l-1}+b^l)w^l$$

有

$$\frac{\partial y}{\partial w^l}=\frac{\partial y}{\partial z^l}\frac{\partial z^l}{\partial w^l}=\frac{\partial y}{\partial z^l}\sigma'(w^l z^{l-1}+b^l)z^{l-1}$$

$$\frac{\partial y}{\partial b^l}=\frac{\partial y}{\partial z^l}\frac{\partial z^l}{\partial b^l}=\frac{\partial y}{\partial z^l}\sigma'(w^l z^{l-1}+b^l)$$

这就是反向传播算法的本质。用这种方法计算梯度所需的计算工作量不超过计算函数的工作量的 4 倍。这种效率使我们能够与强大的神经网络一起工作，这些神经网络在隐藏层中有许多神经元。

5.3　卷积神经网络

卷积神经网络(convolutional neural networks，CNN)是一类包含卷积计算且具有深度结构的前馈神经网络(feedforward neural networks，FNN)，是深度学习的代表算法之一。由于卷积神经网络具有表征学习的能力，能够按其阶层结构对输入信息进行平移不变分类，因此也被称为平移不变人工神经网络(shift-invariant artificial neural networks，SIANN)。

5.3.1　从神经网络到卷积神经网络

从前面学习可知，神经网络的结构如图 5-15 所示。

那卷积神经网络跟它是什么关系呢？其实卷积神经网络依旧是层级网络，只是层的功能和形式发生了变化，可以说是传统神经网络的一个改进，其结构如图 5-16 所示。

从图 5-16 中可看出，典型的 CNN 模型层次主要包括：数据输入层、卷积层、池化层和全连接层。图 5-17 中就多了许多传统神经网络没有的层次。

1. 数据输入层

该层要做的处理主要是对原始图像数据进行预处理，其中包括：

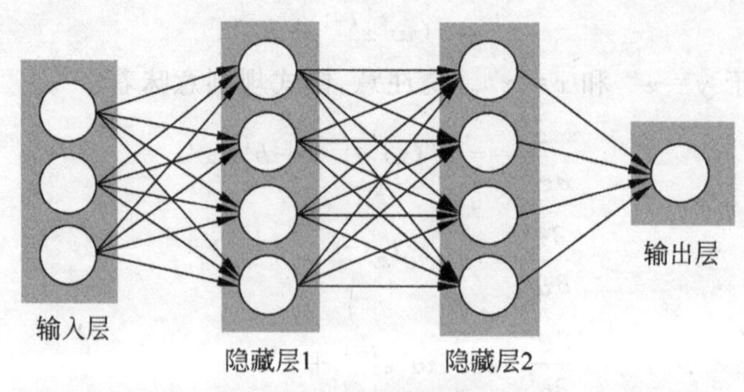

图 5-15 神经网络结构

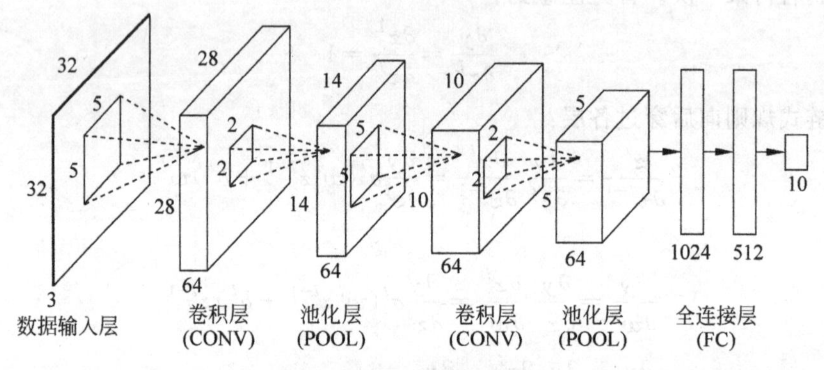

图 5-16 卷积神经网络结构

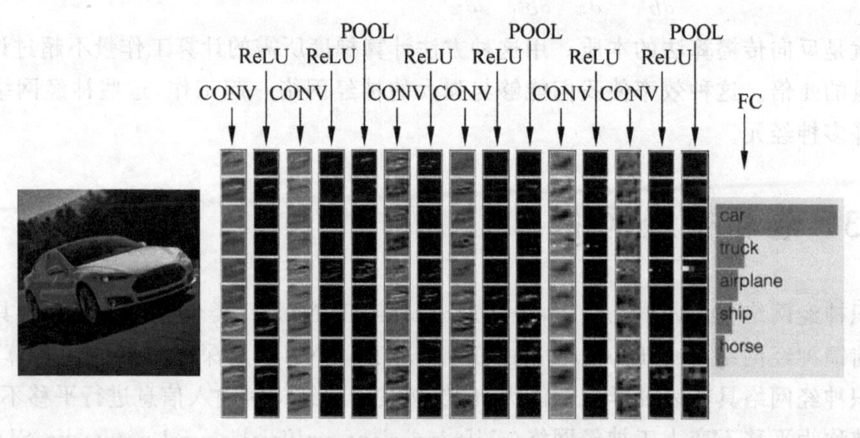

图 5-17 包含完整层次的 CNN 结构

- 去均值：把输入数据各个维度都中心化为 0，其目的就是把样本的中心拉回到坐标系原点上。
- 归一化：幅度归一化到同样的范围，即减少各维度数据取值范围的差异而带来的干扰。例如，我们有两个维度的特征 A 和 B，A 范围是 0～10，而 B 范围是 0～10000，如果直接使用这两个特征是有问题的，好的做法就是归一化，即 A 和 B 的数据都变为 0～1 的范围。
- PCA(去相关)/白化：用 PCA 降维；白化是对数据各个特征轴上的幅度归一化。

去均值与归一化效果如图 5-18 所示。

去相关与白化效果如图 5-19 所示。

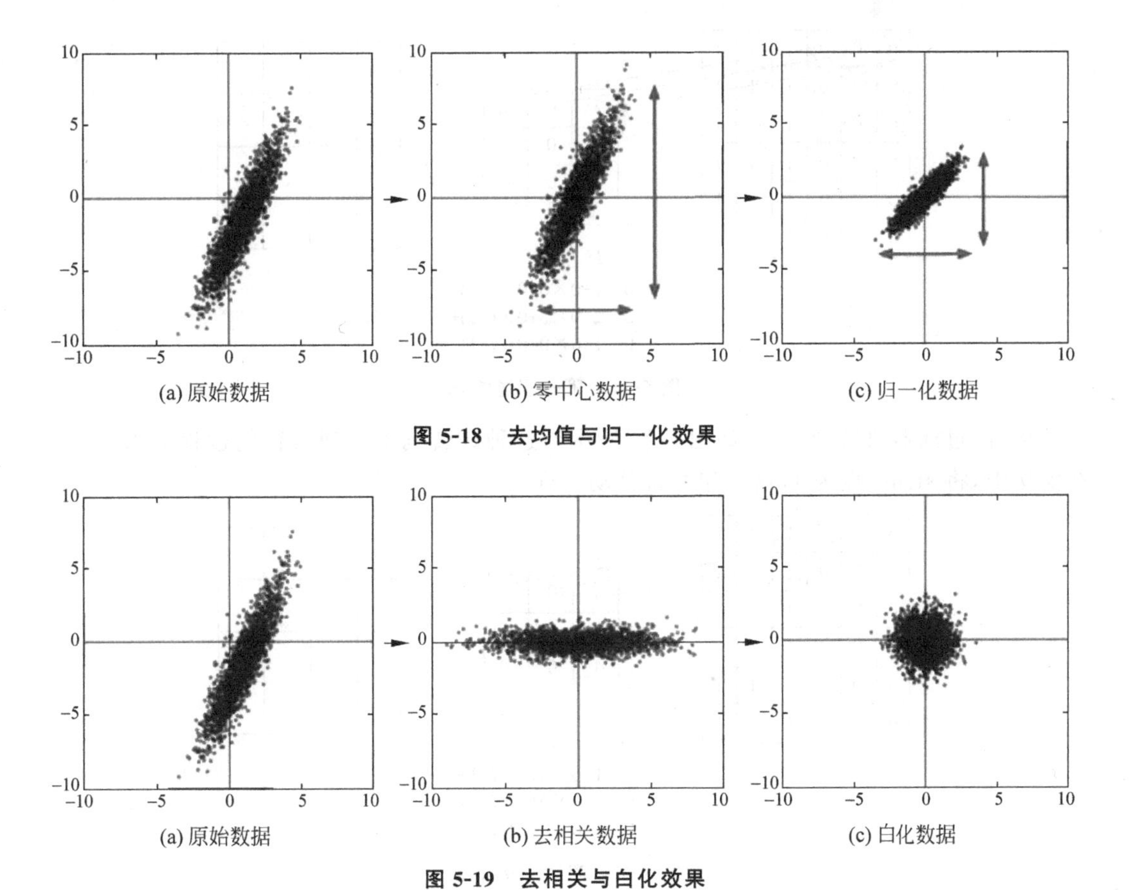

(a) 原始数据 (b) 零中心数据 (c) 归一化数据

图 5-18 去均值与归一化效果

(a) 原始数据 (b) 去相关数据 (c) 白化数据

图 5-19 去相关与白化效果

2. 卷积层

卷积层是将过滤器应用于输入图像以提取或检测其特征的层。过滤器多次应用于图像并创建一个有助于对输入图像进行分类的特征图。下面借助一个例子来理解这一点。为简单起见,将采用具有归一化像素的二维输入图像,如图 5-20 所示。

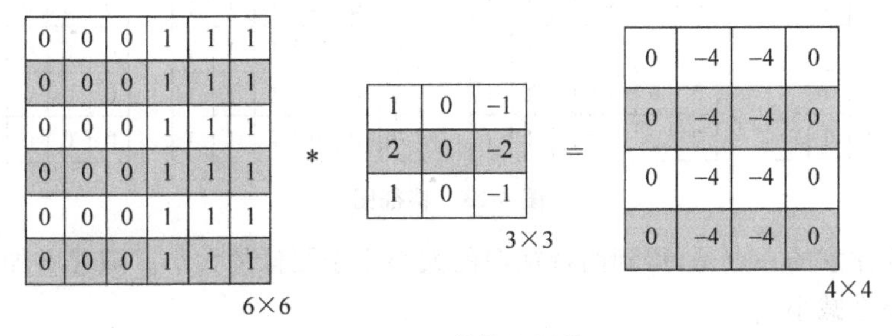

图 5-20 二维输入图像

在图 5-20 中,有一个大小为 6×6 的输入图像,对其应用了一个 3×3 的过滤器,结果得到了一个 4×4 的特征图,其中包含有关输入图像的一些信息。下面将深入了解获取输入图像中特征图的一些数学原理。

如图 5-21 所示,第一步过滤器应用于图像的灰色部分,将图像的像素值与过滤器的值相乘(如图中使用线条所示),然后相加得到最终值。

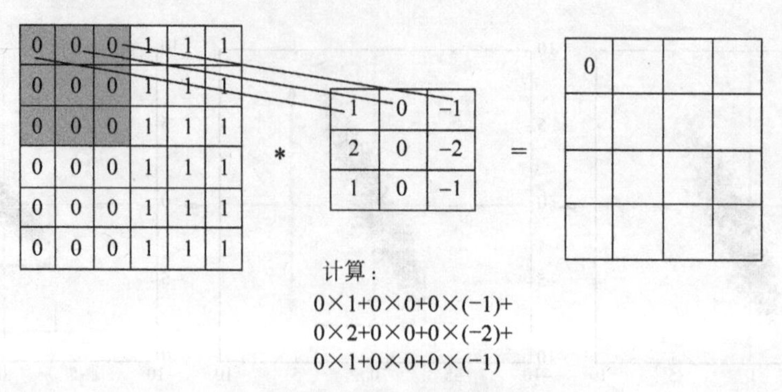

图 5-21 第一步过滤器

接着，过滤器将移动一列，如图 5-22 所示。这种跳转到下一列或行的过程称为 stride，在实例中，将 stride 设为 1，这意味着将移动一列。

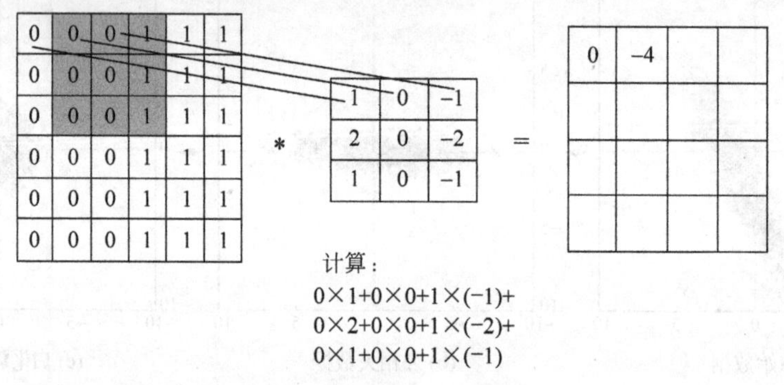

图 5-22 移动一列效果

类似地，过滤器通过整个图像，得到最终的特征图，如图 5-23 所示。一旦获得特征图，就会对其应用激活函数来引入非线性。

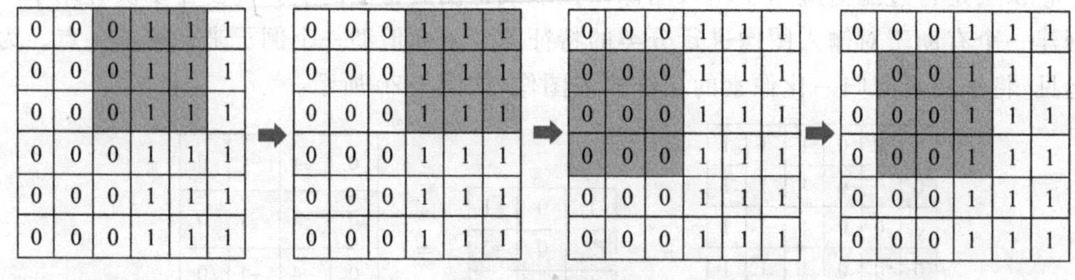

图 5-23 特征图

这里需要注意的一点是，得到的特征图的大小小于图像的大小。随着增加 stride 的值，特征图的大小会减小。

3. ReLU 激励层

对卷积层的输出结果做非线性映射，如图 5-24 所示。

CNN 采用的激励函数一般为 ReLU(the rectified linear unit，修正线性单元)，它的特点是收敛快、求梯度简单，但较脆弱，其图像如图 5-25 所示。

4. 池化层

池化层应用在卷积层之后，用于降低特征图的维度，有助于保留输入图像的重要信息或

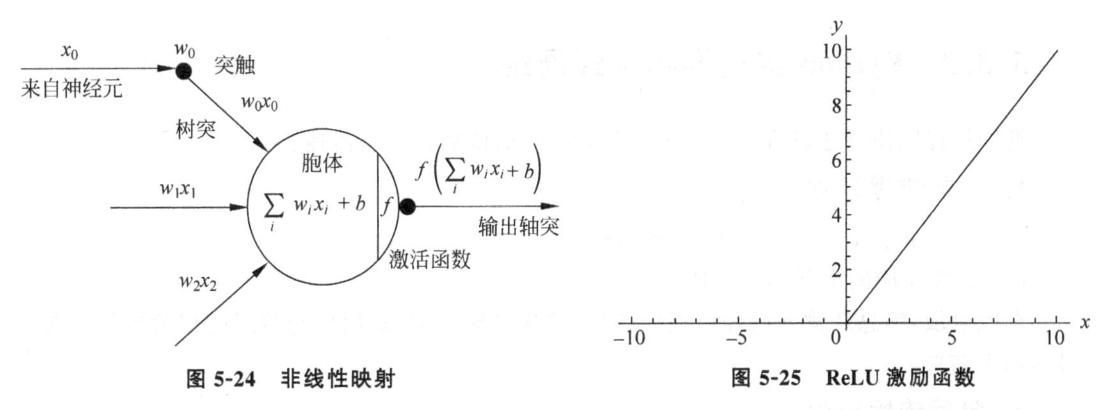

图 5-24　非线性映射

图 5-25　ReLU 激励函数

特征，并减少计算时间。使用池化，可以创建一个较低分辨率的输入版本，该版本仍然包含输入图像的大元素或重要元素。

最常见的池化类型是最大池化和平均池化。图 5-26 显示了最大池化的工作原理。使用从上面例子中得到的特征图来应用池化。这里使用了一个大小为 2×2 的池化层，步长为 2。

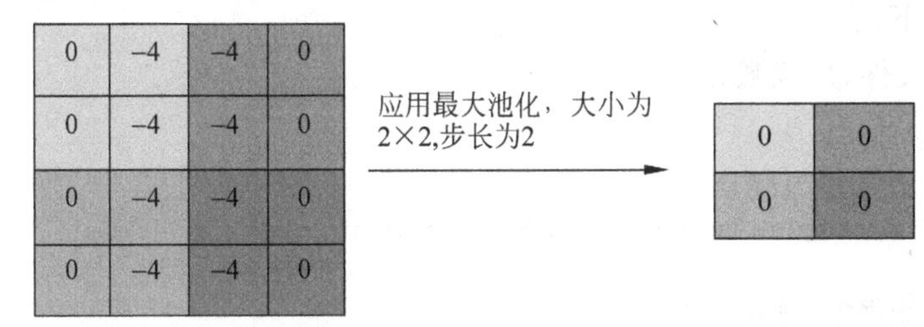

图 5-26　最大池化

取每个突出显示区域的最大值，并获得大小为 2×2 的新版本输入图像，因此在应用池化后，特征图的维数减少了。

5. 全连接层

到目前为止，已经执行了特征提取步骤，现在是分类部分。全连接层用于将输入图像分类为标签。该层将从前面的步骤（即卷积层和池化层）中提取的信息连接到输出层，并最终将输入分类为所需的标签。CNN 模型的完整过程可以在图 5-27 中看到。

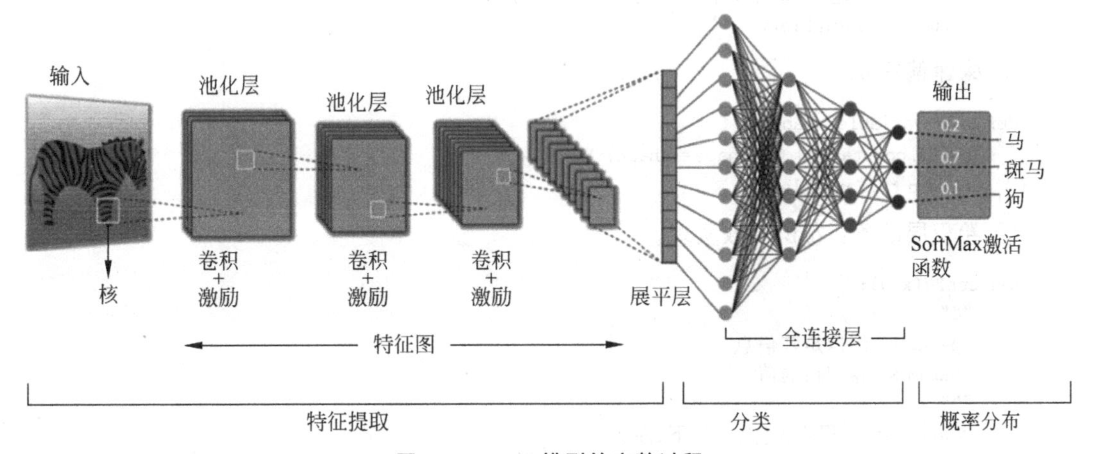

图 5-27　CNN 模型的完整过程

5.3.2 Python 实现卷积神经网络

卷积神经网络算法过程主要分两个阶段：向前传播和向后传播。

1. 向前传播过程

(1) 从样本中读取(x,y)，将 x 输入网络。

(2) 计算相应的实际输出 OP。

在此阶段，信息从输入层经过逐层变换，传送到输出层，输出层与每层的权值矩阵点乘，得到输出结果。

2. 向后传播阶段

(1) 计算实际输出与理想输出的差值。

(2) 按极小误差反向传播调整权值矩阵。

【例 5-2】 卷积神经网络的手写数字模型实例。

实现步骤如下：

(1) 引入头文件，加载数据。

```
import tensorflow as tf
#加载数据
from tensorflow.examples.tutorials.mnist import input_data

#将数据读入数据集：独热编码
input_data.read_data_sets('MNIST_data/',one_hot = True)
input_size = 28 * 28
#分类
num_class = 10
```

(2) 封装函数，方便网络搭建多处调用。

① 构建权重 w，产生随机变量。

```
#创建函数:构建权重 w,产生随机变量
def weight_variable(shape):
    w = tf.random_normal(shape = shape, stddev = 0.01)
    return tf.Variable(w)
```

② 构建偏置 b。

```
def bias_variable(shape):
    b = tf.constant(0.01, shape = shape)
    return tf.Variable(b)
```

③ 卷积层准备：卷积函数实现。

```
def con2d(x,w):
    """
    :param x: 图像矩阵信息
    :param w: 卷积核的值
    """
    #strides:卷积步长[上、右、下、左]
    return tf.nn.conv2d(x,w,strides = [1,1,1,1],padding = 'SAME')
```

④ 卷积层：激活函数 x 与 0 作比较。

```
def relu_con(x):
    return tf.nn.relu(x)
```

⑤ 池化层：小一半数据特征图。

```
def max_pool_con2x2(x):
    """
    池化层：小一半数据特征图
    :param x: 图片的矩阵信息
    :return:
    value,
     ksize,
     strides
     padding,
     data_format = "NHWC",
     name = None,
     input = None
    """
    return tf.nn.max_pool(x,ksize = [1,2,2,1],strides = [1,2,2,1],padding = 'SAME')
```

(3) 特征标签的占位符。

```
#占位符——输入层 x: 数据输入到图中进行计算; y: 识别的数字,有几个类别输入几个数字
xs = tf.placeholder(tf.float32,shape = [None,input_size])    #64 列不知道几行
ys = tf.placeholder(tf.float32,shape = [None,num_class])     #10 类不知道多少个
```

(4) 开始网络搭建 CNN 构建。

① 卷积层，创建 patch=5×5 卷积核，并且构建 w、b。

```
#第一层: 卷积层.创建 patch = 5 × 5 卷积核
#([卷积核大小 5 × 5,输入数据的维度 1(灰度处理),输出的高度 32])
#构建 w\b
w_conv1 = weight_variable([5,5,1,32])
b_conv1 = bias_variable([32])
```

- 第一层卷积层，调用函数。

```
conv1 = con2d(x_image,w_conv1)
```

- 激励层 ReLU。

```
h_conv1 = relu_con(conv1 + b_conv1)
```

- 池化层。

```
h_pool1 = max_pool_con2x2(h_conv1)
```

② 第二层卷积。

和第一层差不多，但需要注意几个点。

```
#第二层: 卷积层.创建 patch = 5 × 5 卷积核
#([卷积核大小 5 × 5,输入数据的维度 1(灰度处理),输出的高度 32])
#构建 w\b,上一层的输出是这一层的输入
w_conv2 = weight_variable([5,5,32,64])
b_conv2 = bias_variable([64])
#第一层卷积层(上一层池化的结果,这一层的 w)
conv2 = con2d(h_pool1,w_conv2)
```

```
#激励层 ReLU
h_conv2 = relu_con(conv2 + b_conv2)
#池化层
h_pool2 = max_pool_con2x2(h_conv2)
```

③ 全连接层。实现数据排平、提纯、分类。

• 第一层全连接层：前馈神经网络输入。假设神经元为1024个。

```
w_fc1 = weight_variable([7 * 7 * 64,1024])
b_fc1 = bias_variable([1024])
#输出矩阵：行(不定),列：7×7×64
h_pool2_flat = tf.reshape(h_pool2,[ - 1,7 * 7 * 64])
#前馈神经网络 wx + b
h_fc1 = tf.matmul(h_pool2_flat,w_fc1) + b_fc1
#激活
h_flc1 = relu_con(h_fc1)
```

• 第二层全连接层：分类器。

上一层的输出是这一层的输入，总的分类数为这一层的输出。

```
w_fc2 = weight_variable([1024,num_class])
b_fc2 = bias_variable([num_class])
#计算并激励
#前馈神经网络 wx + b
h_fc2 = tf.matmul(h_flc1,w_fc2) + b_fc2
#激励——分类，返回每种情况的概率
predict = h_flc2 = tf.nn.softmax(h_fc2)
```

5.3.3 实现模仿绘画

图片识别CNN模型训练好后，能用该模型训练其他感兴趣的数据或进行图片处理。

Stylenet程序试图学习一幅图片的风格，并将该图片风格应用于另外一幅图片上（保持后者的图片结构或内容）。如果能找到CNN模型的中间层节点，分离出图片风格，就可以应用于另外的图片内容上。

Stylenet程序需要输入两幅图片，将一幅图片的图片风格应用于另外一幅图片的内容上。该程序基于2015年发布的著名文章*A Neural Algorithm of Artistic Style*，文中发现，一些CNN模型的中间层存在某些属性可以编码图片风格和图片内容。最后，从风格图片中训练图片风格层，从原始图片中训练图片内容层，并且反向传播这些损失函数，从而让原始图片更像风格图片。

实现模仿大师绘画的步骤如下：

(1) 下载预训练的网络，存为.mat文件格式。.mat文件格式是一种MATLAB对象，利用Python的scipy模块可读取该文件。下面是下载MAT对象的链接，将该模型保存在Python脚本的同一文件夹下。

```
http://www.vlfeat.org/matconvnet/models/beta16/imagenet - vgg - verydeep - 19.mat
```

(2) 导入必要的编程库，代码为

```
import os
import scipy.misc
```

```
import numpy as np
import tensorflow as tf
```

(3) 创建计算会话，声明两幅图片(原始图片与风格图片)的位置。这两幅图片可以在GitHub(https://github.com/nfmcclure/tensorflow_cookbook)上下载，代码为

```
sess = tf.Session()
original_image_file = 'temp/book_cover.jpg'
style_image_file = 'temp/starry_night.jpg'
```

(4) 设置模型参数：.mat 文件位置、网络权重、学习率、迭代次数和输出中间图片的频率。这些参数可以根据实际需求稍微调整，代码为

```
vgg_path = 'imagenet-vgg-verydeep-19.mat'
original_image_weight = 5.0
style_image_weight = 200.0
regularization_weight = 50.0
learning_rate = 0.1
generations = 10000
output_generations = 500
```

(5) 使用 scipy 模块加载两幅图片，并将风格图片的维度调整得和原始图片一致，代码为

```
original_image = scipy.misc.imread(original_image_file)
style_image = scipy.misc.imread(style_image_file)
#获取目标的形状并使样式图像相同
target_shape = original_image.shape
style_image = scipy.misc.imresize(style_image, target_shape[1] / style_image.shape[1])
```

(6) 定义各层出现的顺序，实例中使用约定的名称，代码为

```
vgg_layers = ['conv1_1', 'relu1_1',
              'conv1_2', 'relu1_2', 'pool1',
              'conv2_1', 'relu2_1',
              'conv2_2', 'relu2_2', 'pool2',
              'conv3_1', 'relu3_1',
              'conv3_2', 'relu3_2',
              'conv3_3', 'relu3_3',
              'conv3_4', 'relu3_4', 'pool3',
              'conv4_1', 'relu4_1',
              'conv4_2', 'relu4_2',
              'conv4_3', 'relu4_3',
              'conv4_4', 'relu4_4', 'pool4',
              'conv5_1', 'relu5_1',
              'conv5_2', 'relu5_2',
              'conv5_3', 'relu5_3',
              'conv5_4', 'relu5_4']
```

(7) 定义函数抽取.mat 文件中的参数，代码为

```
def extract_net_info(path_to_params):
    vgg_data = scipy.io.loadmat(path_to_params)
    normalization_matrix = vgg_data['normalization'][0][0][0]
    mat_mean = np.mean(normalization_matrix, axis=(0,1))
    network_weights = vgg_data['layers'][0]
    return(mat_mean, network_weights)
```

(8) 基于上述加载的权重和网络层定义,通过 TensorFlow 的内建函数来创建网络。迭代训练每层,并分配合适的权重和偏置,代码为

```
def vgg_network(network_weights, init_image):
    network = {}
    image = init_image
    for i, layer in enumerate(vgg_layers):
        if layer[1] == 'c':
            weights, bias = network_weights[i][0][0][0][0]
            weights = np.transpose(weights, (1, 0, 2, 3))
            bias = bias.reshape(-1)
            conv_layer = tf.nn.conv2d(image, tf.constant(weights), (1, 1, 1, 1), 'SAME')
            image = tf.nn.bias_add(conv_layer, bias)
        elif layer[1] == 'r':
            image = tf.nn.relu(image)
        else:
            image = tf.nn.max_pool(image, (1, 2, 2, 1), (1, 2, 2, 1), 'SAME')
        network[layer] = image
    return(network)
```

(9) 实例中,原始图片采用 relu4_2 层,风格图片采用 reluX_1 层组合,代码为

```
original_layer = 'relu4_2'
style_layers = ['relu1_1', 'relu2_1', 'relu3_1', 'relu4_1', 'relu5_1']
```

(10) 运行 extract_net_info()函数获取网络权重和平均值。在图片的起始位置增加一个维度,调整图片的形状为四维。TensorFlow 的图像操作是针对四维的,所以需要增加维度,代码为

```
normalization_mean, network_weights = extract_net_info(vgg_path)
shape = (1,) + original_image.shape
style_shape = (1,) + style_image.shape
original_features = {}
style_features = {}
```

(11) 声明 image 占位符,并创建该占位符的网络,代码为

```
image = tf.placeholder('float', shape=shape)
vgg_net = vgg_network(network_weights, image)
```

(12) 归一化原始图片矩阵,接着运行网络,代码为

```
original_minus_mean = original_image - normalization_mean
original_norm = np.array([original_minus_mean])
original_features[original_layer] = sess.run(vgg_net[original_layer],
                                            feed_dict={image: original_norm})
```

(13) 为步骤(9)中选择的每个风格层重复上述过程,代码为

```
image = tf.placeholder('float', shape=style_shape)
vgg_net = vgg_network(network_weights, image)
style_minus_mean = style_image - normalization_mean
style_norm = np.array([style_minus_mean])
for layer in style_layers:
    layer_output = sess.run(vgg_net[layer], feed_dict={image: style_norm})
    layer_output = np.reshape(layer_output, (-1, layer_output.shape[3]))
    style_gram_matrix = np.matmul(layer_output.T, layer_output) / layer_output.size
    style_features[layer] = style_gram_matrix
```

(14) 为了创建综合的图片,开始加入随机噪声,并运行网络,代码为

```
initial = tf.random_normal(shape) * 0.05
image = tf.Variable(initial)
vgg_net = vgg_network(network_weights, image)
```

(15) 声明第一个损失函数,该损失函数是原始图片的,定义为步骤(9)中选择的原始图片的 relu4_2 层输出与步骤(12)中归一化原始图片的输出的差值的 $l2$ 范数,代码为

```
original_loss = original_image_weight * (2 * tf.nn.l2_loss(vgg_net[original_layer] -
original_features[original_layer]) /
                original_features[original_layer].size)
```

(16) 为风格图片的每个层计算损失函数,代码为

```
style_loss = 0
style_losses = []
for style_layer in style_layers:
    layer = vgg_net[style_layer]
    feats, height, width, channels = [x.value for x in layer.get_shape()]
    size = height * width * channels
    features = tf.reshape(layer, (-1, channels))
    style_gram_matrix = tf.matmul(tf.transpose(features), features) / size
    style_expected = style_features[style_layer]
    style_losses.append(2 * tf.nn.l2_loss(style_gram_matrix - style_expected) /
style_expected.size)style_loss += style_image_weight * tf.reduce_sum(style_losses)
```

(17) 第三个损失函数成为总变分损失,该损失函数来自总变分的计算。其与总变分去噪相似,真实图片有较低的局部变分,噪声图片具有较高的局部变分。下面代码中的关键部分是 second_term_numerator,用其减去附近的像素,若是高噪声的图片则有较高的变分。我们最小化损失函数,代码为

```
total_var_x = sess.run(tf.reduce_prod(image[:,1:,:,:].get_shape()))
total_var_y = sess.run(tf.reduce_prod(image[:,:,1:,:].get_shape()))
first_term = regularization_weight * 2
second_term_numerator = tf.nn.l2_loss(image[:,1:,:,:] - image[:,:shape[1]-1,:,:])
second_term = second_term_numerator / total_var_y
third_term = (tf.nn.l2_loss(image[:,:,1:,:] - image[:,:,:shape[2]-1,:]) / total_var_x)
total_variation_loss = first_term * (second_term + third_term)
```

(18) 最小化总的损失函数。其中,总的损失函数是原始图片损失、风格图片损失和总变分损失的组合,代码为

```
loss = original_loss + style_loss + total_variation_loss
```

(19) 声明优化器函数,初始化所有模型变量,代码为

```
optimizer = tf.train.GradientDescentOptimizer(learning_rate)
train_step = optimizer.minimize(loss)
#初始化变量并开始训练
sess.run(tf.initialize_all_variables())
```

(20) 遍历迭代训练模型,频繁地打印更新的状态并保存临时图片文件。因为运行该算法的速度依赖于图片的选择,所以需要保存临时图片。在迭代次数较大的情况下,当临时图片显示训练的结果足够好时,可以随时停止该训练过程,代码为

```
    for i in range(generations):
        sess.run(train_step)
        # 打印更新并保存临时输出
        if (i+1) % output_generations == 0:
            print('Generation {} out of {}'.format(i + 1, generations))
            image_eval = sess.run(image)
            best_image_add_mean = image_eval.reshape(shape[1:]) + normalization_mean
            output_file = 'temp_output_{}.jpg'.format(i)
            scipy.misc.imsave(output_file, best_image_add_mean)
```

(21) 算法训练结束,保存最后的输出结果,代码为

```
image_eval = sess.run(image)
best_image_add_mean = image_eval.reshape(shape[1:]) + normalization_mean
output_file = 'final_output.jpg'
scipy.misc.imsave(output_file, best_image_add_mean)
```

运行程序,得到图片效果如图 5-28 所示。

图 5-28 使用 Stylenet 算法训练图片的 Starry Night 风格

提示:可以使用不同的权重获取不同的图片风格。

5.4 循环神经网络

目前我们见过的所有神经网络(如 NN 和 CNN)都有一个主要特点,那就是它们都没有记忆。它们单独处理每个输入,在输入与输入之间没有保存任何状态。对于这样的网络,要想处理数据点的序列或时间序列,需要向网络同时展示整个序列,即将序列转换成单个数据点,这种网络叫作前向网络(feedforward network)。

与此相反,当阅读一个句子时,我们是一个词一个词地阅读,同时会记住之前的内容。这让我们能够动态理解这个句子所传达的含义。生物智能以渐进的方式处理信息,同时保存一个关于所处理内容的模型,这个模型是根据过去的信息构建的,并随着新信息的进入而不断更新。

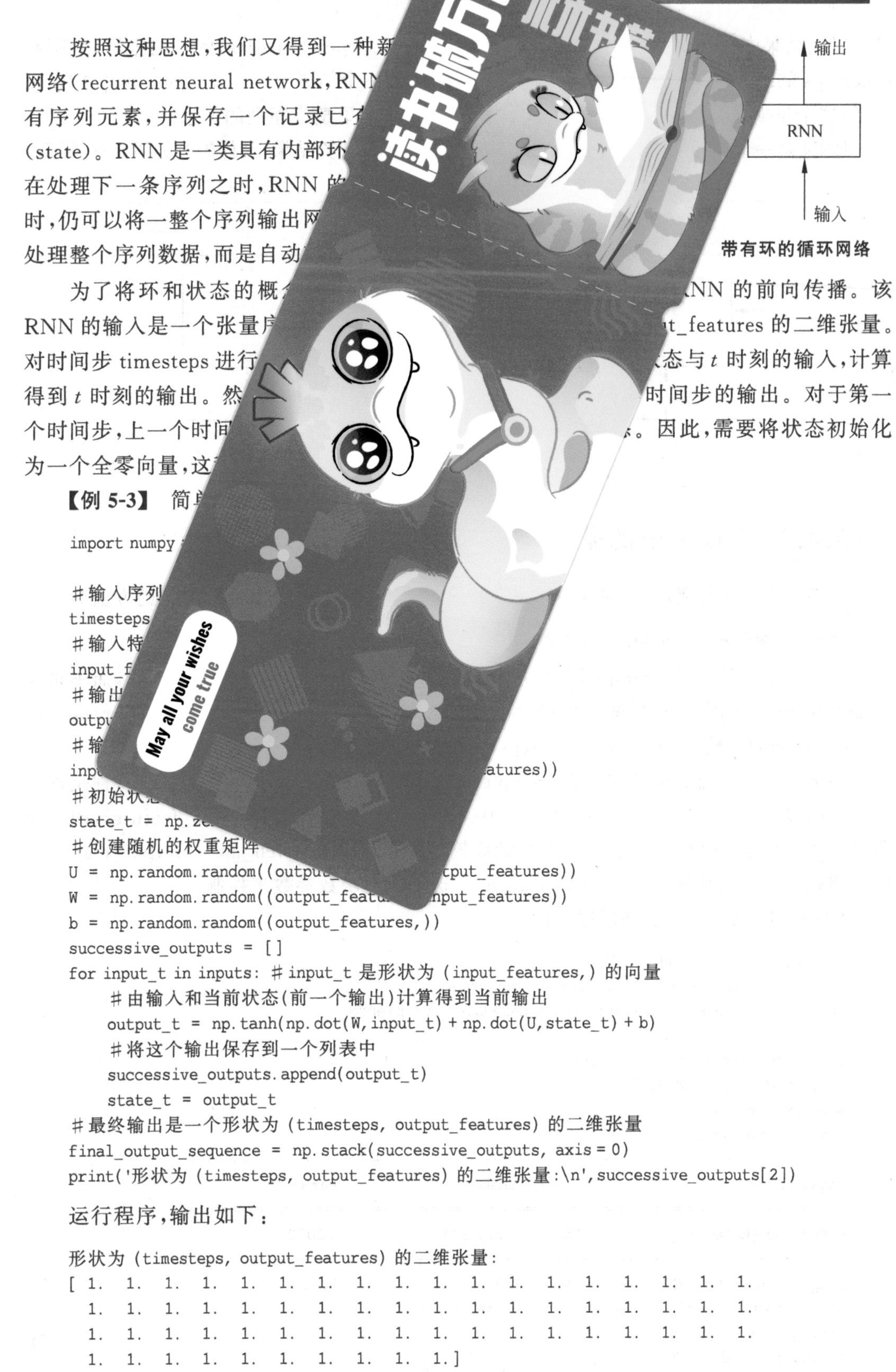

按照这种思想,我们又得到一种新

网络(recurrent neural network,RNN

有序列元素,并保存一个记录已在

(state)。RNN 是一类具有内部环

在处理下一条序列之时,RNN 的

时,仍可以将一整个序列输出网

处理整个序列数据,而是自动

输出

RNN

输入

带有环的循环网络

为了将环和状态的概 RNN 的前向传播。该 RNN 的输入是一个张量序 t_features 的二维张量。对时间步 timesteps 进行 状态与 t 时刻的输入,计算得到 t 时刻的输出。然 时间步的输出。对于第一个时间步,上一个时间 s。因此,需要将状态初始化为一个全零向量,这

【例 5-3】 简单

```
import numpy

#输入序列
timesteps
#输入特
input_f
#输出
outpu
#输
inp                                   atures))
#初始状
state_t = np.ze
#创建随机的权重矩阵
U = np.random.random((outpu          tput_features))
W = np.random.random((output_featu     nput_features))
b = np.random.random((output_features,))
successive_outputs = []
for input_t in inputs: #input_t 是形状为 (input_features,) 的向量
    #由输入和当前状态(前一个输出)计算得到当前输出
    output_t = np.tanh(np.dot(W,input_t) + np.dot(U,state_t) + b)
    #将这个输出保存到一个列表中
    successive_outputs.append(output_t)
    state_t = output_t
#最终输出是一个形状为 (timesteps, output_features) 的二维张量
final_output_sequence = np.stack(successive_outputs, axis = 0)
print('形状为 (timesteps, output_features) 的二维张量:\n',successive_outputs[2])
```

运行程序,输出如下:

```
形状为 (timesteps, output_features) 的二维张量:
[ 1.  1.  1.  1.  1.  1.  1.  1.  1.  1.  1.  1.  1.  1.  1.  1.  1.  1.
  1.  1.  1.  1.  1.  1.  1.  1.  1.  1.  1.  1.  1.  1.  1.  1.  1.  1.
  1.  1.  1.  1.  1.  1.  1.  1.  1.  1.  1.  1.  1.  1.  1.  1.  1.  1.
  1.  1.  1.  1.  1.  1.  1.  1.  1.  1.]
```

以上结果中，最终输出是一个形状为(timesteps, output_features)的二维张量，是所有timesteps的结果拼起来的。但实际上，一般只用最后一个结果successive_outputs[-1]就可以了，这个里面已经包含了之前所有步骤的结果，即包含了整个序列的信息。

RNN是一个for循环，它重复使用循环前一次迭代的计算结果，具体展开如图5-30所示。

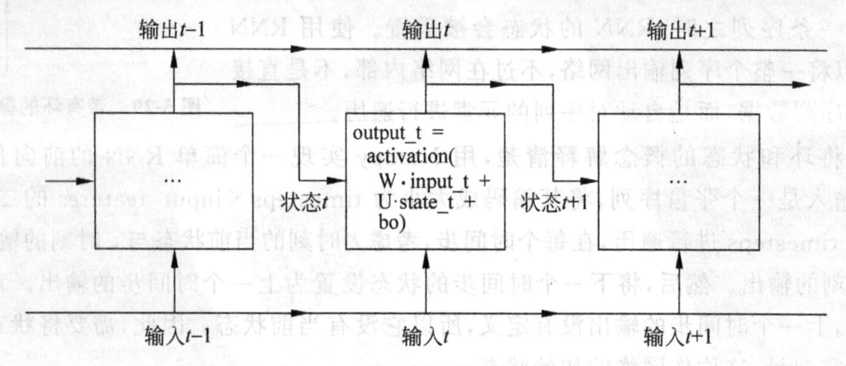

图5-30 一个沿时间展开的简单RNN

5.4.1 Keras中的循环层

例5-3的简单实现，实际对应一个Keras层，即SimpleRNN层，导入该层的方法为

```
from tensorflow.keras.layers import SimpleRNN
```

二者有微小的区别：SimpleRNN层能够像其他Keras层一样处理序列批量，而不是像例5-3(Numpy实例)那样只能处理单个序列。因此，它接收形状为(batch_size, timesteps, input_features)的输入，而不是(timesteps, input_features)。

与Keras中的所有循环层一样，SimpleRNN可以在两种不同模式下运行：一种是返回每个时间步连续输出的完整序列，即形状为(batch_size, timesteps, output_features)的三维张量；另一种是只返回每个输入序列的最终输出，即形状为(batch_size, output_features)的二维张量。这两种模式由return_sequences这个构造函数参数来控制。

【例5-4】 Keras中的循环层实例演示。

```
# 只返回最后一个时间步的输出
from tensorflow.keras.models import Sequential
from tensorflow.keras.layers import Embedding, SimpleRNN
model = Sequential()
model.add(Embedding(10000, 32))
model.add(SimpleRNN(32))
model.summary()
Model: "sequential"
_________________________________________________________________
Layer (type)                 Output Shape              Param #
=================================================================
embedding (Embedding)        (None, None, 32)          320000
_________________________________________________________________
simple_rnn (SimpleRNN)       (None, 32)                2080
=================================================================
Total params: 322,080
Trainable params: 322,080
```

```
Non-trainable params: 0
_________________________________________________________________

#返回完整的状态序列
model = Sequential()
model.add(Embedding(10000, 32))
model.add(SimpleRNN(32, return_sequences=True))
model.summary()
Model: "sequential_2"
_________________________________________________________________
Layer (type)                 Output Shape              Param #
=================================================================
embedding_2 (Embedding)      (None, None, 32)          320000
_________________________________________________________________
simple_rnn_2 (SimpleRNN)     (None, None, 32)          2080
=================================================================
Total params: 322,080
Trainable params: 322,080
Non-trainable params: 0
_________________________________________________________________
```

为了提高网络的表示能力，有时会将多个循环层逐个堆叠。在这种情况下，需要让所有中间层都返回完整的输出序列。

```
#堆叠多个RNN层，中间层返回完整的输出序列
model = Sequential()
model.add(Embedding(10000, 32))
model.add(SimpleRNN(32, return_sequences=True))
model.add(SimpleRNN(32, return_sequences=True))
model.add(SimpleRNN(32, return_sequences=True))
model.add(SimpleRNN(32))      #最后一层要最后一个输出就行了
model.summary()
Model: "sequential_3"
_________________________________________________________________
Layer (type)                 Output Shape              Param #
=================================================================
embedding_3 (Embedding)      (None, None, 32)          320000
_________________________________________________________________
simple_rnn_3 (SimpleRNN)     (None, None, 32)          2080
_________________________________________________________________
simple_rnn_4 (SimpleRNN)     (None, None, 32)          2080
_________________________________________________________________
simple_rnn_5 (SimpleRNN)     (None, None, 32)          2080
_________________________________________________________________
simple_rnn_6 (SimpleRNN)     (None, 32)                2080
=================================================================
Total params: 328,320
Trainable params: 328,320
Non-trainable params: 0
_________________________________________________________________
```

下面再通过一个实例来演示循环神经网络的应用。

【例 5-5】 构建一个简单的神经网络，网络共有三层（两个隐藏层）。

```
import numpy as np
```

```
import matplotlib.pyplot as plt
def sigmoid(x):
    x = 1/(1 + np.exp( - x))
    return x

def sigmoid_grad(x):
    return (x) * (1 - x)

#RELU 函数(max(0,x))不会随输入大小而饱和
def relu(x):
    return np.maximum(0,x)

plt.rcParams['figure.figsize'] = (10.0, 8.0)         # set default size of plots
plt.rcParams['image.interpolation'] = 'nearest'
plt.rcParams['image.cmap'] = 'gray'

#构成一个不易线性分离的分类数据集
#玩具螺旋数据由三个类别(蓝色,红色,黄色)组成,这些类别不是线性可分的
N = 100                                              #每个类的点数
D = 2                                                #维度
K = 3                                                #类的数量
X = np.zeros((N * K,D))                              #ata 矩阵(每行 = 单个示例)
y = np.zeros(N * K, dtype = 'uint8')                 #类标签
for j in range(K):
  ix = range(N * j,N * (j + 1))
  r = np.linspace(0.0,1,N)                           #半径
  t = np.linspace(j * 4,(j + 1) * 4,N) + np.random.randn(N) * 0.2    #θ
  X[ix] = np.c_[r * np.sin(t), r * np.cos(t)]
  y[ix] = j
#可视化数据:
plt.scatter(X[:, 0], X[:, 1], c = y, s = 40, cmap = plt.cm.Spectral)
plt.show()

#定义 relu 和 sigmoid 函数
#构建一个非常简单的神经网络,有三层(两个隐藏层)
def three_layer_net(NONLINEARITY,X,y, model, step_size, reg):
    #NONLINEARITY:表示使用哪种激活函数
    #初始化参数
    h = model['h']
    h2 = model['h2']
    W1 = model['W1']
    W2 = model['W2']
    W3 = model['W3']
    b1 = model['b1']
    b2 = model['b2']
    b3 = model['b3']

    #梯度下降
    num_examples = X.shape[0]
    plot_array_1 = []
    plot_array_2 = []
    for i in range(50000):
        #前向传播
        if NONLINEARITY == 'RELU':
            hidden_layer = relu(np.dot(X, W1) + b1)
            hidden_layer2 = relu(np.dot(hidden_layer, W2) + b2)
            scores = np.dot(hidden_layer2, W3) + b3
```

```
        elif NONLINEARITY == 'SIGM':
            hidden_layer = sigmoid(np.dot(X, W1) + b1)
            hidden_layer2 = sigmoid(np.dot(hidden_layer, W2) + b2)
            scores = np.dot(hidden_layer2, W3) + b3

        #计算损失
        #probs 为 300×3 的数组,其中每行现在包含了概率
        exp_scores = np.exp(scores)
        probs = exp_scores / np.sum(exp_scores, axis = 1, keepdims = True) #[N×K]

        #correct_logprobs 是一维数组,仅包含为每个示例分配给正确类的概率
        #完全损失就是这些对数概率和正则化损失的平均值
        corect_logprobs = -np.log(probs[range(num_examples),y])
        data_loss = np.sum(corect_logprobs)/num_examples
        reg_loss = 0.5 * reg * np.sum(W1 * W1) + 0.5 * reg * np.sum(W2 * W2) + 0.5 * reg *
np.sum(W3 * W3)
        loss = data_loss + reg_loss
        if i % 1000 == 0:
            print("迭代 %d: 损失 %f" % (i, loss))

        #计算分数的梯度
        dscores = probs
        dscores[range(num_examples),y] -= 1
        dscores /= num_examples
        dW3 = (hidden_layer2.T).dot(dscores)
        db3 = np.sum(dscores, axis = 0, keepdims = True)

        if NONLINEARITY == 'RELU':
            #反向传播 ReLU 非线性
            dhidden2 = np.dot(dscores, W3.T)
            dhidden2[hidden_layer2 <= 0] = 0
            dW2 =  np.dot( hidden_layer.T, dhidden2)
            plot_array_2.append(np.sum(np.abs(dW2))/np.sum(np.abs(dW2.shape)))
            db2 = np.sum(dhidden2, axis = 0)
            dhidden = np.dot(dhidden2, W2.T)
            dhidden[hidden_layer <= 0] = 0

        elif NONLINEARITY == 'SIGM':
            #反向传播 sigmoid 非线性
            dhidden2 = dscores.dot(W3.T) * sigmoid_grad(hidden_layer2)
            dW2 = (hidden_layer.T).dot(dhidden2)
            plot_array_2.append(np.sum(np.abs(dW2))/np.sum(np.abs(dW2.shape)))
            db2 = np.sum(dhidden2, axis = 0)
            dhidden = dhidden2.dot(W2.T) * sigmoid_grad(hidden_layer)
        dW1 = np.dot(X.T, dhidden)
        plot_array_1.append(np.sum(np.abs(dW1))/np.sum(np.abs(dW1.shape)))
        db1 = np.sum(dhidden, axis = 0)

        #添加正则化
        dW3 += reg * W3
        dW2 += reg * W2
        dW1 += reg * W1

        #返回损失的选项
        grads = {}
        grads['W1'] = dW1
```

```
            grads['W2'] = dW2
            grads['W3'] = dW3
            grads['b1'] = db1
            grads['b2'] = db2
            grads['b3'] = db3
            #返回 loss, grads

            #更新
            W1 += -step_size * dW1
            b1 += -step_size * db1
            W2 += -step_size * dW2
            b2 += -step_size * db2
            W3 += -step_size * dW3
            b3 += -step_size * db3
        #评估训练集的准确性
        if NONLINEARITY == 'RELU':
            hidden_layer = relu(np.dot(X, W1) + b1)
            hidden_layer2 = relu(np.dot(hidden_layer, W2) + b2)
        elif NONLINEARITY == 'SIGM':
            hidden_layer = sigmoid(np.dot(X, W1) + b1)
            hidden_layer2 = sigmoid(np.dot(hidden_layer, W2) + b2)
        scores = np.dot(hidden_layer2, W3) + b3
        predicted_class = np.argmax(scores, axis = 1)
        print('训练准确性: %.2f' % (np.mean(predicted_class == y)))
        #返回 cost, grads
        return plot_array_1, plot_array_2, W1, W2, W3, b1, b2, b3

#用 sigmoid 非线性训练网络
N = 100                                                  #每个类的点数
D = 2                                                    #维度
K = 3                                                    #类数量
h = 50
h2 = 50

#用 ReLU 非线性训练网络
model = {}
model['h'] = h                                           #隐藏层 1 的大小
model['h2'] = h2                                         #隐藏层 2 的大小
model['W1'] = 0.1 * np.random.randn(D,h)
model['b1'] = np.zeros((1,h))
model['W2'] = 0.1 * np.random.randn(h,h2)
model['b2'] = np.zeros((1,h2))
model['W3'] = 0.1 * np.random.randn(h2,K)
model['b3'] = np.zeros((1,K))
(relu_array_1, relu_array_2, r_W1, r_W2,r_W3, r_b1, r_b2,r_b3) = three_layer_net('RELU', X,
y,model, step_size = 1e-1, reg = 1e-3)
```

运行程序，输出如下，效果如图 5-31 所示。

```
迭代 0: 损失 1.110276
迭代 1000: 损失 0.328156
迭代 2000: 损失 0.160904
迭代 3000: 损失 0.136820
迭代 4000: 损失 0.130236
迭代 5000: 损失 0.127130
…
迭代 45000: 损失 0.110563
```

```
迭代 46000: 损失 0.110425
迭代 47000: 损失 0.110294
迭代 48000: 损失 0.110165
迭代 49000: 损失 0.110011
训练准确性: 0.99
```

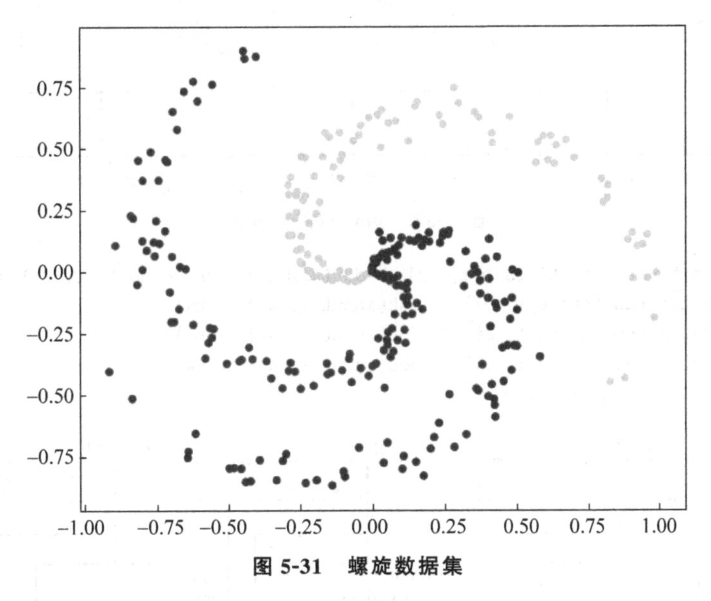

图 5-31 螺旋数据集

5.4.2 LSTM 层和 GRU 层

SimpleRNN 并不是 Keras 中唯一可用的循环层，还有另外两个：LSTM 和 GRU。在实践中总会用到其中之一，因为 SimpleRNN 通常过于简化，没有实用的价值。SimpleRNN 的最大问题是：在时刻 t，理论上来说，它应该能够记住许多时间步之前见过的信息，但实际上它是不可能学到这种长期依赖的。其原因在于梯度消失问题，它类似于在层数较多的非循环网络(前向网络)中观察到的效应：随着层数的增加，网络最终变得无法训练。LSTM 层和 GRU 层都是为了解决这个问题而设计的。

1. LSTM 层

LSTM 层是基于 LSTM(long short-term memory，长短期记忆)算法的，该算法就是专门研究处理梯度消失问题的。其核心思想是要保存信息以便后面使用，防止前面得到的信息在后面的处理中逐渐消失。

LSTM 在 SimpleRNN 的基础上，增加了一种跨越多个时间步传递信息的方法。这个新方法做的事情就像一条在序列旁边的辅助传送带，序列中的信息可以在任意位置跳上传送带，然后被传送到更晚的时间步，并在需要时原封不动地跳回来。

先从 SimpleRNN 单元开始介绍，如图 5-32 所示。因为 SimpleRNN 单元有许多个权重矩阵，所以对单元中的 $\boldsymbol{W}$ 和 $\boldsymbol{U}$ 两个矩阵添加下标字母 o($\boldsymbol{W}$o 和 $\boldsymbol{U}$o)，表示输出。

然后，添加一个"携带轨道"数据流，用来携带信息跨越时间步，如图 5-33 所示。这个"携带轨道"上放着时间步 t 的 Ct 信息(C 表示 carry)，这些信息将与输入、状态一起进行运算，从而影响传递到下一个时间步的状态：

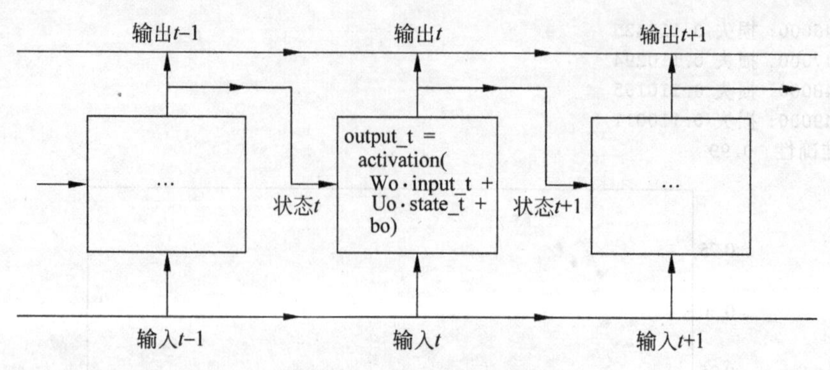

图 5-32 SimpleRNN 单元

```
output_t = activation(dot(state_t, Uo) + dot(input_t, Wo) + dot(C_t, Vo) + bo)
i_t = activation(dot(state_t, Ui) + dot(input_t, Wi) + bi)
f_t = activation(dot(state_t, Uf) + dot(input_t, Wf) + bf)
k_t = activation(dot(state_t, Uk) + dot(input_t, Wk) + bk)
c_t_next = i_t * k_t + c_t * f_t
```

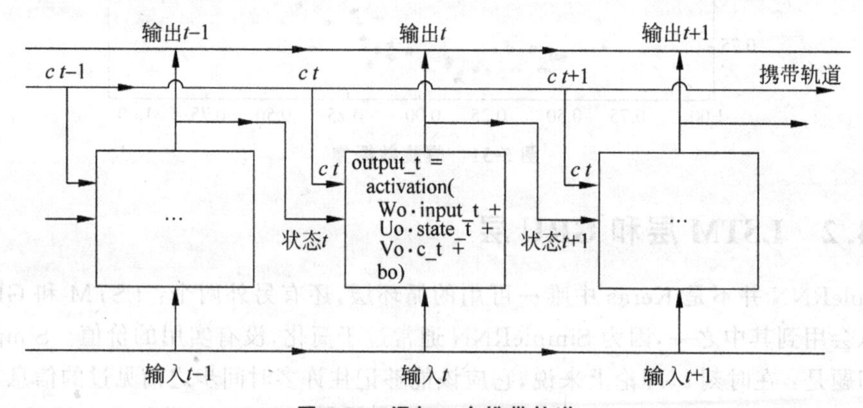

图 5-33 添加一个携带轨道

从概念上来看,"携带轨道"数据流是一种调节下一个输出和下一个状态的方法。图 5-34 给出了添加上述架构之后的图,即 LSTM 结构图。

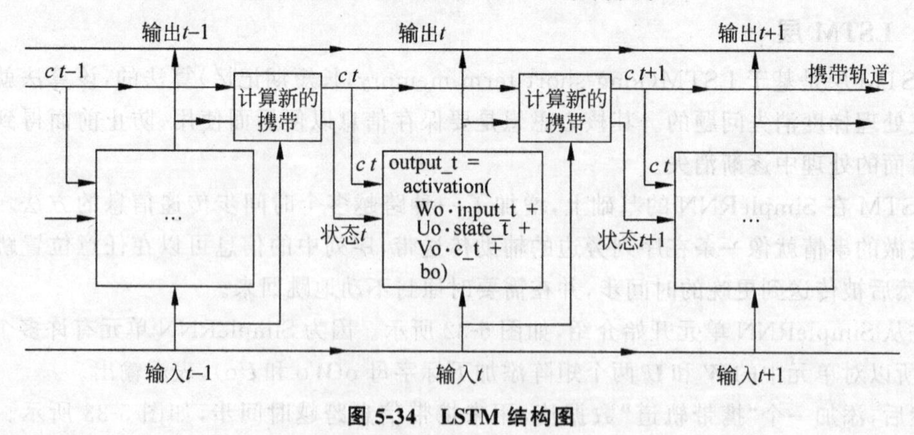

图 5-34 LSTM 结构图

【例 5-6】 在 Keras 中使用 LSTM 层。

解析:使用 LSTM 层创建一个模型,然后在 IMDB 数据上训练模型。只需要指定

LSTM 层的输出维度,其他参数都是使用 Keras 默认值。Keras 具有很好的默认值,无须手动调参,模型通常也能正常运行。

```
from tensorflow.keras.layers import LSTM

model = Sequential()
model.add(Embedding(max_features, 32))
model.add(LSTM(32))
model.add(Dense(1, activation='sigmoid'))
model.summary()
model.compile(optimizer='rmsprop',
              loss='binary_crossentropy',
              metrics=['acc'])

history = model.fit(input_train, y_train,
                    epochs=10,
                    batch_size=128,
                    validation_split=0.2)
Model: "sequential_5"
_________________________________________________________________
Layer (type)                 Output Shape              Param #
=================================================================
embedding_5 (Embedding)      (None, None, 32)          320000
_________________________________________________________________
lstm (LSTM)                  (None, 32)                8320
_________________________________________________________________
dense_1 (Dense)              (None, 1)                 33
=================================================================
Total params: 328,353
Trainable params: 328,353
Non-trainable params: 0
_________________________________________________________________
Epoch 1/10
157/157 [==============================] - 37s 236ms/step - loss: 0.5143 - acc:
0.7509 - val_loss: 0.3383 - val_acc: 0.8672
…
Epoch 10/10
157/157 [==============================] - 34s 217ms/step - loss: 0.1113 - acc:
0.9615 - val_loss: 0.4926 - val_acc: 0.8614

#绘制结果
import matplotlib.pyplot as plt
acc = history.history['acc']
val_acc = history.history['val_acc']
loss = history.history['loss']
val_loss = history.history['val_loss']
epochs = range(len(acc))
plt.plot(epochs, acc, 'bo-', label='训练准确性')
plt.plot(epochs, val_acc, 'rs-', label='验证准确性')
plt.legend()

plt.figure()
plt.plot(epochs, loss, 'bo-', label='训练损失')
plt.plot(epochs, val_loss, 'rs-', label='验证损失')
```

```
plt.legend()
plt.show()
```

运行程序，效果如图 5-35 和图 5-36 所示。

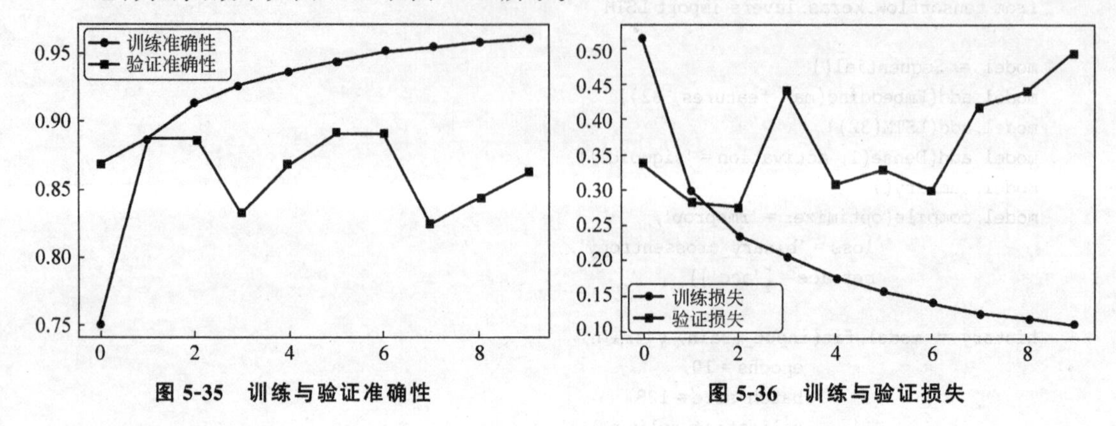

图 5-35　训练与验证准确性　　图 5-36　训练与验证损失

2. GRU 层

GRU 是 LSTM 的简化，运算代价更低。GRU 层的简单使用示例如下：

```
model = Sequential()
model.add(layers.GRU(32, input_shape = (None, float_data.shape[-1])))
model.add(layers.Dense(1))
model.compile(optimizer = RMSprop(), loss = 'mae')
history = model.fit_generator(train_gen,
                              steps_per_epoch = 500,
                              epochs = 20,
                              validation_data = val_gen,
                              validation_steps = val_steps)
```

5.4.3　循环神经网络的高级用法

本节将介绍提高循环神经网络的性能和泛化能力的三种高级技巧。将在温度预测问题中介绍这三种高级技巧。在这个问题中，数据点时间序列来自建筑物屋顶安装的传感器，包括温度、气压、湿度等，我们将利用这些数据来预测最后一个数据点 24 小时之后的温度。

介绍的三种高级技巧如下：

- 循环层 dropout（recurrent dropout）：一种特殊的内置方法，在循环层中使用 dropout 来降低过拟合。
- 堆叠循环层（stacking recurrent layers）：能提高网络的表示能力（代价是更高的计算负荷）。
- 双向循环层（bidirectional recurrent layers）：将相同的信息以不同的方式呈现给循环网络，可以提高精度并缓解遗忘问题。

1. 温度预测问题

我们将使用某气象站记录的天气时间序列数据集（耶拿数据集），在这个数据集中，有每 10 分钟记录的 14 个量（如温度、气压、湿度、风向等），数据集中记录多年的数据，这里我们只选用 2009—2016 年的。用这个数据集来构建模型，最后目标是输入最近的一些数据（几天的数据点)，预测未来 24 小时的温度。

【例 5-7】 观察 jena 天气数据集的数据。

具体的实现步骤如下：

(1) 查看数据。

```
import os
fname = os.path.join('jena_climate_2009_2016.csv')

with open(fname) as f:
    data = f.read()

lines = data.split('\n')
header = lines[0].split(',')
lines = lines[1:]
print('数据头: ',header)
print('数据长度: ',len(lines))
print('第一行数据: ',lines[0])
数据头: ['"Date Time"', '"p (mbar)"', '"T (degC)"', '"Tpot (K)"', '"Tdew (degC)"', '"rh (%)"',
'"VPmax (mbar)"', '"VPact (mbar)"', '"VPdef (mbar)"', '"sh (g/kg)"', '"H2OC (mmol/mol)"', '"rho
(g/m**3)"', '"wv (m/s)"', '"max. wv (m/s)"', '"wd (deg)"']
数据长度: 420451
第一行数据: 01.01.2009 00:10:00,996.52,-8.02,265.40,-8.90,93.30,3.33,3.11,0.22,1.94,
3.12,1307.75,1.03,1.75,152.30
```

(2) 把数据存放到 Numpy 数组中。

```
import numpy as np

float_data = np.zeros((len(lines), len(header) - 1))
for i, line in enumerate(lines):
    values = [float(x) for x in line.split(',')[1:]]
    float_data[i, :] = values
print(float_data.shape)
(420451, 14)
```

(3) 把气温的变化画出来，效果如图 5-37 所示，图中的周期性很明显。

```
from matplotlib import pyplot as plt

temp = float_data[:, 1]
plt.plot(range(len(temp)), temp)
plt.show()
```

(4) 再看看前 10 天的数据，如图 5-38 所示(数据 10 分钟记一条，所以 1 天是 144 条)。

```
plt.plot(range(1440), temp[: 1440])
plt.show()
```

从图 5-38 可以看出这是冬天的数据，每天的气温变化也是有周期性的(后面几天比较明显)。

2. 使用循环 dropout 降低过拟合

利用 dropout 降低过拟合，即将某一层的输入单元随机设为 0，其目的是打破该层训练数据中的偶然相关性。但在循环网络中如何正确地使用 dropout，这并不是一个简单的问

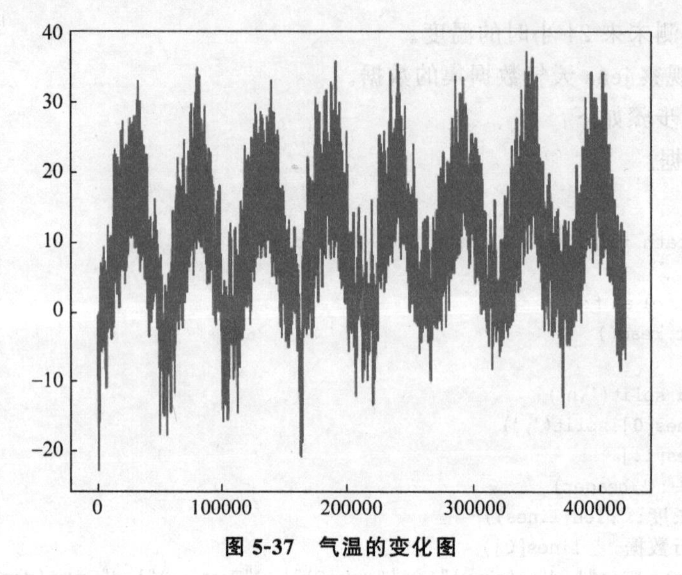

图 5-37　气温的变化图

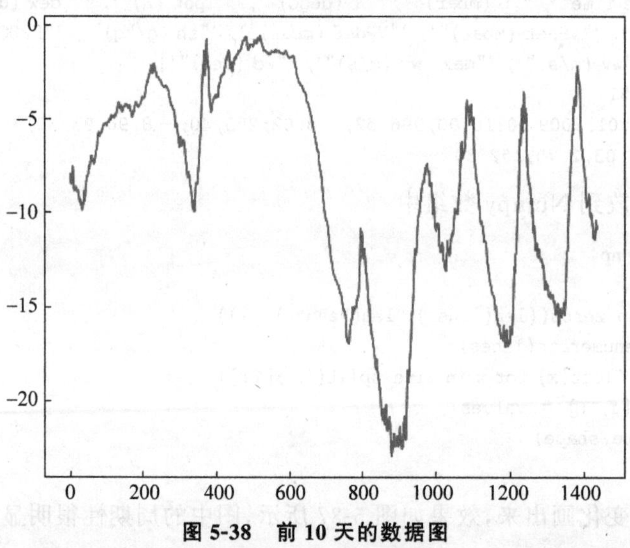

图 5-38　前 10 天的数据图

题。在循环层前面应用 dropout 会妨碍学习过程，因此，为了对 GRU、LSTM 等循环层得到的表示做正则化，应该将不随时间变化的 dropout 掩码应用于层的内部循环激活（称作循环 dropout 掩码）。对每个时间步使用相同的 dropout 掩码，可以让网络沿着时间正确地传播其学习误差，而随时间随机变化的 dropout 掩码则会破坏这个误差信号，并且不利于学习过程。

【例 5-8】　训练并评估一个使用 dropout 正则化的基于 GRU 的模型。

```
from tensorflow.keras.models import Sequential
from tensorflow.keras import layers
from tensorflow.keras.optimizers import RMSprop

model = Sequential()
model.add(layers.GRU(32,
                     dropout = 0.4,
                     recurrent_dropout = 0.4,
```

```
                    input_shape = (None, float_data.shape[ - 1])))
model.add(layers.Dense(1))

model.compile(optimizer = RMSprop(), loss = 'mae')
history  =  model.fit_generator(train_gen,
                               steps_per_epoch = 500,
                               epochs = 40, # 使用了 dropout 的网络需要更长的时间才能收敛
                               validation_data = val_gen,
                               validation_steps = val_steps)
plot_acc_and_loss(history)
```

运行程序，输出如下，效果如图 5-39 所示。由图 5-39 可看出，前 30 个轮次不再过拟合。

```
Epoch 1/40
500/500 [ ==================== ] - 101s 202ms/step - loss: 0.3491 - val_loss: 0.2865
Epoch 2/40
500/500 [ ==================== ] - 90s 180ms/step - loss: 0.3200 - val_loss: 0.2826
...
Epoch 40/40
500/500 [ ==================== ] - 101s 202ms/step - loss: 0.2517 - val_loss: 0.3115
```

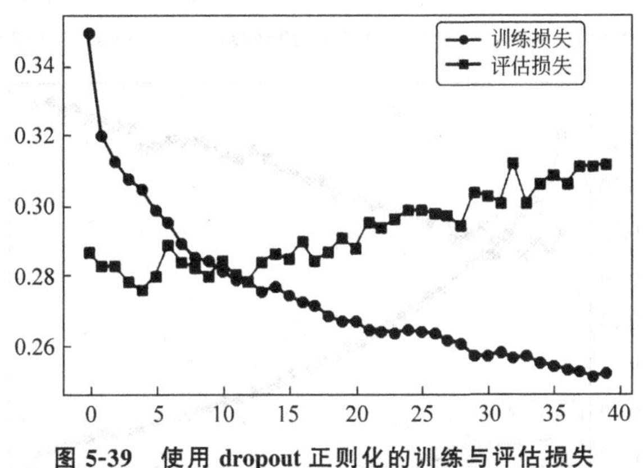

图 5-39 使用 dropout 正则化的训练与评估损失

3. 循环层的堆叠

解决了过拟合的问题，但似乎遇到了性能瓶颈，因此需要考虑增加网络容量(只要过拟合不是太严重，那么很可能是容量不足的问题)。

增加网络容量的做法是增加每层单元数或层数。循环层堆叠是构建更加强大的循环网络的经典方法，例如，目前谷歌翻译算法就是 7 个大型 LSTM 层的堆叠。在 Keras 中堆叠循环层，所有中间层应该返回完整的三维输出序列张量，不能只返回最后一个时间步的输出(这个行为是默认的)。

【例 5-9】 使用 dropout 正则化的堆叠 GRU 模型。

```
from tensorflow.keras.models import Sequential
from tensorflow.keras import layers
from tensorflow.keras.optimizers import RMSprop
model  =  Sequential()
model.add(layers.GRU(32,
                    dropout = 0.1,
                    recurrent_dropout = 0.5,
                    return_sequences = True,    # 输出完整输出序列
```

```
                    input_shape = (None, float_data.shape[ - 1])))
model.add(layers.GRU(64, activation = 'relu',
                    dropout = 0.1,
                    recurrent_dropout = 0.5))
model.add(layers.Dense(1))
model.compile(optimizer = RMSprop(), loss = 'mae')
history = model.fit_generator(train_gen,
                              steps_per_epoch = 500,
                              epochs = 40,
                              validation_data = val_gen,
                              validation_steps = val_steps)
plot_acc_and_loss(history)
```

运行程序,输出如下,效果如图 5-40 所示。

```
Epoch 1/40
500/500 [ =================== ] - 225s 450ms/step - loss: 0.3214 - val_loss: 0.2784
Epoch 2/40
500/500 [ =================== ] - 229s 459ms/step - loss: 0.3029 - val_loss: 0.2721
...
Epoch 40/40
500/500 [ =================== ] - 219s 438ms/step - loss: 0.1839 - val_loss: 0.3343
```

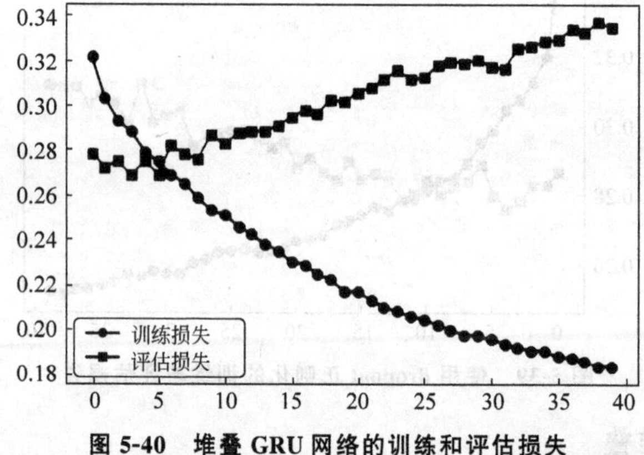

图 5-40 堆叠 GRU 网络的训练和评估损失

从图 5-40 看到,添加一层堆叠的确对结果有所改进,但效果并不显著,可以得出两个结论:

- 因为过拟合仍然不是很严重,所以可以放心地增加每层的大小,进一步改进评估损失,但这么做的计算成本很高。
- 添加一层后,模型效果并没有显著改进,可以发现,提高网络能力的回报在逐渐减小。

4. 双向 RNN

双向 RNN 是一种常见的 RNN 变体,它在某些任务上的性能比普通 RNN 更好,常用于自然语言处理。

RNN 特别依赖于顺序或时间,RNN 按顺序处理输入序列的时间步,而打乱时间步或反转时间步会完全改变 RNN 从序列中提取的表示。正是由于这个原因,如果顺序对问题很重要(如温度预测问题),RNN 的表现会很好。双向 RNN 利用了 RNN 的顺序敏感性,它包含两个普通 RNN，每个 RNN 分别沿一个方向对输入序列进行处理（时间正序和时间逆序），然后将它们的表示合并在一起。通过沿这两个方向处理序列，双向 RNN 能够捕捉到可能被单向 RNN 忽略的模式。

一般来说，按时间正序的模型会优于时间逆序的模型。但是，对自然语言处理问题来讲，一个单词对理解句子的重要性通常并不取决于它在句子中的位置。做一个实验，用正序序列和逆序序列分别训练并且评估一个 LSTM，性能几乎相同，这证实了一个假设：虽然单词顺序对理解语言很重要，但使用哪种顺序并不重要。

双向 RNN 层还有一个好处是，在机器学习中，如果一种数据表示不同但有用，那么总是值得加以利用的，这种表示与其他表示的差异越大越好，它们提供了查看数据的全新角度，抓住了数据中被其他方法忽略的内容，因此可以提高模型在某个任务上的性能。双向 RNN 层的工作原理（图 5-41）：它从两个方向查看数据，从而得到更加丰富的表示，并捕捉到仅使用正序 RNN 时可能忽略的一些模式。

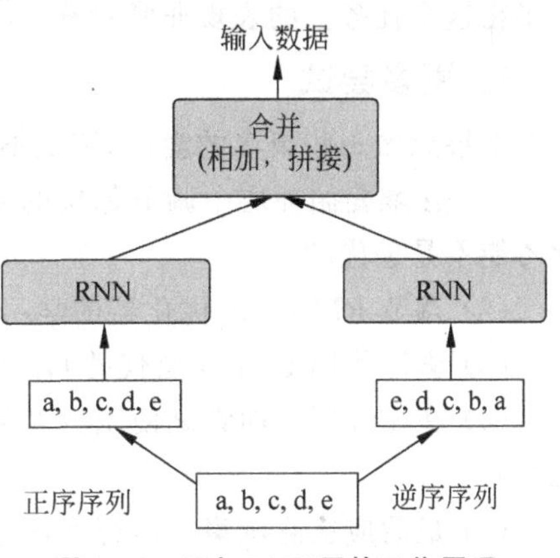

图 5-41　双向 RNN 层的工作原理

【例 5-10】 训练并评估一个双向 LSTM。

解析：要使用 Bidirectional 层，它的第一个参数是一个循环层实例。Bidirectional 对这个循环层创建了第二个单独实例，然后使用一个实例按正序处理输入序列，另一个实例按逆序处理输入序列。

```
from tensorflow.keras.models import Sequential
from tensorflow.keras import layers
from tensorflow.keras.preprocessing import sequence
from tensorflow.keras.datasets import imdb
```

(1) 训练并评估一个双向 LSTM。

```
model = Sequential()
model.add(layers.Embedding(max_features, 32))
model.add(layers.Bidirectional(layers.LSTM(32)))
model.add(layers.Dense(1, activation = 'sigmoid'))
model.compile(optimizer = 'rmsprop', loss = 'binary_crossentropy', metrics = ['acc'])
history = model.fit(x_train, y_train,
                    epochs = 10,
                    batch_size = 128,
                    validation_split = 0.2)
```

得到的结果比 5.4.2 节的普通 LSTM 稍好，验证精度超过 89%。这个模型似乎也很快就开始过拟合，这并不令人惊讶，因为双向层的参数个数是正序 LSTM 的 2 倍。添加一些正则化后，双向 LSTM 在这个任务上可能会有很好的表现。

(2) 训练一个双向 GRU。

```
model = Sequential()
model.add(layers.Bidirectional(
    layers.GRU(32), input_shape = (None, float_data.shape[ - 1])))
model.add(layers.Dense(1))
```

```
model.compile(optimizer = RMSprop(), loss = 'mae')
history = model.fit_generator(train_gen,
                              steps_per_epoch = 500,
                              epochs = 40,
                              validation_data = val_gen,
                              validation_steps = val_steps)
```

实例中的数据集是一个天气预报数据，表现与普通 GRU 层差不多一样好。其原因很容易理解：所有的预测能力肯定都来自于正序的那一半网络，因为我们已经知道，逆序的那一半在这个任务上的表现非常糟糕。

5. 更多尝试

如果想做一些更多的尝试，测试不同的效果，可从以下几方面进行尝试：

（1）在堆叠循环层中调节每层的单元个数。当前取值在很大程度上是任意选择的，因此可能不是最优的。

（2）调节 RMSprop 优化器的学习率。

（3）尝试使用 LSTM 层代替 GRU 层。

（4）在循环层上面尝试使用更大的密集连接回归器，即更大的 Dense 层或 Dense 层的堆叠。

（5）最后应在测试集上运行性能最佳的模型，否则开发的网络架构可能会对验证集过拟合。

第6章 深度学习大战

CHAPTER 6

深度学习是机器学习的一种，它利用神经网络模型进行大规模数据处理和特征提取，从而进行预测和分类等任务。深度学习在图像处理、语音识别、自然语言处理等领域取得了很大的成功，成为人工智能领域的重要分支。

6.1 TensorFlow深度学习概述

深度学习，顾名思义，需要从"深度"和"学习"两方面来谈。

- 深度学习的前身是人工神经网络(artificial neural network，ANN)，它的基本特点就是试图模仿人脑的神经元之间传递和处理信息的模式。
- 学习是人和动物在生活过程中，通过获得经验而产生的行为或行为潜能的相对持久的适应性变化。

6.1.1 深度学习特性

目前，为什么TensorFlow在ANN研究人员和工程师中如此受欢迎？与其自身特性息息相关，主要表现在以下几方面。

1. 高度的灵活性

TensorFlow不是一个严格的"神经网络"库，只要可以将计算表示为一个数据流图，就可以使用TensorFlow来构建图，描写驱动计算的内部循环。我们提供了有用的工具来帮助你组装"子图"(常用于神经网络)，当然用户也可以自己在TensorFlow基础上编写自己的"上层库"。

2. 真正的可移植性(portability)

TensorFlow在CPU和GPU上运行，比如说可以运行在台式机、服务器和手机移动端设备等。想要在没有特殊硬件的前提下，在你的笔记本上跑一下机器学习的新模型，TensorFlow可以办到这点。准备将你的训练模型在多个CPU上规模化运算，又不想修改代码，TensorFlow可以办到这点。想要将你的训练好的模型作为产品的一部分用到手机App里，TensorFlow可以办到这点。想要将你的模型作为云端服务运行在自己的服务器上，或者运行在Docker容器里，TensorFlow也能办到。

3. 将科研和产品联系在一起

过去，如果要将科研中的机器学习模型用到产品中，需要大量的代码重写工作。那样的日子一去不复返了！在谷歌，科学家用 TensorFlow 尝试新的算法，产品团队则用 TensorFlow 来训练和使用计算模型，并直接提供给在线用户。使用 TensorFlow 可以让应用型研究者将模型迅速运用到产品中，也可以让学术性研究者更直接地彼此分享代码，从而提高科研产出率。

4. 自动求微分

基于梯度的机器学习算法受益于 TensorFlow 自动求微分的能力。作为 TensorFlow 用户，你只需要定义预测模型的结构，将这个结构和目标函数(objective function)结合在一起，并添加数据，TensorFlow 将自动为你计算相关的微分导数。

5. 多语言支持

TensorFlow 有一个合理的 C++使用界面，也有一个易用的 Python 使用界面来构建和执行你的 Graphs。可以直接写 Python/C++ 程序，也可以用交互式的 Ipython 界面来用 TensorFlow 尝试些想法，它可以帮你将笔记、代码和可视化等有条理地归置好。

6. 性能最优化

由于 TensorFlow 给予了线程、队列和异步操作等以最佳的支持，TensorFlow 让你可以将手上硬件的计算潜能全部发挥出来。你可以自由地将 TensorFlow 图中的计算元素分配到不同设备上，TensorFlow 可以帮你管理好这些不同副本。

6.1.2 深度学习的构架

可以将深度架构看作一种因子分解。大部分随机选择的函数不能被有效地表示，无论是用深的或者浅的架构。但是许多能够有效地被深度架构表示的却不能被用浅的架构高效表示。

1. 大脑有一个深度架构

例如，视觉皮质得到了很好的研究，并显示出一系列的区域，在每一个这种区域中包含一个输入的表示和从一个到另一个的信号流(这里忽略了在一些层次并行路径上的关联，因此更复杂)。这个特征层次的每一层表示在一个不同的抽象层上的输入，并在层次的更上层有着更多的抽象特征，它们根据底层特征定义。

2. 认知过程逐层进行、逐步抽象

认知过程逐层进行、逐步抽象的步骤如下：

(1) 人类层次化地组织思想和概念。

(2) 人类首先学习简单的概念，然后用它们去表示更抽象的。

(3) 工程师将任务分解成多个抽象层次去处理。

(4) 学习/发现这些概念。对语言可表达的概念可用一个稀疏矩阵表示。

6.1.3 深度学习的思想

对于深度学习来说，其思想就是堆叠多个层，即将上一层的输出作为下一层的输入。通过这种方式，可以实现对输入信息进行分级表达。

另外，前面是假设输出严格地等于输入，这个限制太严格，可以略微地放松这个限制，例如只要使得输入与输出的差别尽可能地小即可，放松限制会获得另一种深度学习方法。

如果把学习结构看作一个网络，则深度学习的核心思路如下：

(1) 无监督学习用于每层网络的预训练。

(2) 每次用无监督学习只训练一层，将其训练结果作为其高一层的输入。

(3) 用自顶而下的监督算法去调整所有层。

6.2 迈进 TensorFlow

6.2.1 TensorFlow 环境构建

本节主要介绍安装 TensorFlow 的方法以及简单的运行测试。

目前与 Python 3.10 相匹配的 TensorFlow 版本是 2.11.0，从 GitHub 代码仓库中将 2.11.0 版本的 TensorFlow 源代码下载下来，在 Tags 中选择 2.11.0 版本将跳转到 2.11.0 版本的代码仓库。将下载到的源代码解压，将其保存在本地目录中。

1. 安装 pip

pip 是用来安装和管理 Python 包的管理工具，在此首先介绍它在各个平台上的安装方法。在安装 pip 之前，请先自行安装好 Python。在 Windows 系统上安装 pip 的步骤为

```
#去 Python 官网下载 pip
https://pypi.python.org/pypi/pip#downloads

#解压文件,通过命令行安装 pip
python setup.py install

#设置环境变量
在 Windows 的环境变量的 PATH 变量的最后添加"\Python 安装目录\Scripts"
```

目前，TensorFlow 在 Windows 上支持 64 位的 Python 3.10.0 版本。

2. 通过 pip 安装 TensorFlow

TensorFlow 已经把最新版本的安装程序上传到了 Pypi，所以我们可以通过最简单的方式来安装 TensorFlow。

在命令窗口中安装 TensorFlow 的命令如下：

```
pip install tensorflow
```

6.2.2 Geany 开发环境

Geany 是一个使用 GTK+2 开发的跨平台的开源集成开发环境，以 GPL 许可证分发源代码，是免费的自由软件。它支持基本的语法高亮、代码自动完成、调用提示和插件扩展。支持文件类型：C、CPP、Java、Python、PHP、HTML、DocBook、Perl、LateX 和 Bash 脚本。该软件优点是小巧、启动迅速，主要缺点是界面简陋、运行速度慢以及功能简单。

要下载 Windows Geany 安装程序，可访问 httt://geany.org/，单击 Download 下的 Releases，找到安装程序或类似的文件。下载安装程序后，运行它并接受所有的默认设置。

启动 Geany，选择"文件|另存为"，将当前的空文件保存为 hello_world.py，再在编辑窗口中输入代码：

```
print("hello world!")
```

效果如图 6-1 所示。

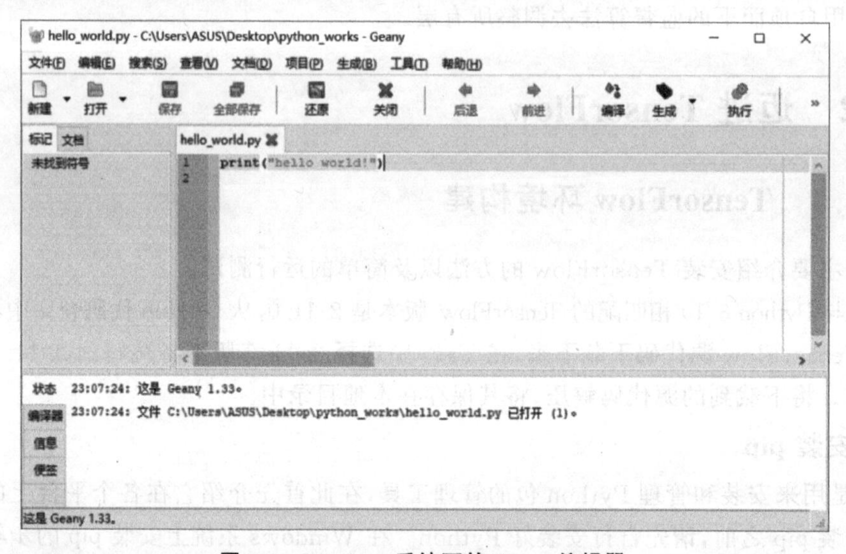

图 6-1　Windows 系统下的 Geany 编辑器

现在选择菜单"生成|设置生成命令"，将看到文字 Compile 和 Execute，它们旁边都有一个命令。默认情况下，这两个命令都是 Python(全部小写)，但 Geany 不知道这个命令位于系统的什么地方。需要添加启动终端会话时使用的路径。在编译命令和执行中，添加命令 Python 所在的驱动器和文件夹。编译命令应类似于如图 6-2 所示。

图 6-2　编译命令效果

提示：务必确定空格和大小都与图 6-2 中显示的完全相同。正确地设置这些命令后，单击“确定”按钮，即可成功运行程序。

在 Geany 中运行程序的方式有 3 种，可选择菜单“生成|Execute”，也可选择单击 执行 按钮或按 F5。

6.2.3 TensorFlow 编程基础

1. 变量

当训练模型时，用变量来存储和更新参数，建模时它们需要被明确地初始化，模型训练后它们必须被存储到磁盘。这些变量的值可在之后模型训练和分析时被加载。

本节描述以下两个 TensorFlow 类。

- tf. Variable 类
- tf. train. Saver 类

1) 创建

当创建一个变量时，需要将一个张量作为初始值传入构造函数 Variable()。TensorFlow 提供了一系列操作符来初始化张量，初始值是常量或随机值。

注意，所有这些操作符都需要指定张量的 shape，变量的 shape 通常是固定的，但 TensorFlow 提供了高级的机制来重新调整其行列数。例如：

```
#创建两个变量
weights = tf.Variable(tf.random_normal([784, 200], stddev = 0.35),
                      name = "weights")
biases = tf.Variable(tf.zeros([200]), name = "biases")
```

在以上代码中，调用 tf. Variable()添加一些操作到 graph。tf. Variable()的返回值是 Python 的 tf. Variable 类的一个实例。

2) 初始化

变量的初始化必须在模型的其他操作运行之前先明确地完成。最简单的方法就是添加一个给所有变量初始化的操作，并在使用模型之前首先运行那个操作。

使用 tf. initialize_all_variables()添加一个操作对变量做初始化。记得在完全构建好模型并加载之后再运行那个操作。

```
#创建两个变量
weights = tf.Variable(tf.random_normal([784, 200], stddev = 0.35),
                      name = "weights")
biases = tf.Variable(tf.zeros([200]), name = "biases")
...
#初始化变量
init_op = tf.initialize_all_variables()

#启动模型
with tf.Session() as sess:
  #运行 init_op
  sess.run(init_op)
  ...
  #使用模型
  ...
```

3）由另一个变量初始化

有时候会需要用另一个变量的初始化值初始化当前变量。由于 tf. initialize_all_variables()是并行地初始化所有变量，所以在有这种需求的情况下需要小心。

用其他变量的值初始化一个新的变量时，使用其他变量的 initialized_value()属性。我们可以直接把已初始化的值作为新变量的初始值，或者把它当作 tensor 计算得到一个值赋予新变量。

```
#创建一个随机值的变量
weights = tf.Variable(tf.random_normal([784, 200], stddev=0.35),
                      name="weights")
#创建另一个与"weights"值相同的变量
w2 = tf.Variable(weights.initialized_value(), name="w2")
#创建另一个变量，其值为"weights"的 2 倍
w_twice = tf.Variable(weights.initialized_value() * 0.2, name="w_twice")
```

4）保存变量

在 TensorFlow 中，可用 tf. train. Saver()创建一个 Saver 来管理模型中的所有变量。

```
#创建一些变量
v1 = tf.Variable(..., name="v1")
v2 = tf.Variable(..., name="v2")
...
#添加一个 op 来初始化变量
init_op = tf.initialize_all_variables()

#添加操作来保存和恢复所有变量
saver = tf.train.Saver()

#启动模型，初始化变量，将变量保存到磁盘
with tf.Session() as sess:
  sess.run(init_op)
  #对模型做一些工作
  ..
  #将变量保存到磁盘
  save_path = saver.save(sess, "/tmp/model.ckpt")
  print("Model saved in file: ", save_path)
```

2. 矩阵及矩阵基本操作

许多机器学习算法依赖矩阵操作。在 TensorFlow 中，矩阵计算是相当容易的。在下面的所有例子中，都会创建一个图会话，代码为

```
import tensorflow as tf
sess = tf.Session()
```

1）创建矩阵

在 TensorFlow 中，使用 Numpy 数组（或者嵌套列表）创建二维矩阵。也可以使用创建张量的函数（如 zeros()、ones()、truncated_normal()等），并为其指定一个二维形状。TensorFlow 也可以使用 diag()函数从一个一维数组（或者列表）来创建对角矩阵，代码如下：

```
>>> import tensorflow as tf
```

```
>>> import numpy as np
>>> identity_matrix = tf.diag([1.2,1.3,1.4])
>>> A = tf.truncated_normal([2,3])
>>> B = tf.fill([2,3],5.5)
>>> C = tf.random_uniform([3,2])
>>> D = tf.convert_to_tensor(np.array([[1.0,2.1,3.2],[ - 3.0, - 7.7, - 1.1],[0,5.5, - 2.2]]))
>>> sess = tf.Session()
>>> print(sess.run(identity_matrix))
[[1.2 0.  0. ]
 [0.  1.3 0. ]
 [0.  0.  1.4]]
>>> print(sess.run(A))
[[ - 1.0787076   0.16795176  - 1.9875401 ]
 [  0.75799155  0.46163255   1.2981933 ]]
>>> print(sess.run(B))
[[5.5 5.5 5.5]
 [5.5 5.5 5.5]]
>>> print(sess.run(C))
[[0.22952807 0.6823474 ]
 [0.48050547 0.52356756]
 [0.39732182 0.6243024 ]]
>>> print(sess.run(D))
[[  1.     2.1   3.2]
 [ - 3.   - 7.7  - 1.1]
 [  0.     5.5  - 2.2]]
```

注意：如果再次运行 sess. run(C)，TensorFlow 会重新初始化随机变量，并得到不同的随机数。

2）矩阵的加减法

在 TensorFlow 实现矩阵加法与减法可用“+”与“−”实现。如：

```
>>> print(sess.run(A + B))
[[5.6239715 5.2267637 3.9699607]
 [5.9983764 7.193205  4.379612 ]]
>>> print(sess.run(B - B))
[[0. 0. 0.]
 [0. 0. 0.]]
```

3）矩阵乘法

在 TensorFlow 中，提供了 matmul()函数实现矩阵的乘法。matmul()可以通过参数指定在矩阵乘法操作前是否进行矩阵转置。如：

```
>>> print(sess.run(tf.matmul(B, identity_matrix)))
[[6.6000004 7.1499996 7.7       ]
 [6.6000004 7.1499996 7.7       ]]
```

4）矩阵转置

在 TensorFlow 中，提供了 transpose()函数用于实现矩阵的转置，如：

```
>>> print(sess.run(tf.transpose(C)))
[[0.3969313  0.17488003 0.8914366 ]
 [0.86216486 0.34110105 0.38001359]]
```

对于矩阵的行列式，可使用如下方式：

```
>>> print(sess.run(tf.matrix_determinant(D)))
```

```
-43.6700000000000002
```

而实现矩阵的逆运算,可用如下方式:

```
>>> print(sess.run(tf.matrix_inverse(D)))
[[-0.52644836 -0.50881612 -0.51133501]
 [ 0.1511335   0.05037783  0.19464163]
 [ 0.37783375  0.12594458  0.03205862]]
```

注意:TensorFlow 中的矩阵求逆方法是 Cholesky 矩阵分解法(又称为平方根法),矩阵需要为对称正定矩阵或者可进行 LU 分解。

6.3 CTC 模型及实现

百度公开发布采用神经网络的 LSTM+CTC 模型大幅度降低了语音识别的错误率。采用这种技术后,在安静环境下的标准普通话的识别率接近 97%。本节将通过一个简单的例子,演示如何用 TensorFlow 的 LSTM+CTC 完成一个端到端训练的语音识别模型。

1. 语音特征介绍

声音实际上是一种波。常见的 MP3 等格式都是压缩格式,原始的音频文件叫作 WAV 文件。WAV 文件中存储的除了一个文件头以外,就是声音波形的一个个点了。图 6-3 是一个声音波形的示意图。

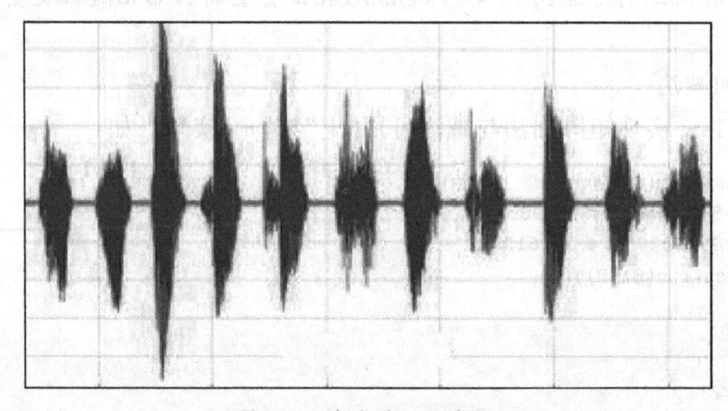

图 6-3 声音波形示意图

要对声音进行分析,需要对其分帧,也就是把声音切开成很多小段,并且每小段称为一帧。帧与帧之间一般是有交叠的。

分帧后,语音就变成了很多小段,常见的提取特征的方法有:线性预测编码(linear predictive coding,LPC)、梅尔频率倒谱系数(mel-frequency cepstrum coefficients,MFCC)等方法。其中,MFCC 特征提取是根据人的听觉对不同频率声音的敏感程度,把一帧波形变成一个多维向量,将波形文件转换成特征向量的过程称为声学特征提取。在实际应用中,有很多提取声学的方法。

语音识别最主要的过程之一就是把提取的声学特征数据转换成发音的音素。音素是人发音的基本单元。对于英文,常用的音素集是一套由 39 个音素构成的集合。对于汉语,基本上就是汉语拼音的声母和韵母组成的音素集合。

2. 计算流程描述

首先介绍要进行训练的输入和输出数据。输入数据是提取过声学特征的数据，以帧长25ms、帧移10ms的分帧为例，1s的语音数据大概会有100帧的数据。如果采用MFCC提取特征，默认情况下一帧语音数据会提取13个特征值，那么1s大概会提取100×13个特征值。假设1s的语音有10个发音音素，那么输出的正确标签是一个长度为10的序列。如果输入是一个序列，长度是100，每个输入单元是长度为13的向量，输出的正确发音音素是长度为10的向量，那么怎么知道哪些时间点的发音对应的是哪个正确的音素呢？传统的语音识别算法首先会有一个音素对齐的过程，通过一些额外的训练手段，将输入序列中的那些帧与输出中的音素对应好，然后再训练识别音素的过程。

举例说明如下：假设输入给LSTM的是一个100×13的数据，发音音素的各类数据是39，则经过LSTM处理后，输入给CTC的数据要求是100×41的矩阵。其中，100是原始序列的长度，即多少帧的数据；41表示这一帧数据在41个分类上的各自概率。那么，为什么是41个分类呢？在这41个分类中，其中39个是发音音素，剩下2个分别代表空白和没有标签。总的来说，这些输出定义了将分类序列对齐到输入序列的全部可能方法的概率。任何一个分类序列的总概率，可以看作它的不同对齐形式对应的全部概率之和。双向LSTM+CTC声学模型训练过程如图6-4所示。

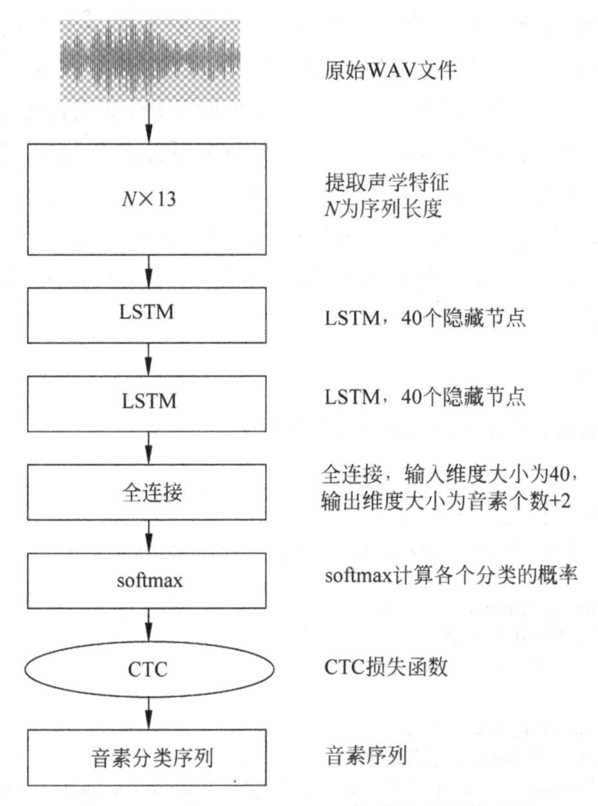

图6-4 双向LSTM+CTC声学模型训练过程

为了简化操作，本例的语音识别是训练一句话，这句话的音素分类也简化成对应的字母（不管是真实的音素还是对应文本的字母，原理都是一样的）。其实现代码过程如下：

(1) 提取 WAV 文件的 MFCC 特征。

```
def get_audio_feature():
    '''
    获取 WAV 文件提取 mfcc 特征之后的数据
    '''
    audio_filename = "audio.wav"
    #读取 WAV 文件内容,fs 为采样率, audio 为数据
    fs, audio = wav.read(audio_filename)
    #提取 mfcc 特征
    inputs = mfcc(audio, samplerate=fs)
    #对特征数据进行归一化,减去均值除以方差
    feature_inputs = np.asarray(inputs[np.newaxis, :])
    feature_inputs = (feature_inputs - np.mean(feature_inputs))/np.std(feature_inputs)
    #特征数据的序列长度
    feature_seq_len = [feature_inputs.shape[1]]
    return feature_inputs, feature_seq_len
```

函数返回的 feature_seq_len 表示这段语音被分隔为多少帧。返回的 feature_inputs 是一个二维矩阵,表示这段语音提取出来的所有特征值。矩阵的行数为 feature_seq_len,列数为 13。

然后读取这段 WAV 文件对应的文本文件,并将文本转换成音素分类。音素分类的数量是 28 个,其中包含英文字母的个数——26 个,另外需要添加一个空白分类和一个没有音素的分类,一共 28 个分类。示例的 WAV 文件是一句英文,内容是 she had your dark suit in greasy wash water all year。现在要把这句英文里的字母,变成用整数表示的序列,空白用序号 0 表示,字母 a~z 用序号 1~26 表示。于是这句话用整数表示,就转换为[19 8 5 0 8 1 4 0 25 12 21 18 0 4 1 18 11 0 19 21 9 20 0 9 14 0 7 18 5 19 25 0 23 1 19 8 0 23 1 20 5 18 0 1 12 12 0 25 5 1 18]。最后,再将这个整数序列通过 sparse_tuple_from 函数转换成稀疏三元组的结构,这主要是为了可以直接用在 TensorFlow 的 tf.sparse_placeholder 上。

(2) 将一句话转换成分类的整数 id。

```
def get_audio_label():
    '''
    将 label 文本转换成整数序列,然后再换成稀疏三元组
    '''
    target_filename = 'label.txt'
    with open(target_filename, 'r') as f:
        #原始文本为"she had your dark suit in greasy wash water all year"
        line = f.readlines()[0].strip()
        targets = line.replace(' ', '  ')
        #放入 list 中,空格用''代替
#['she', '', 'had', '', 'your', '', 'dark', '', 'suit', '', 'in', '', 'greasy', '', 'wash', '', 'water',
'', 'all', '', 'year']
        targets = targets.split(' ')
        #每个字母作为一个 label,转换如下:
        #['s' 'h' 'e' '<space>' 'h' 'a' 'd' '<space>' 'y' 'o' 'u' 'r' '<space>' 'd'
        #'a' 'r' 'k' '<space>' 's' 'u' 'i' 't' '<space>' 'i' 'n' '<space>' 'g' 'r'
        #'e' 'a' 's' 'y' '<space>' 'w' 'a' 's' 'h' '<space>' 'w' 'a' 't' 'e' 'r'
        #'<space>' 'a' 'l' 'l' '<space>' 'y' 'e' 'a' 'r']
        targets = np.hstack([SPACE_TOKEN if x == '' else list(x) for x in targets])
```

```
    #将 label 转换成整数序列表示:
    #[19  8  5  0  8  1  4  0 25 15 21 18  0  4  1 18 11  0 19 21  9 20  0  9
    #14  0  7 18  5  1 19 25  0 23  1 19  8  0 23  1 20  5 18  0  1 12 12  0 25
    #5 1 18]
    targets = np.asarray([SPACE_INDEX if x == SPACE_TOKEN else ord(x) -
FIRST_INDEX
for x in targets])
    #将列表转换成稀疏三元组
    train_targets = sparse_tuple_from([targets])
  return train_targets
```

接着,定义两层的双向 LSTM 结构以及 LSTM 之后的特征映射。

(3) 定义双向 LSTM 结构。

```
def inference(inputs, seq_len):
  '''
  2 层双向 LSTM 的网络结构定义
  Args:
  inputs: 输入数据,形状是[batch_size, 序列最大长度,一帧特征的个数 13]
        序列最大长度是指,一个样本在转成特征矩阵之后保存在一个矩阵中,
        在 n 个样本组成的 batch 中,因为不同的样本的序列长度不一样,在组成的 3
        维数据中,第 2 维的长度要足够容纳下所有的样本的特征序列长度
  seq_len: batch 里每个样本的有效的序列长度
  '''
  #定义一个向前计算的 LSTM 单元,40 个隐藏单元
  cell_fw = tf.contrib.rnn.LSTMCell(num_hidden,
                        initializer = tf.random_normal_initializer(
                                    mean = 0.0, stddev = 0.1),
                        state_is_tuple = True)
  #组成一个有 2 个 cell 的 list
  cells_fw = [cell_fw] * num_layers
  #定义一个向后计算的 LSTM 单元,40 个隐藏单元
  cell_bw = tf.contrib.rnn.LSTMCell(num_hidden,
                        initializer = tf.random_normal_initializer(
                                    mean = 0.0, stddev = 0.1),
                        state_is_tuple = True)
  #组成一个有 2 个 cell 的 list
  cells_bw = [cell_bw] * num_layers
  #将前面定义向前计算和向后计算的 2 个 cell 的 list 组成双向 lstm 网络
  #sequence_length 为实际有效的长度,大小为 batch_size,
  #相当于表示 batch 中每个样本的实际有用的序列长度
  #输出的 outputs 宽度是隐藏单元的个数,即 num_hidden 的大小
  outputs, _, _ = tf.contrib.rnn.stack_bidirectional_dynamic_rnn(cells_fw,
                                                        cells_bw,
                                                        inputs,
dtype = tf.float32,
sequence_length = seq_len)
  #获得输入数据的形状
  shape = tf.shape(inputs)
  batch_s, max_timesteps = shape[0], shape[1]
  #将 2 层 LSTM 的输出转换成宽度为 40 的矩阵
  #后面进行全连接计算
  outputs = tf.reshape(outputs, [ - 1, num_hidden])
  W = tf.Variable(tf.truncated_normal([num_hidden,
```

```
                                            num_classes],
                                           stddev = 0.1))
    b = tf.Variable(tf.constant(0., shape = [num_classes]))
    #进行全连接线性计算
    logits = tf.matmul(outputs, W) + b
    #将全连接计算的结果,由宽度 40 变成宽度 80
    #即最后的输入给 CTC 的数据宽度必须是 26 + 2 的宽度
    logits = tf.reshape(logits, [batch_s, -1, num_classes])
    #转置,将第一维和第二维交换
    #变成序列的长度放第一维,batch_size 放第二维
    #也是为了适应 Tensorflow 的 CTC 的输入格式
    logits = tf.transpose(logits, (1, 0, 2))
    return logits
```

最后,将读取数据、构建 LSTM+CTC 的网络结构以及训练过程结合到一起。在完成 1200 次迭代训练后,进行样本测试,将 CTC 解码结果的音素分类的整数值重新转换回字母,得到最后结果。

(4) 语音识别训练的主程序逻辑代码。

```
def main():
    #输入特征数据,形状为:[batch_size, 序列长度,一帧特征数]
    inputs = tf.placeholder(tf.float32, [None, None, num_features])
    #输入数据的 label,定义成稀疏 sparse_placeholder 会生成稀疏的 tensor: SparseTensor
    #这个结构可以直接输入给 ctc 求 loss
    targets = tf.sparse_placeholder(tf.int32)
    #序列的长度,大小是[batch_size]
    #表示的是 batch 中每个样本的有效序列长度
    seq_len = tf.placeholder(tf.int32, [None])
    #向前计算网络,定义网络结构,输入是特征数据,输出提供给 ctc 计算损失值
    logits = inference(inputs, seq_len)
    #ctc 计算损失
    #参数 targets 必须是一个值为 int32 的稀疏 tensor 的结构: tf.SparseTensor
    #参数 logits 是前面 lstm 网络的输出
    #参数 seq_len 是这个 batch 的样本中,每个样本的序列长度
    loss = tf.nn.ctc_loss(targets, logits, seq_len)
    #计算损失的平均值
    cost = tf.reduce_mean(loss)
    #采用冲量优化方法
    optimizer = tf.train.MomentumOptimizer(initial_learning_rate, 0.9).minimize(cost)
    #还有另外一个 ctc 的函数: tf.contrib.ctc.ctc_beam_search_decoder
    #本函数会得到更好的结果,但是效果比 ctc_beam_search_decoder 差
    #返回的结果中,decode 是 ctc 解码的结果,即输入的数据解码出结果序列是什么
    decoded, _ = tf.nn.ctc_greedy_decoder(logits, seq_len)
    #采用计算编辑距离的方式计算,计算 decode 后结果的错误率
    ler = tf.reduce_mean(tf.edit_distance(tf.cast(decoded[0], tf.int32),
                                          targets))
    config = tf.ConfigProto()
    config.gpu_options.allow_growth = True
    with tf.Session(config = config) as session:
        #初始化变量
        tf.global_variables_initializer().run()
        for curr_epoch in range(num_epochs):
            train_cost = train_ler = 0
            start = time.time()
```

```
        for batch in range(num_batches_per_epoch):
          #获取训练数据,本例中只取一个样本的训练数据
          train_inputs, train_seq_len = get_audio_feature()
          #获取这个样本的 label
          train_targets = get_audio_label()
          feed = {inputs: train_inputs,
                  targets: train_targets,
                  seq_len: train_seq_len}

          #一次训练,更新参数
          batch_cost, _ = session.run([cost, optimizer], feed)
          #计算累加的训练的损失值
          train_cost += batch_cost * batch_size
          #计算训练集的错误率
          train_ler += session.run(ler, feed_dict = feed) * batch_size
        train_cost /= num_examples
        train_ler /= num_examples
        #打印每一轮迭代的损失值,错误率
        log = "Epoch {}/{}, train_cost = {:.3f}, train_ler = {:.3f}, time = {:.3f}"
        print(log.format(curr_epoch + 1, num_epochs, train_cost, train_ler,
                          time.time() - start))
      #在进行了 1200 次训练之后,计算一次实际的测试,并且输出
      #读取测试数据,这里读取的和训练数据的同一个样本
      test_inputs, test_seq_len = get_audio_feature()
      test_targets = get_audio_label()
      test_feed = {inputs: test_inputs,
                   targets: test_targets,
                   seq_len: test_seq_len}
      d = session.run(decoded[0], feed_dict = test_feed)
      #将得到的测试语音经过 ctc 解码后的整数序列转换成字母
      str_decoded = ''.join([chr(x) for x in np.asarray(d[1]) + FIRST_INDEX])
      #将 no label 转换成空格
      str_decoded = str_decoded.replace(chr(ord('z') + 1), '')
      #将空白转换成空格
      str_decoded = str_decoded.replace(chr(ord('a') - 1), ' ')
      #打印最后的结果
      print('Decoded:\n%s' % str_decoded)
```

在进行 1200 次训练后,输出结果如下:

```
...
Epoch 194/200, train_cost = 21.196, train_ler = 0.096, time = 0.088
Epoch 195/200, train_cost = 20.941, train_ler = 0.115, time = 0.087
Epoch 196/200, train_cost = 20.644, train_ler = 0.115, time = 0.083
Epoch 197/200, train_cost = 20.367, train_ler = 0.096, time = 0.088
Epoch 198/200, train_cost = 20.141, train_ler = 0.115, time = 0.082
Epoch 199/200, train_cost = 19.889, train_ler = 0.096, time = 0.087
Epoch 200/200, train_cost = 19.613, train_ler = 0.096, time = 0.087
Decoded:
she had your dark suitgreasy wash water allyear
```

实例只演示了一个最简单的 LSTM+CTC 的端到端的训练,实际的语音识别系统还需要大量的训练样本以及将音素转换到文本的解码过程。

6.4 BiRNN实现语音识别

在神经网络大势兴起前，语音识别还是有一定门槛的。传统的语音识别方法是基于语音学的方法，它们通常包含拼写、声学和语言模型等单独组件。开发人员需要了解编程以外的很多语言学知识，语言学也会作为一门单独的专业学科存在。训练模型的语料中除了要标注具体的文字，还要标注按照时间对应的音素，需要大量的人工成本。

6.4.1 语音识别背景

使用神经网络技术可以将语音识别变得简单。通过能进行时序分类的连接时间分类(Connectionist Temporal Classification，CTC)目标函数，计算多个标签序列的概率，而序列是语音样本中所有可能的对应文字的集合。随后把预测结果与实际进行比较，计算预测结果的误差，以在训练中不断更新网络权重。这样可以丢弃音素的概率，自然也不需要人工根据时序标注对应的音素了。由于是直接拿音频序列来对应文字，连语言模型都可以省去，这样就脱离了标准的语言模型与声学模型，将使语音识别技术与语言(也就是中文、英文、地方语言)无关，只要样本足够多，就可以训练出来。

本节将通过一个例子来演示BiRNN在语音识别中的应用。实例中使用了两个代码文件"yuyinutils. py"与"yuyinchall. py"。

- 代码文件"yuyinutils. py"：放置语音识别相关的工具函数。
- 代码文件"yuyinchall. py"：放置主意识别主体流程函数。

6.4.2 获取并整理样本

1. 样本下载

实例中使用了清华大学公开的语料库样本，下载地址为

- http://data. cslt. org/thchs30/zip/wav. tgz；
- http://data. cslt. org/thchs30/zip/doc. tgz。

第一个是音频WAV文件的压缩包，第二个是WAV文件中对应的文字。thchs30语料库本来有3部分，此处只列出了两部分，还有一部分是语言模型，此处用不上，所以忽略。

省去了语言模型的语料库看起来简单多了，感兴趣的读者完全可以仿照thchs30语料库自己录制音频，创建自己的语料库。这样就可以学出一个识别自己口音的语音识别模型了。

文件下载好后，解压并放到指定目录中即可，后面可以在代码中通过该目录进行读取。

2. 样本读取

下面通过代码将数据读入内存。指定训练语音的文件夹与对应的文档，调用get_wavs_lables函数即可(yuyinchall. py)。

```
#自定义
yuyinutils = __import__("yuyinutils")
...
```

```
get_wavs_lables = yuyinutils.get_wavs_lables
...
wav_files, labels = get_wavs_lables(wav_path,label_file)
print(wav_files[0], labels[0])
print("wav:",len(wav_files),"label",len(labels))
```

运行程序，输出如下：

```
wav/train/A11/A11_0.WAV -> 绿 是 阳春 烟 景 大块 文章 的 底色 四月 的 林 峦 更是 绿 得 鲜活 秀
媚 诗意 盎然
wav:8911 label 8911
```

可见，wav_files 中是各个音频文件名称，其对应的文字都存放在 labels 数组中，一共是 8911 个文件。以上用到的 get_wavs_lables 函数是自定义的函数，为了代码规整，可把它放到另一个 py 文件(文件为 yuyinutils.py)中。get_wavs_lables 的定义如下(yuyinutils.py)：

```
import numpy as np
from python_speech_features import mfcc
import scipy.io.wavfile as wav
import os
'''读取 WAV 文件对应的 label'''
def get_wavs_lables(wav_path, label_file):
#获得训练用的 WAV 文件路径列表
    wav_files = []
    for (dirpath, dirnames, filenames) in os.walk(wav_path):
        for filename in filenames:
            if filename.endswith('.wav') or filename.endswith('.WAV'):
                filename_path = os.sep.join([dirpath, filename])
                if os.stat(filename_path).st_size < 240000:  #剔除掉一些小文件
                    continue
                wav_files.append(filename_path)
    labels_dict = {}
    with open(label_file, 'rb') as f:
        for label in f:
            label = label.strip(b'\n')
            label_id = label.split(b' ', 1)[0]
            label_text = label.split(b' ', 1)[1]
            labels_dict[label_id.decode('ascii')] = label_text.decode('utf-8')
    labels = []
    new_wav_files = []
    for wav_file in wav_files:
        wav_id = os.path.basename(wav_file).split('.')[0]
        if wav_id in labels_dict:
            labels.append(labels_dict[wav_id])
            new_wav_files.append(wav_file)
    return new_wav_files, labels
```

首先是通过 WAV 文件路径读入文件，然后将文本文件内容按照 WAV 文件名进行裁分放到 labels 中，最终将 WAV 与 labels 的对应顺序关联起来。

注意：在读取文本时使用的是 UTF-8 编码，如果在 Windows 下自建数据集，需要改成 GB2312 编码。

3. 建立批次获取样本函数

在代码文件“yuyinchall.py”中，读取完 WAV 文件和 labels 后，添加如下代码，对 labels

的字数进行统计。接着定义一个 next_batch 函数,该函数的作用是取一批次的样本数据进行训练(yuyinchall.py)。

```
from collections import Counter
#自定义
from yuyinutils import sparse_tuple_to_texts_ch,ndarray_to_text_ch
from yuyinutils import get_audio_and_transcriptch,pad_sequences
from yuyinutils import sparse_tuple_from
…
#字表
all_words = []
for label in labels:
    #print(label)
    all_words += [word for word in label]
counter = Counter(all_words)
words = sorted(counter)
words_size= len(words)
word_num_map = dict(zip(words, range(words_size)))
print('字表大小:', words_size)
n_input = 26             #计算梅尔频率倒谱系数的个数
n_context = 9            #对于每个时间点,要包含上下文样本的个数
batch_size = 8
def next_batch(labels, start_idx = 0,batch_size=1,wav_files = wav_files):
    filesize = len(labels)
    end_idx = min(filesize, start_idx + batch_size)
    idx_list = range(start_idx, end_idx)
    txt_labels = [labels[i] for i in idx_list]
    wav_files = [wav_files[i] for i in idx_list]
    (source, audio_len, target, transcript_len) = get_audio_and_transcriptch(None,
          wav_files,n_input, n_context,word_num_map,txt_labels)
    start_idx += batch_size
    #验证 start_idx 不大于可用总样本大小
    if start_idx >= filesize:
        start_idx = -1
    #将输入填入此批次的 max_time_step,如果多个文件将长度统一,支持按最大截断或补 0
    source, source_lengths = pad_sequences(source)
    sparse_labels = sparse_tuple_from(target)
    return start_idx,source, source_lengths, sparse_labels
```

将音频数据转成训练数据是在 next_batch 中的 get_audio_and_transcriptch 函数中完成的,然后使用 pad_sequences 函数将该批次的音频数据对齐。对于文本,使用 sparse_tuple_from 函数将其转换成稀疏矩阵,这 3 个函数都放在"yuyinutils.py"文件中。

添加测试代码,取出批次数据并打印出来(yuyinchall.py):

```
next_idx,source,source_len,sparse_lab = next_batch(labels,0,batch_size)
print(len(sparse_lab))
print(np.shape(source))
#print(sparse_lab)
t = sparse_tuple_to_texts_ch(sparse_lab,words)
print(t[0])
#source 已经变为前 9(不够补空)+本身+后 9,每个 26,第一个顺序是第 10 个的数据
```

运行程序,输出如下:

```
词汇表大小：2666
3
(8, 1168, 494)
绿是阳春烟景大块文章的底色四月的林峦更是绿得鲜活秀媚诗意盎然
```

整个样本集中涉及的字数有 2666 个，sparse_lab 为文字转换成向量后并生成的稀疏矩阵，所以长度为 3，补 0 对齐后的音频数据的 shape 为(8, 1168, 494)，8 代表 batchsize；1168 代表时序的总个数。494 为组合好的 MFCC 特征数；取前 9 个时序的 MFCC，当前 MFCC 再加上后 9 个 MFCC，每个 MFCC 由 26 个数字组成。最后一个输出是通过 sparse_tuple_to_texts_ch 函数将稀疏矩阵向量 sparse_lab 中的第一个内容还原成文字。函数 sparse_tuple_to_texts_ch 的定义同样在"yuyinutils. py"文件中。

4. 提取音频数据 MFCC 特征

对于 WAV 音频样本，通过 MFCC 转换后，在函数 get_audio_and_transcriptch 中将数据存储为时间(列)和频率特征系数(行)的矩阵，代码(yuyinutils. py)如下：

```
import numpy as np
from python_speech_features import mfcc      #利用 pip install 安装
import scipy. io. wavfile as wav
import os
def get_audio_and_transcriptch(txt_files, wav_files,
n_input, n_context,word_num_map,txt_labels = None):
    audio = []
    audio_len = []
    transcript = []
    transcript_len = []
    if txt_files!= None:
        txt_labels = txt_files
    for txt_obj, wav_file in zip(txt_labels, wav_files):
        #载入音频数据并转换为特征值
        audio_data = audiofile_to_input_vector(wav_file, n_input, n_context)
        audio_data = audio_data.astype('float32')
        audio. append(audio_data)
        audio_len. append(np. int32(len(audio_data)))
        #载入音频对应文本
        target = []
        if txt_files!= None:                    #txt_obj 是文件
            target = get_ch_lable_v(txt_obj,word_num_map)
        else:
            target = get_ch_lable_v(None,word_num_map,txt_obj)     #txt_obj 是 labels
              transcript. append(target)
        transcript_len. append(len(target))
    audio = np. asarray(audio)
    audio_len = np. asarray(audio_len)
    transcript = np. asarray(transcript)
    transcript_len = np. asarray(transcript_len)
    return audio, audio_len, transcript, transcript_len
```

这段代码遍历所有音频文件及文本，将音频调用 audiofile_to_input_vector 转换成 MFCC，文本调用 get_ch_label-v 函数转换成向量。接着看 audiofile_to_input_vector 的实现。

在 audiofile_to_input_vector 中先将其转换为 MFCC 特征码，例如第一个文件会被转换成(277,26)数组，代表着 277 个时间序列，每个序列的特征值是 26 个。

将这 26 个特征值扩展成：前 9 个时间序列 MFCC＋当前 MFCC＋后 9 个时间序列。比如第 2 个序列的前面只有一个序列不够 9 个，这时就要为其补 0，将它凑够 9 个。同理，对于取不到前 9、后 9 时序的序列都做补 0 操作。这样数据就被扩成了(139,494)。最后再将其进行标准化(减去均值然后再除以方差)处理，这是为了在训练中效果更好。代码(yuyinutils.py)如下：

```
def audiofile_to_input_vector(audio_filename, numcep, numcontext):
    #加载 WAV 文件
    fs, audio = wav.read(audio_filename)
    #获得 mfcc coefficients
    orig_inputs = mfcc(audio, samplerate=fs, numcep=numcep)
    orig_inputs = orig_inputs[::2]#(139, 26)
    train_inputs = np.array([], np.float32)
    train_inputs.resize((orig_inputs.shape[0], numcep + 2 * numcep * numcontext))
    empty_mfcc = np.array([])
    empty_mfcc.resize((numcep))

    #准备输入数据。输入数据的格式由三部分安装顺序拼接而成，分为当前样本的前 9 个序列
    #样本，当前样本序列后 9 个样本
    time_slices = range(train_inputs.shape[0])      #139 个切片
    context_past_min = time_slices[0] + numcontext
    context_future_max = time_slices[-1] - numcontext#[9,1,2,…,137,129]
    for time_slice in time_slices:
        #前 9 个补 0,mfcc features
        need_empty_past = max(0, (context_past_min - time_slice))
        empty_source_past = list(empty_mfcc for empty_slots in
                                 range(need_empty_past))
        data_source_past = orig_inputs[max(0, time_slice - numcontext):time_slice]
        assert(len(empty_source_past) + len(data_source_past) == numcontext)
        #后 9 个补 0,mfcc features
        need_empty_future = max(0, (time_slice - context_future_max))
        empty_source_future = list(empty_mfcc for empty_slots in
                                   range(need_empty_future))
        data_source_future = orig_inputs[time_slice + 1:time_slice + numcontext + 1]
        assert(len(empty_source_future) + len(data_source_future) == numcontext)
        if need_empty_past:
            past = np.concatenate((empty_source_past, data_source_past))
        else:
            past = data_source_past
        if need_empty_future:
            future = np.concatenate((data_source_future, empty_source_future))
        else:
            future = data_source_future
        past = np.reshape(past, numcontext * numcep)
        now = orig_inputs[time_slice]
        future = np.reshape(future, numcontext * numcep)
        train_inputs[time_slice] = np.concatenate((past, now, future))
        assert(len(train_inputs[time_slice]) == numcep + 2 * numcep * numcontext)
    #将数据使用正态分布标准化，减去均值然后再除以方差
    train_inputs = (train_inputs - np.mean(train_inputs)) / np.std(train_inputs)
```

```
    return train_inputs
```

orig_inputs 代表转换后的 MFCC，train_inputs 是将时间序列扩充后的数据，里面的 for 循环是做补 0 操作。最后两行是数据标准化。

5. 批次音频数据对齐

前面是对单个文件中的特征补 0，在训练环节中，文件是分批获取并进行训练的，这要求每批音频的时序数要统一，所以此处需要有一个对齐处理。pad_sequences 支持补 0 和截断操作，通过参数控制执行什么操作，'post'代表后补 0(截断)，'pre'代表前补 0(截断)。代码(yuyinutils. py)如下：

```
def pad_sequences(sequences, maxlen = None, dtype = np.float32,
                  padding = 'post', truncating = 'post', value = 0.):
    lengths = np.asarray([len(s) for s in sequences], dtype = np.int64)
    nb_samples = len(sequences)
    if maxlen is None:
        maxlen = np.max(lengths)
    #从第一个非空的序列中得到样本形状
    sample_shape = tuple()
    for s in sequences:
        if len(s) > 0:
            sample_shape = np.asarray(s).shape[1:]
            break
    x = (np.ones((nb_samples, maxlen) + sample_shape) * value).astype(dtype)
    for idx, s in enumerate(sequences):
        if len(s) == 0:
            continue                    #如果序列为空,则跳过
        if truncating == 'pre':
            trunc = s[-maxlen:]
        elif truncating == 'post':
            trunc = s[:maxlen]
        else:
            raise ValueError('Truncating type "%s" not understood' % truncating)
        #检查'trunc'
        trunc = np.asarray(trunc, dtype = dtype)
        if trunc.shape[1:] != sample_shape:
            raise ValueError('Shape of sample %s of sequence at position %s is different from
expected shape %s' % (trunc.shape[1:], idx, sample_shape))
        if padding == 'post':
            x[idx, :len(trunc)] = trunc
        elif padding == 'pre':
            x[idx, -len(trunc):] = trunc
        else:
            raise ValueError('Padding type "%s" not understood' % padding)
    return x, lengths
```

6. 文字样本的转化

对于文本方面的样本，需要将里面的文字转换成具体的向量。get_ch_label_v 会按照传入的 word_num_map 将 txt_label 或是指定文件中的文字转换成向量。后面的 get_ch_label 是读取文件操作，实例中用不到。代码(yuyinutils. py)如下：

```
#优先转文件里的字符到向量
```

```
def get_ch_label_v(txt_file,word_num_map,txt_label = None):
    words_size = len(word_num_map)
    to_num = lambda word: word_num_map.get(word, words_size)
    if txt_file!= None:
        txt_label = get_ch_label(txt_file)
    labels_vector = list(map(to_num, txt_label))
    return labels_vector
def get_ch_label(txt_file):
    labels = ""
    with open(txt_file, 'rb') as f:
        for label in f:
    return  labels
```

7. 密集矩阵转换成稀疏矩阵

TensorFlow 中没有密集矩阵转稀疏矩阵函数，所以需要编写一个。该函数比较常用，可以当成工具来储备，代码(yuyinutils.py)如下：

```
def sparse_tuple_from(sequences, dtype = np.int32):
    indices = []
    values = []
    for n, seq in enumerate(sequences):
        indices.extend(zip([n] * len(seq), range(len(seq))))
        values.extend(seq)
    indices = np.asarray(indices, dtype = np.int64)
    values = np.asarray(values, dtype = dtype)
    shape = np.asarray([len(sequences), indices.max(0)[1] + 1], dtype = np.int64)
    return indices, values, shape
```

此段代码主要算出 indices、values、shape 这 3 个值，得到之后可以使用 tf.SparseTensor 随时生成稀疏矩阵。

8. 将字向量转成文字

字向量转换成文字主要有两个函数：sparse_tuple_to_texts_ch 函数，将稀疏矩阵的字向量转成文字；ndarray_to_text_ch 函数，将密集矩阵的字向量转成文字。两个函数都需要传入字表，然后会按照字表对应的索引将字转换回来。代码(yuyinutils.py)如下：

```
#常量
SPACE_TOKEN = '<space>'                          #space 符号
SPACE_INDEX = 0                                  #0 为 space 索引
FIRST_INDEX = ord('a') - 1                       #0 保留给空间
def sparse_tuple_to_texts_ch(tuple,words):
    indices = tuple[0]
    values = tuple[1]
    results = [''] * tuple[2][0]
    for i in range(len(indices)):
        index = indices[i][0]
        c = values[i]
        c = ' ' if c == SPACE_INDEX else words[c]       #chr(c + FIRST_INDEX)
        results[index] = results[index] + c
    #返回 strings 的 List
    return results
def ndarray_to_text_ch(value,words):
    results = ''
```

```
    for i in range(len(value)):
        results += words[value[i]]#chr(value[i] + FIRST_INDEX)
    return results.replace('`', ' ')
```

6.4.3 训练模型

样本准备好后,开始实现模型的搭建。

1. 定义占位符

下面代码,实现定义3个占位符。

```
input_tensor = tf.placeholder(tf.float32, [None, None, n_input + (2 * n_input * n_
context)], name='input')  #语音 log filter bank or MFCC features
#由 ctc_loss 操作使用 sparse_placeholder; 将生成一个 SparseTensor
targets = tf.sparse_placeholder(tf.int32, name='targets')                 #文本
#大小为 1d 的数组 [batch_size]
seq_length = tf.placeholder(tf.int32, [None], name='seq_length')          #序列长
keep_dropout= tf.placeholder(tf.float32)
```

2. 构建网络模型

网络模型使用了双向 RNN 的结构,并将其封装在 BiRNN_model 函数中,调用的代码(yuyinchall.py)如下:

```
...
b_stddev = 0.046875
h_stddev = 0.046875
n_hidden = 1024
n_hidden_1 = 1024
n_hidden_2 =1024
n_hidden_5 = 1024
n_cell_dim = 1024
n_hidden_3 = 2 * 1024
keep_dropout_rate=0.95
relu_clip = 20
def BiRNN_model( batch_x, seq_length, n_input, n_context,n_character ,keep_dropout):
    #batch_x_shape: [batch_size, n_steps, n_input + 2*n_input*n_context]
    batch_x_shape = tf.shape(batch_x)
    #将输入转成时间序列优先
    batch_x = tf.transpose(batch_x, [1, 0, 2])
    #再转成二维传入第一层
    batch_x = tf.reshape(batch_x, [-1, n_input + 2 * n_input * n_context])
    #第一层
    with tf.name_scope('fc1'):
        b1 = variable_on_cpu('b1', [n_hidden_1],
tf.random_normal_initializer(stddev=b_stddev))
        h1 = variable_on_cpu('h1', [n_input + 2 * n_input * n_context, n_hidden_1],
                                        tf.random_normal_initializer(stddev=h_stddev))
        layer_1 = tf.minimum(tf.nn.relu(tf.add(tf.matmul(batch_x, h1), b1)), relu_clip)
        layer_1 = tf.nn.dropout(layer_1, keep_dropout)
    #第二层
    with tf.name_scope('fc2'):
        b2 = variable_on_cpu('b2', [n_hidden_2],
tf.random_normal_initializer(stddev=b_stddev))
```

```
        h2 = variable_on_cpu('h2', [n_hidden_1, n_hidden_2],
tf.random_normal_initializer(stddev = h_stddev))
        layer_2 = tf.minimum(tf.nn.relu(tf.add(tf.matmul(layer_1, h2), b2)), relu_clip)
        layer_2 = tf.nn.dropout(layer_2, keep_dropout)
    #第三层
    with tf.name_scope('fc3'):
        b3 = variable_on_cpu('b3', [n_hidden_3],
tf.random_normal_initializer(stddev = b_stddev))
        h3 = variable_on_cpu('h3', [n_hidden_2, n_hidden_3],
tf.random_normal_initializer(stddev = h_stddev))
        layer_3 = tf.minimum(tf.nn.relu(tf.add(tf.matmul(layer_2, h3), b3)), relu_clip)
        layer_3 = tf.nn.dropout(layer_3, keep_dropout)
    #双向 RNN
    with tf.name_scope('lstm'):
        #双向 RNN
        lstm_fw_cell = tf.contrib.rnn.BasicLSTMCell(n_cell_dim,
forget_bias = 1.0, state_is_tuple = True)
        lstm_fw_cell = tf.contrib.rnn.DropoutWrapper(lstm_fw_cell, input_keep_prob = keep_
dropout)
        #反向 cell
        lstm_bw_cell = tf.contrib.rnn.BasicLSTMCell(n_cell_dim, forget_bias = 1.0, state_is_
tuple = True)
        lstm_bw_cell = tf.contrib.rnn.DropoutWrapper(lstm_bw_cell,
                                            input_keep_prob = keep_dropout)
        #'layer_3'  '[n_steps, batch_size, 2 * n_cell_dim]'
        layer_3 = tf.reshape(layer_3, [-1, batch_x_shape[0], n_hidden_3])
        outputs, output_states = tf.nn.bidirectional_dynamic_rnn(cell_fw = lstm_fw_cell,
cell_bw = lstm_bw_cell, inputs = layer_3,dtype = tf.float32, _major = True, sequence_length =
seq_length)
        #连接正反向结果[n_steps, batch_size, 2 * n_cell_dim]
        outputs = tf.concat(outputs, 2)
        #连接正、反向结果 [n_steps * batch_size, 2 * n_cell_dim]
        outputs = tf.reshape(outputs, [-1, 2 * n_cell_dim])
    with tf.name_scope('fc5'):
        b5 = variable_on_cpu('b5', [n_hidden_5],
tf.random_normal_initializer(stddev = b_stddev))
        h5 = variable_on_cpu('h5', [(2 * n_cell_dim), n_hidden_5],
tf.random_normal_initializer(stddev = h_stddev))
        layer_5 = tf.minimum(tf.nn.relu(tf.add(tf.matmul(outputs, h5), b5)), relu_clip)
        layer_5 = tf.nn.dropout(layer_5, keep_dropout)
    with tf.name_scope('fc6'):
        #全连接层用于 softmax 分类
        b6 = variable_on_cpu('b6', [n_character],
tf.random_normal_initializer(stddev = b_stddev))
        h6 = variable_on_cpu('h6', [n_hidden_5, n_character],
tf.random_normal_initializer(stddev = h_stddev))
        layer_6 = tf.add(tf.matmul(layer_5, h6), b6)
      #将二维[n_steps * batch_size, n_character]转成三维 time-major [n_steps, batch_size,
n_character].
    layer_6 = tf.reshape(layer_6, [-1, batch_x_shape[0], n_character])
    #输出形状: [n_steps, batch_size, n_character]
    return layer_6
"""
used to create a variable in CPU memory
```

```
"""
def variable_on_cpu(name, shape, initializer):
    #使用/cpu:0 device for scoped operations
    with tf.device('/cpu:0'):
        #创建或获取 apropos 变量
        var = tf.get_variable(name = name, shape = shape, initializer = initializer)
    return var
```

此处的 shape 变化比较复杂，需要先将输入变为二维的 Tensor，才可以传入全连接层。全连接层进入 BIRNN 时也需要形状转换成三维的 Tensor，BIRNN 输出的结果是 2×n_hidden，所以后面的全连接层输入是 2×n_hidden，最终输出时还要再转回三维的 Tensor。

3. 定义损失函数即优化器

语音识别是属于非常典型的时间序列分类问题，前面讲过，对于这样的问题要使用 ctc_loss 的方法来计算损失值。优化器还是使用 AdamOptimizer，学习率为 0.001。代码(yuyinchall.py)如下：

```
...
调用 ctc loss
avg_loss = tf.reduce_mean(ctc_ops.ctc_loss(targets, logits, seq_length))
#[optimizer]
learning_rate = 0.001
optimizer = tf.train.AdamOptimizer(learning_rate = learning_rate).minimize(avg_loss)
```

4. 定义解码并评估模型节点

使用 ctc_beam_search_decoder 函数以 CTC 的方式对测试结果 logits 进行解码，生成了 decoded。前面说过，decoded 是一个只有一个元素的数组，所以将其 decoded[0]传入 edit_distance 函数，计算与正确标签 targets 之间的 levenshtein 距离。下列代码的 targets 与 decoded[0]都是稀疏矩阵张量类型。对得到的 distance 取 reduce_mean，可以得出该模型对于当前 batch 的平均错误率。代码(yuyinchall.py)如下：

```
...
with tf.name_scope("decode"):
    decoded, log_prob = ctc_ops.ctc_beam_search_decoder(logits, seq_length, merge_repeated =
False)
with tf.name_scope("accuracy"):
    distance = tf.edit_distance(tf.cast(decoded[0], tf.int32), targets)
    #计算 label error rate (accuracy)
    ler = tf.reduce_mean(distance, name = 'label_error_rate')
```

5. 建立 session 并添加检查点处理

至此，模型已经建立好了，剩下的就是训练部分的搭建了。由于样本较大，运算时间较长，所以很有必要为模型添加检查点功能。如下代码在 session 建立前，定义一个类(名为 saver)，用于保存检查点的相关操作，并指定检查点文件夹为当前路径下的 log\yuyinchalltest\，然后启动 session，进行初始化，同时在指定路径下查找最后一次检查点。如果有文件就载入模型，同时更新迭代次数 epoch。代码(yuyinchall.py)如下：

```
epochs = 100
savedir = "log/yuyinchalltest/"
saver = tf.train.Saver(max_to_keep = 1)                #生成 saver
```

```
#创建 session
sess = tf.Session()
#没有模型的话,就重新初始化
sess.run(tf.global_variables_initializer())
kpt = tf.train.latest_checkpoint(savedir)
print("kpt:",kpt)
startepo = 0
if kpt!= None:
    saver.restore(sess, kpt)
    ind = kpt.find("-")
    startepo = int(kpt[ind+1:])
    print(startepo)
```

6. 通过循环来迭代训练模型

记录开始时间,启用循环,进行迭代训练,每次循环通过 next_batch 函数取一批次样本数据,并设置 keep_dropout 参数,通过 sess.run 来运行模型的优化器,同时输出 loss 的值。总样本迭代 100 次,每次迭代中,一批次取 8 条数据。代码(yuyinchall.py)如下:

```
#准备运行训练步骤
section = '\n{0:=^40}\n'
print(section.format('Run training epoch'))
train_start = time.time()
for epoch in range(epochs):          #样本集迭代次数
    epoch_start = time.time()
    if epoch < startepo:
        continue
    print("epoch start:",epoch,"total epochs= ",epochs)
#运行 batch
    n_batches_per_epoch = int(np.ceil(len(labels) / batch_size))
   print("total loop ",n_batches_per_epoch,"in one epoch,",batch_size,"items in one loop")
    train_cost = 0
    train_ler = 0
    next_idx = 0
    for batch in range(n_batches_per_epoch): #一次 batch_size,取多少次
        #取数据
        next_idx,source,source_lengths,sparse_labels = \
            next_batch(labels,next_idx ,batch_size)
        feed = {input_tensor: source, targets: sparse_labels,seq_length: source_lengths,
keep_dropout:keep_dropout_rate}
        #计算 avg_loss optimizer;
        batch_cost, _ = sess.run([avg_loss, optimizer], feed_dict=feed)
        train_cost += batch_cost
```

7. 定期评估模型,输出模型解码结果

每取 20 次 batch 数据,就将过程信息打印出来,将样本数据送入模型进行语音识别,并输出预测结果。为防止打印信息过多,每次只打印一条信息,并将其文件名、原始的文本和解码文本打印出来。代码(yuyinchall.py)如下:

```
……
        if (batch +1) % 20 == 0:
            print('loop:',batch, 'Train cost: ', train_cost/(batch+1))
             feed2 = {input_tensor: source, targets: sparse_labels,seq_ length: source_
```

```
lengths,keep_dropout:1.0}
            d,train_ler = sess.run([decoded[0],ler], feed_dict = feed2)
            dense_decoded = tf.sparse_tensor_to_dense(
 d, default_value = - 1).eval(session = sess)
            dense_labels = sparse_tuple_to_texts_ch(sparse_labels,words)
            counter = 0
            print('Label err rate: ', train_ler)
            for orig, decoded_arr in zip(dense_labels, dense_decoded):
                #转换成 strings
                decoded_str = ndarray_to_text_ch(decoded_arr,words)
                print('file {}'.format( counter))
                print('Original: {}'.format(orig))
                print('Decoded:  {}'.format(decoded_str))
                counter = counter + 1
                break
    epoch_duration = time.time() - epoch_start
    log = 'Epoch {}/{}, train_cost: {:.3f}, train_ler: {:.3f}, time: {:.2f} sec'
    print(log.format(epoch ,epochs, train_cost,train_ler,epoch_duration))
    saver.save(sess, savedir + "yuyinch.cpkt", global_step = epoch)
train_duration = time.time() - train_start
print('Training complete, total duration: {:.2f} min'.format(train_duration / 60))
sess.close()
```

通过 sess. run 计算 decoded[0]的值只是个 SparseTensor 类型，需要用 tf. sparse_tensor_to_dense 将其转换成 dense 矩阵(记住 TensorFlow 中的类型必须用 eval 或 session. run 才能得到真实值)，然后再调用 sparse_tuple_to_texts_ch 将其转成文本 dense_labels。

在运行以上程序代码中，需要时间很长(十几小时或几十小时)，得到的结果如下：

```
……
file 0
Original: 另外 加工 修理 和 修配 业务 不 属于 营业税 的 应 税 劳务 不 缴纳 营业税
Decoded: 另外 加工 理 和 修配 务 不 属于 营业税 的 应 税 劳务 不 缴纳 营业税
loop: 79 Train cost: 10.5678914
Label err rate: 0.0179841
file 0
Original: 这碗 离娘 饭 姑娘 再有 娘 痛楚 也 要 每样 都 吃 一点 才 算 循 规 遵 俗 的
Decoded: 这碗 离娘 饭 姑 有 离 娘 痛楚 也 要 每样 都 吃 一点 才 外算 循 规 遵 俗 的
loop: 99 Train cost:10.5789423
Label err rate: 0.0281475
file 0
Epoch 99/100, train_cost:1176.815, train_ler:0.048, time: 706.31 sec
WARNING:tensorflow:Error encountered when serializing LAYER_NAME_UIDS.
Type is unsupported, or the types of the items don't match filed type is CollectionDef.
'dict' object has no attribute 'name'
Training complete, total duration:1184.35 min
```

由此可见，程序基本可以将样本库中的语音全部识别出来，错误率在 0.02 左右。最后打印的警告是 TensorFlow 中保存模型节点时产生的，不影响整体功能，可以不用理会。

一般来说，将训练好的模型作为识别后端，通过编写程序录音采集，将 WAV 文件传入进行解码，即可实现在线实时的语音识别了。

6.5 自编码网络实战

1986 年 Rumelhart 提出的自编码器是神经网络的一种，是一种无监督学习方法，使用了反向传播算法，目标是使输出等于输入。自编码器内部有隐藏层，可以产生编码表示输入。

自编码器主要作用在于通过复现输出而捕捉可以代表输入的重要因素，利用中间隐藏层对输入的压缩表达，达到像 PCA 那样找到原始信息主成分的效果。

传统自编码器被用于降维或特征学习。近年来，自编码器与潜变量模型理论的联系将自编码器带到了生成式建模的前沿。

6.5.1 自编码网络的结构

图 6-5 是一个自编码网络的例子，对于输入 $x^{(1)},x^{(2)},\cdots,x^{(i)}\in\mathbf{R}^n$，让目标值等于输入值，即 $y^{(i)}=x^{(i)}$。

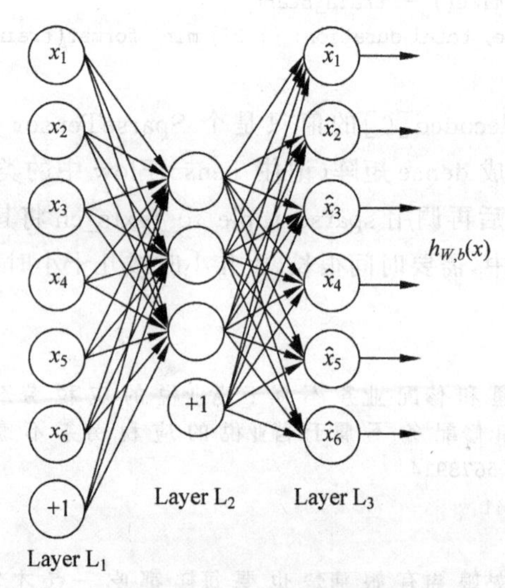

图 6-5 自编码网络图

自编码的两个过程：

(1) 输入层：隐藏层的编码过程为

$$h=g\theta_1(x)=\sigma(W_1x+b_1)$$

(2) 隐藏层：输出层的解码过程为

$$\hat{x}=g\theta_2(h)=\sigma(W_2h+b_2)$$

这之间的压缩损失就是

$$J_E(W,b)=\frac{1}{m}\sum_{r=1}^{m}\frac{1}{2}\parallel\hat{x}^{(r)}-x^{(r)}\parallel^2$$

很多人在想，自编码到底有什么用？输入和输出都是本身，对于这样操作的意义，主要有两点：

(1) 自编码可以实现非线性降维，只要设定输出层中神经元的个数小于输入层中神经元的个数就可以对数据集进行降维。反之，也可以将输出层神经元的个数设置为大于输入层神经元的个数，然后在损失函数构造上加入正则化项进行系数约束，这时就成了稀疏自编码。

(2) 利用自编码来进行神经网络预训练。对于深层网络，通过随机初始化权重，然后用梯度下降来训练网络，很容易发生梯度消失。因此，现在训练深层网络可行的方式都是先采用无监督学习来训练模型的参数，然后将这些参数作为初始化参数进行有监督的训练。

6.5.2 自编码网络的代码实现

【例 6-1】 利用自编码网络实现 MNIST 数据集的还原。

解析：通过构建一个量程的自编码网络，将 MNIST 数据集的数据特征提取出来，并通过这些特征重建一个 MNIST 数据集。下面以 MNIST 数据集为例，将其像素点组成的数据(28×28)从 784 维降维到 256 维，然后再降到 128 维，最后再以同样的方式还原到原来的图片。

```
import tensorflow as tf
import numpy as np
import matplotlib.pyplot as plt
#导入 MINST 数据集
from tensorflow.examples.tutorials.mnist import input_data
mnist = input_data.read_data_sets("/data/", one_hot = True)
#网络模型参数
learning_rate = 0.01
n_hidden_1 = 256                                              #第一层 256 个节点
n_hidden_2 = 128                                              #第二层 128 个节点
n_input = 784 #MNIST data 输入 (img shape: 28 * 28)
#占位符
x = tf.placeholder("float", [None, n_input])                  #输入
y = x                                                         #输出
#学习参数
weights = {
    'encoder_h1': tf.Variable(tf.random_normal([n_input, n_hidden_1])),
    'encoder_h2': tf.Variable(tf.random_normal([n_hidden_1, n_hidden_2])),
    'decoder_h1': tf.Variable(tf.random_normal([n_hidden_2, n_hidden_1])),
    'decoder_h2': tf.Variable(tf.random_normal([n_hidden_1, n_input])),
}
biases = {
    'encoder_b1': tf.Variable(tf.zeros([n_hidden_1])),
    'encoder_b2': tf.Variable(tf.zeros([n_hidden_2])),
    'decoder_b1': tf.Variable(tf.zeros([n_hidden_1])),
    'decoder_b2': tf.Variable(tf.zeros([n_input])),
}
#编码
def encoder(x):
    layer_1 = tf.nn.sigmoid(tf.add(tf.matmul(x, weights['encoder_h1']),biases['encoder_b1']))
    layer_2 = tf.nn.sigmoid(tf.add(tf.matmul(layer_1,weights['encoder_h2']), biases['encoder_b2']))
    return layer_2
#解码
def decoder(x):
    layer_1 = tf.nn.sigmoid(tf.add(tf.matmul(x, weights['decoder_h1']),biases['decoder_b1']))
```

```
    layer_2 = tf.nn.sigmoid(tf.add(tf.matmul(layer_1, weights['decoder_h2']), biases
['decoder_b2']))
    return layer_2
#输出的节点
encoder_out = encoder(x)
pred = decoder(encoder_out)
#使用平方差为 cost
cost = tf.reduce_mean(tf.pow(y - pred, 2))
optimizer = tf.train.RMSPropOptimizer(learning_rate).minimize(cost)
#训练参数
training_epochs = 20             #一共迭代 20 次
batch_size = 256                 #每次取 256 个样本
display_step = 5                 #迭代 5 次输出一次信息
#启动绘话
with tf.Session() as sess:
    sess.run(tf.global_variables_initializer())

    total_batch = int(mnist.train.num_examples/batch_size)
    #开始训练
    for epoch in range(training_epochs):                                 #迭代
        for i in range(total_batch):
            batch_xs, batch_ys = mnist.train.next_batch(batch_size)      #取数据
            _, c = sess.run([optimizer, cost], feed_dict={x: batch_xs})  #训练模型
        if epoch % display_step == 0:                                    #现实日志信息
            print("Epoch:", '%04d' % (epoch+1),"cost=", "{:.9f}".format(c))

    print("完成!")
    #测试
    correct_prediction = tf.equal(tf.argmax(pred, 1), tf.argmax(y, 1))
    #计算错误率
    accuracy = tf.reduce_mean(tf.cast(correct_prediction, "float"))
    print("Accuracy:", 1-accuracy.eval({x: mnist.test.images, y: mnist.test.images}))

    #可视化结果
    show_num = 10
    reconstruction = sess.run(
        pred, feed_dict={x: mnist.test.images[:show_num]})

    f, a = plt.subplots(2, 10, figsize=(10, 2))
    for i in range(show_num):
        a[0][i].imshow(np.reshape(mnist.test.images[i], (28, 28)))
        a[1][i].imshow(np.reshape(reconstruction[i], (28, 28)))
    plt.draw()
```

运行程序,输出如下,效果如图 6-6 所示。

```
Epoch: 0001 cost= 0.205947176
Epoch: 0006 cost= 0.126171440
Epoch: 0011 cost= 0.107432112
Epoch: 0016 cost= 0.097940058
完成!
Accuracy: 1.0
```

有一些数据集(如 MNIST)能方便地将输出缩放到[0,1]中,但是很难满足对输入值的要求。例如,PCA 白化处理的输入并不满足[0,1]的范围要求,并不清楚是否有最好的办法

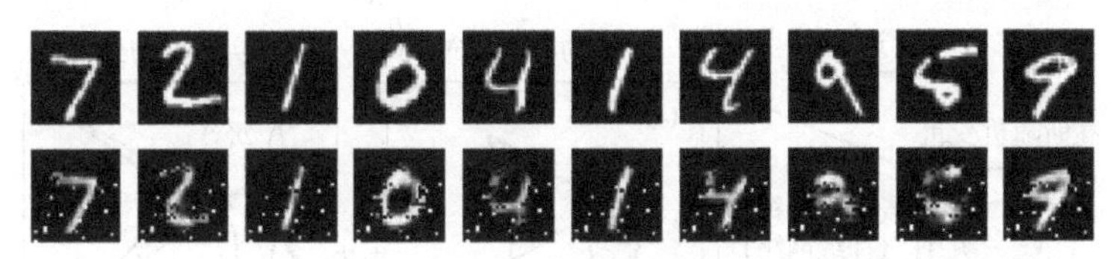

图 6-6　自编码输出结果

将数据缩放到特定范围中。如果利用一个恒等式来作为激励函数，就可以很好地解决这个问题，即 $f(z)=z$ 作为激励函数。

6.6　生成对抗网络实战

生成对抗神经网络(generative adversative networks，GAN)其实是两个网络的组合，可以理解为一个网络生成模拟数据，另一个网络判别生成的数据是真实的还是模拟的。生成模拟数据的网络要不断优化自己让判别的网络判断不出来，判别的网络也要优化自己让自己判断得更准确。

6.6.1　GAN 结构

GAN 由生成模型和判别模型两部分构成。GAN 的结构如图 6-7 所示。

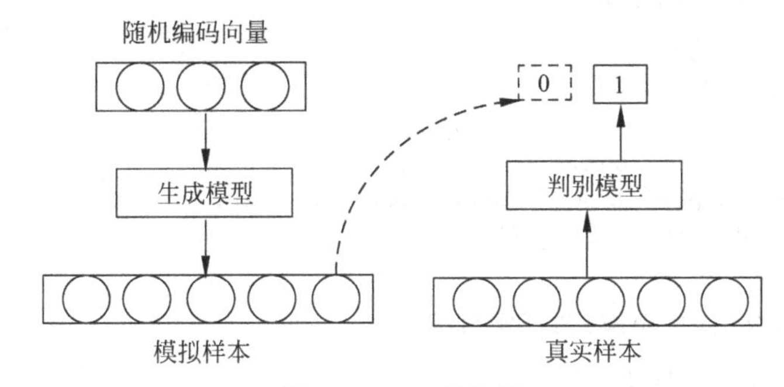

图 6-7　GAN 结构图

其中，

- 生成模型又叫生成器(generator，G)。它先用一个随机编码向量来输出一个模拟样本(如图 6-7 左侧所示)。
- 判别模型又叫判别器(discriminator，D)。它的输入是一个样本(可以是真实样本也可以是模拟样本)，输出一个判断该样本是真实样本还是模拟样本(假样本)的结果。

判别器的目标是区分真假样本，生成器的目标是让判别器区分不出真假样本，两者目标相反，存在对抗。

6.6.2　GAN 基本架构

GAN 的基本框架如图 6-8 所示。

通过优化目标，使得我们可以调节概率生成模型的参数 θ，从而使得生成的概率分布和真实数据分布尽量接近。首先，它引入了一个判别模型(常用的有支持向量机和多层神经网

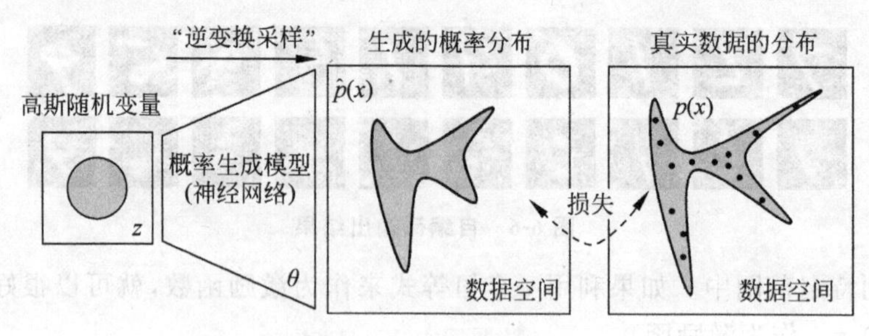

图 6-8　GAN 的基本框架

络)。其次,它的优化过程就是在寻找生成模型和判别模型之间的一个纳什均衡。

GAN 所建立的一个学习框架,实际上就是生成模型和判别模型之间的一个模仿游戏。生成模型的目的就是要尽量去模仿、建模和学习真实数据的分布规律;而判别模型则是要判别自己所得到的一个输入数据,究竟是来自于真实的数据分布还是来自于一个生成模型。通过这两个内部模型之间不断的竞争,从而提高两个模型的生成能力和判别能力。

6.6.3　GAN 实战

前面已对 GAN 网络的定义、结构和基本架构进行了介绍,下面直接通过实例来演示 GAN 网络的实战。

【例 6-2】 对抗神经网络演示。

```
import tensorflow as tf
import numpy as np
import pickle
import matplotlib.pyplot as plt
from tensorflow.examples.tutorials.mnist import input_data
mnist = input_data.read_data_sets('/data')
''' 网络架构
输入层:待生成图像(噪声)和真实数据
生成网络:将噪声图像进行生成
判别网络:
① 判断真实图像输出结果。
② 判断生成图像输出结果。
目标函数:
① 对于生成网络要使得生成结果通过判别网络为真。
② 对于判别网络要使得输入为真实图像时判别为真,输入为生成图像时判别为假。
'''
#真实数据和噪声数据
def get_inputs(real_size, noise_size):
    real_img = tf.placeholder(tf.float32, [None, real_size])
    noise_img = tf.placeholder(tf.float32, [None, noise_size])
    return real_img, noise_img

''' 生成器
noise_img: 产生的噪声输入
```

```
n_units: 隐藏层单元个数
out_dim: 输出的大小(28×28×1)
'''
def get_generator(noise_img, n_units, out_dim, reuse=False, alpha=0.01):
    with tf.variable_scope("generator", reuse=reuse):
        #隐藏层
        hidden1 = tf.layers.dense(noise_img, n_units)
        #ReLU激活
        hidden1 = tf.maximum(alpha * hidden1, hidden1)
        #dropout
        hidden1 = tf.layers.dropout(hidden1, rate=0.2)

        #分对数和输出
        logits = tf.layers.dense(hidden1, out_dim)
        outputs = tf.tanh(logits)
        return logits, outputs

'''判别器
img: 输入
n_units: 隐藏层单元数量
reuse: 由于要使用两次
'''
def get_discriminator(img, n_units, reuse=False, alpha=0.01):
    with tf.variable_scope("discriminator", reuse=reuse):
        #隐藏层
        hidden1 = tf.layers.dense(img, n_units)
        hidden1 = tf.maximum(alpha * hidden1, hidden1)
        #logits与输出
        logits = tf.layers.dense(hidden1, 1)
        outputs = tf.sigmoid(logits)
        return logits, outputs

'''网络参数定义'''
img_size = mnist.train.images[0].shape[0]
noise_size = 100                            #输入大小
g_units = 128                               #生成器隐藏层参数
d_units = 128                               #判别器隐藏层参数
learning_rate = 0.001
alpha = 0.01                                #学习率

###构建网络
tf.reset_default_graph()
real_img, noise_img = get_inputs(img_size, noise_size)
#生成器
g_logits, g_outputs = get_generator(noise_img, g_units, img_size)
#判别器
d_logits_real, d_outputs_real = get_discriminator(real_img, d_units)
d_logits_fake, d_outputs_fake = get_discriminator(g_outputs, d_units, reuse=True)

'''目标函数'''
#识别真实的图片
d_loss_real = tf.reduce_mean(tf.nn.sigmoid_cross_entropy_with_logits(logits=d_logits_
real, labels=tf.ones_like(d_logits_real)))
#识别生成的图片
```

```
d_loss_fake = tf.reduce_mean(tf.nn.sigmoid_cross_entropy_with_logits(logits = d_logits_
fake, labels = tf.zeros_like(d_logits_fake)))
#总体 loss
d_loss = tf.add(d_loss_real, d_loss_fake)
g_loss = tf.reduce_mean(tf.nn.sigmoid_cross_entropy_with_logits(logits = d_logits_fake,
labels = tf.ones_like(d_logits_fake)))
###优化器
train_vars = tf.trainable_variables()
#生成器
g_vars = [var for var in train_vars if var.name.startswith("generator")]
#判别器
d_vars = [var for var in train_vars if var.name.startswith("discriminator")]
#优化
d_train_opt = tf.train.AdamOptimizer(learning_rate).minimize(d_loss, var_list = d_vars)
g_train_opt = tf.train.AdamOptimizer(learning_rate).minimize(g_loss, var_list = g_vars)

###训练
batch_size = 64                                    #batch 大小
epochs = 300                                       #训练迭代轮数
n_sample = 25                                      #抽取样本数
samples = []                                       #存储测试样例
losses = []                                        #存储 loss
saver = tf.train.Saver(var_list = g_vars)          #保存生成器变量
#开始训练
with tf.Session() as sess:
    sess.run(tf.global_variables_initializer())
    for e in range(epochs):
        for batch_i in range(mnist.train.num_examples//batch_size):
            batch = mnist.train.next_batch(batch_size)
            batch_images = batch[0].reshape((batch_size, 784))
            #对图像像素进行 scale,这是因为 tanh 输出的结果介于(-1,1),real 和 fake 图片共
            #享 discriminator 的参数
            batch_images = batch_images * 2 - 1
            #generator 的输入噪声
            batch_noise = np.random.uniform(-1, 1, size = (batch_size, noise_size))
            #运行优化
            _ = sess.run(d_train_opt, feed_dict = {real_img: batch_images, noise_img: batch_noise})
            _ = sess.run(g_train_opt, feed_dict = {noise_img: batch_noise})
        #每一轮结束计算 loss
        train_loss_d = sess.run(d_loss,
                                feed_dict = {real_img: batch_images,
                                             noise_img: batch_noise})
        #真实图像 loss
        train_loss_d_real = sess.run(d_loss_real,
                                     feed_dict = {real_img: batch_images,
                                                  noise_img: batch_noise})
        #生成的图像 loss
        train_loss_d_fake = sess.run(d_loss_fake,
                                     feed_dict = {real_img: batch_images,
                                                  noise_img: batch_noise})
        #生成器 loss
        train_loss_g = sess.run(g_loss,
                                feed_dict = {noise_img: batch_noise})
        print("Epoch {}/{}...".format(e + 1, epochs),
```

```
              "判别器损失: {:.4f}(判别真实的: {:.4f} + 判别生成的: {:.4f})...".format
(train_loss_d, train_loss_d_real, train_loss_d_fake),
              "生成器损失: {:.4f}".format(train_loss_g))

        losses.append((train_loss_d, train_loss_d_real, train_loss_d_fake, train_loss_g))
        #保存样本
        sample_noise = np.random.uniform(-1, 1, size=(n_sample, noise_size))
        gen_samples = sess.run(get_generator(noise_img, g_units, img_size, reuse=True),
                               feed_dict={noise_img: sample_noise})
        samples.append(gen_samples)
        saver.save(sess, './checkpoints/generator.ckpt')

##loss 迭代曲线
fig, ax = plt.subplots(figsize=(20,7))
losses = np.array(losses)
plt.plot(losses.T[0], label='判别器总损失')
plt.plot(losses.T[1], label='判别真实损失')
plt.plot(losses.T[2], label='判别生成损失')
plt.plot(losses.T[3], label='生成器损失')
plt.title("对抗生成网络")
ax.set_xlabel('epoch')
plt.legend()

##生成结果
#在训练时从生成器中加载样本
with open('train_samples.pkl', 'rb') as f:
    samples = pickle.load(f)
#samples 是保存的结果 epoch 是第多少次迭代
def view_samples(epoch, samples):
    fig, axes = plt.subplots(figsize=(7,7), nrows=5, ncols=5, sharey=True, sharex=
True)
    for ax, img in zip(axes.flatten(), samples[epoch][1]): #这里 samples[epoch][1]代表生成的
                                                           #图像结果,而[0]代表对应的 logits
        ax.xaxis.set_visible(False)
        ax.yaxis.set_visible(False)
        im = ax.imshow(img.reshape((28,28)), cmap='Greys_r')
    return fig, axes
_ = view_samples(-1, samples)                              #显示最终的生成结果

##显示整个生成过程图片,指定要查看的轮次
epoch_idx = [10, 30, 60, 90, 120, 150, 180, 210, 240, 290]
show_imgs = []
for i in epoch_idx:
    show_imgs.append(samples[i][1])

#指定图片形状
rows, cols = 10, 25
fig, axes = plt.subplots(figsize=(30,12), nrows=rows, ncols=cols, sharex=True, sharey=
True)
idx = range(0, epochs, int(epochs/rows))
for sample, ax_row in zip(show_imgs, axes):
    for img, ax in zip(sample[::int(len(sample)/cols)], ax_row):
        ax.imshow(img.reshape((28,28)), cmap='Greys_r')
        ax.xaxis.set_visible(False)
```

```
    ax.yaxis.set_visible(False)
###生成新的图片
saver = tf.train.Saver(var_list = g_vars)
with tf.Session() as sess:
    saver.restore(sess, tf.train.latest_checkpoint('checkpoints'))
    sample_noise = np.random.uniform(-1, 1, size = (25, noise_size))
    gen_samples = sess.run(get_generator(noise_img, g_units, img_size, reuse = True),
                           feed_dict = {noise_img: sample_noise})
_ = view_samples(0, [gen_samples])
```

运行程序，迭代过程如下：

```
Epoch 1/300... 判别器损失: 0.0540(判别真实的: 0.0004 + 判别生成的: 0.0535)... 生成器损失:
4.7416
Epoch 2/300... 判别器损失: 0.0520(判别真实的: 0.0117 + 判别生成的: 0.0403)... 生成器损失:
5.6192
...
Epoch 299/300... 判别器损失: 0.9331(判别真实的: 0.4824 + 判别生成的: 0.4507)... 生成器损失:
1.4638
Epoch 300/300... 判别器损失: 0.8089(判别真实的: 0.3881 + 判别生成的: 0.4209)... 生成器损失:
1.7238
```

6.7 深度神经网络实战

在深度神经网络中，有几种常用的模型，下面对几种常用的模型相关结构图、概念进行介绍，再通过相应实例进行实战。

6.7.1 AlexNet 模型

经过多年的中断，神经网络终于迎来了复苏。结构化数据和计算机处理能力的爆炸性增长使得深度学习成为可能。过去要训练数月的网络，现在能够在比较短的时间内训练完成。其中，AlexNet 模型为典型的一个代表，结构如图 6-9 所示。

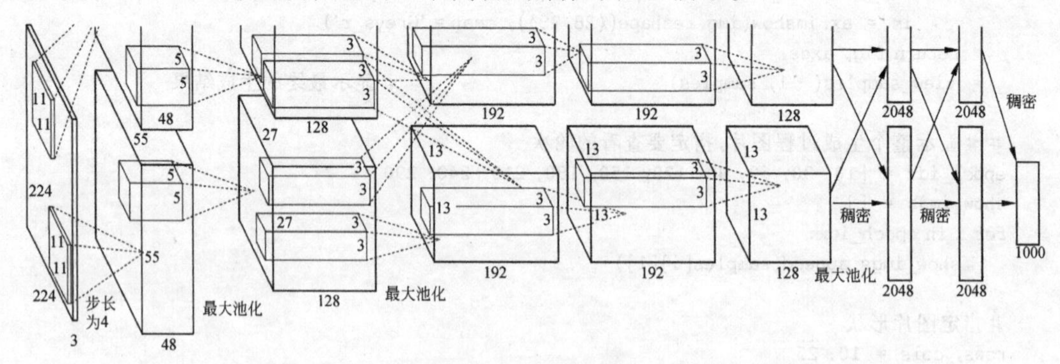

图 6-9 AlexNet 结构

6.7.2 VGG 模型

VGG(visual geometry group，可视化几何团队)网络结构的主要特点就是减小了卷积滤波的大小，只用一个 3×3 的滤波器，并将它们不断组合。

这种小型化的滤波器是对 LeNet 以及其继任者 AlexNet 的一个突破，这两个的网络滤波器都是设为 11×11。小型化滤波器的操作引领了一个新的潮流，并且一直延续到现在。

但是尽管滤波器变小了，但是总体参数依然非常大(通常有几百万个参数)，所以还需要改进。

6.7.3 GoogLeNet 模型

GoogLeNet 网络最大的特点就是去除了最后的全连接层，用全局平均池化层(即使用与图片尺寸相同的过滤器来做平均池化)来取代它。GoogLeNet 的做法是去除全连接层，使得模型训练更快并且减轻了过拟合。

目前，GoogLeNet 网络已经有 v2、v3 和 v4 版本，主要针对解决深层网络以下的 3 个问题产生。

(1) 参数太多，容易过拟合，训练数据集有限。

(2) 网络越大计算复杂度越大，难以应用。

(3) 网络越深，梯度越往后传越容易消失(梯度弥散)，难以优化模型。

Inception 的核心思想是通过增加网络深度和宽度的同时减少参数来解决问题。Inception v1 有 22 层深，比 AlexNet 的 8 层或者 VGGNet 的 19 层更深。但其计算量只有 15 亿次浮点运算，同时只有 500 层的参数量，仅为 AlexNet 参数量(6000 万)的 1/12，却有着更高的准确率。

1. MLP 卷积层

MLP 卷积层(mlpconv)它改进了传统的 CNN 网络，在效果等同的情况下，参数只是原有的 AlexNet 网络参数的 1/10。MLP 卷积层的思想是将 CNN 高维度特征转换成低维度特征，将神经网络的思想融合在具体的卷积操作当中。直白的理解就是在网络中再做一个网络，使每个卷积的通道中包含一个微型的多层网络，用一个网络来代替原来具体的卷积运算过程(卷积核的每个值与样本对应的像素点相乘，再将相乘后的所有结果加在一起生成新的像素点的过程)，其结构如图 6-10 所示。

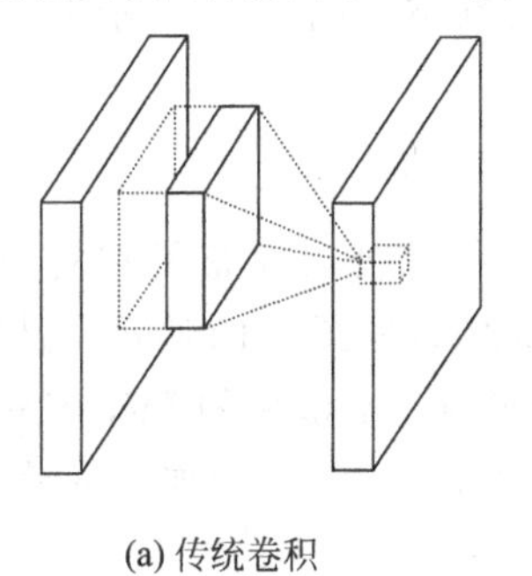

(a) 传统卷积

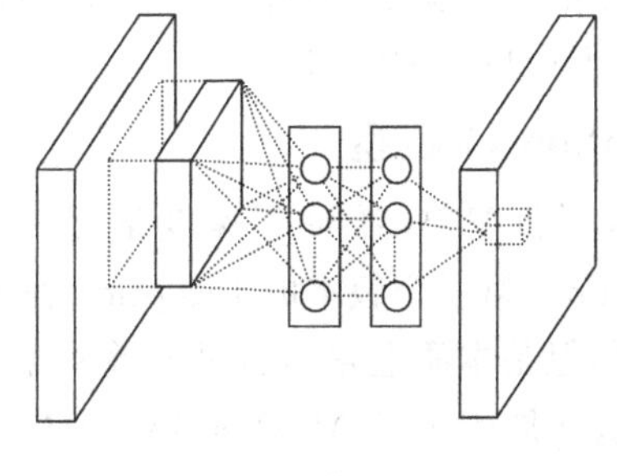

(b) MLP卷积

图 6-10 MLP 结构

图 6-10 中(a)为传统的结构，(b)为 MLP 结构。相比而言，利用多层 MLP 的微型网络，对每个局部感受野的神经网络进行更加复杂的运算。在 MLP 网络中比较常见的是使用一个三层的全连接网络结构，这等效于普通卷积层后再连接 1∶1 的卷积和 ReLU 激活函数。

2. 全局均值池化

全局均值池化就是在平均池化层中使用同等大小的过滤器将其特征保存下来。这种结构用来代替深层网络结构最后的全连接输出层。全局均值池化的具体用法是在卷积处理后，对每个特征图的整张图片进行全局均值池化，生成一个值，即每张特征图相当于一个输出特征，这个特征就表示了输出类的特征。例如，在做 1000 个分类任务时，最后一层的特征图个数只要选择 1000，就可以直接得出分类了。

3. Inception 原始模型

Inception 的原始模型是相对于 MLP 卷积层更为稀疏，它采用了 MLP 卷积层的思想，将中间的全连接层换成了多通道卷积层。Inception 与 MLP 卷积在网络中的作用一样，把封装好的 Inception 作为一个卷积单元，堆积起来形成了原始的 GoogLeNet 网络。

Inception 的结构是将 1×1、3×3、5×5 的卷积核对应的卷积操作和 3×3 的滤波器对应的池化操作堆叠在一起，一方面增加了网络的宽度，另一方面增加了网络对尺度的适应性，如图 6-11 所示。

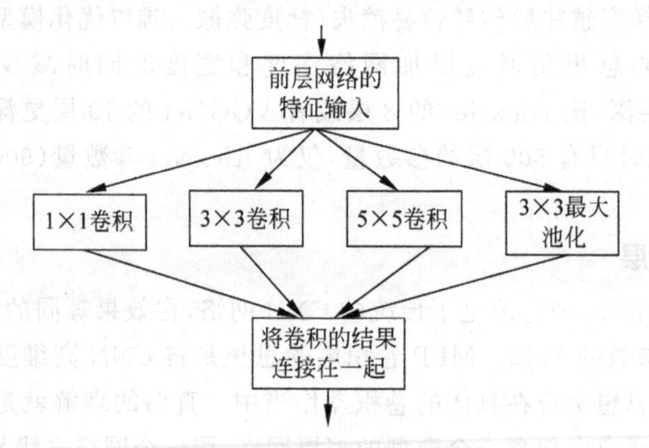

图 6-11 原始 Inception 模型

Inception 模型中包含了 3 种不同尺寸的卷积和一个最大池化，增加了网络对不同尺度的适应性，形象的解释就是 Inception 模型本身如同大网络中的一个小网络，其结构可以反复堆叠在一起形成更大的网络。

4. Inception v1 模型

在 AlexNet 和 VGG 统治了深度学习一两年后，谷歌公司发布了它们的深度学习模型——Inception。第一个版本的 Inception 是 GoogLeNet，如图 6-12 所示。从图上看，它的结构模型很深，但是本质上它是通过堆叠 9 个基本上没有怎么改变的 Inception 模块。

尽管如此，但是相比于 AlexNet，Inception 减少了参数的数量，增加了准确率。Inception 模型结构为堆叠相似的结构。

5. Inception v2 模型

Inception v2 模型在 Inception v1 模型基础上应用当前的主流技术，在卷积之后加入了 BN 层，使每一层的输出都进行归一化处理，减少了内部协变量的移动问题；同时还使用了梯度截断技术，增加了训练的稳定性。

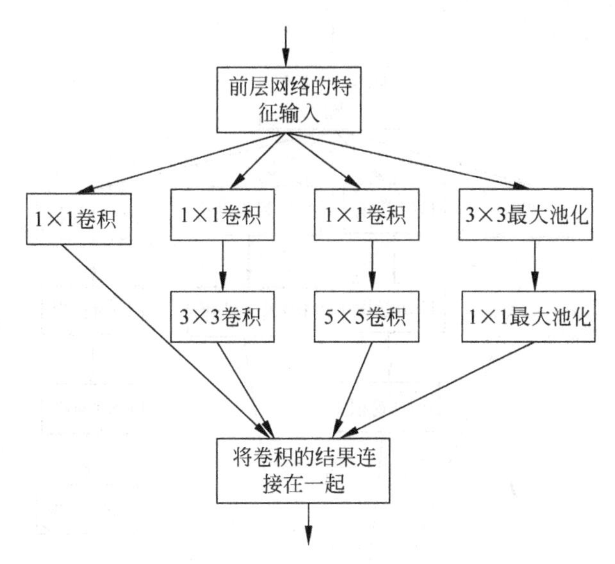

图 6-12 Inception v1 模型

另外，Inception 学习了 VGG，用 2 个 3×3 的 conv 替代 Inception 模块中的 5×5，这既降低了参数数量，也提升了计算速度，其结构如图 6-13 所示。

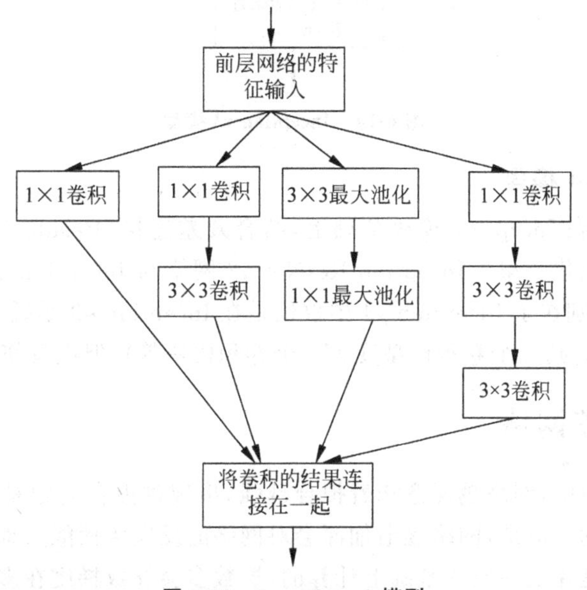

图 6-13 Inception v2 模型

6. Inception v3 模型

Inception v3 模型没有再加入其他的技术，只是将原有的结构进行了调整，其最重要的一个改进是分解，将图 6-13 中的卷积核变得更小。

具体的计算方法是：将 7×7 分解成两个一维的卷积（1×7，7×1），3×3 的卷积操作也一样（1×3，3×1）。这种做法是基于线性代数的原理，即一个$[n,n]$的矩阵，可以分解成矩阵$[n,1]$×矩阵$[1,n]$，得出的结构如图 6-14 所示。

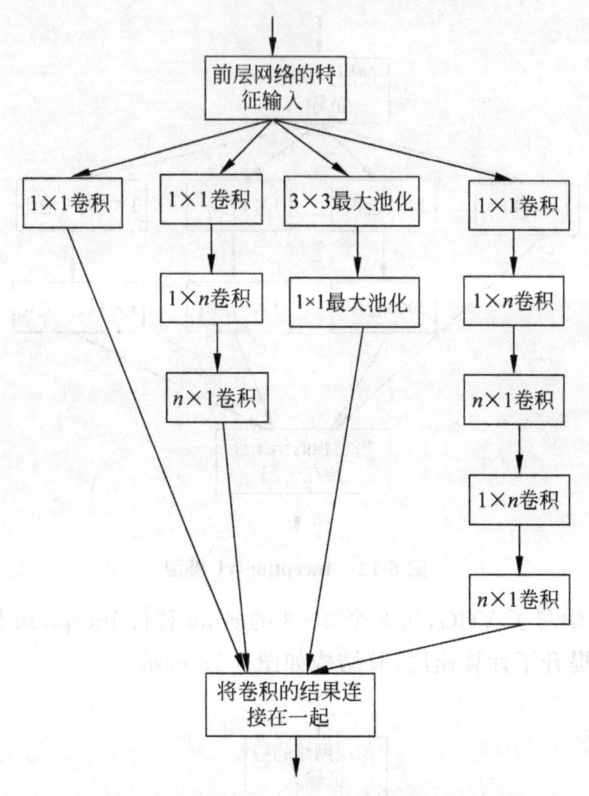

图 6-14 Inception v3 模型

7. Inception v4 模型

Inception v4 是在 Inception 模块基础上，结合残差连接(Residual Connection)技术的特点进行了结构的优化调整。Inception-ResNet v2 网络与 Inception v4 网络，二者性能差别不大，结构上的区别在于 Inception v4 中仅仅是在 Inception v3 基础上做了更复杂的结构变化(从 Inception v3 到 4 个卷积模型变为 6 个卷积模块等)，但没有使用残差连接。

6.7.4 残差网络

在深度学习领域中，网络越深意味着拟合越强，出现过拟合问题是正常的，训练误差越来越大却是不正确的。但是，网络逐渐加深会对网络的反向传播能力提出挑战，在反向传播中每一层的梯度都是在上一层的基础上计算的，层数多会导致梯度在多层传播时越来越小，直到梯度消失，于是表现的结果就是随着层数变多，训练的误差会越来越大。

1. 残差网络结构

残差网络(ResNet)的结构如图 6-15 所示。

假设，经过两个神经层之后输出的 $H(x)$ 如下：

$$f(x)=\text{relu}(xw+b)$$

$$H(x)=\text{relu}(f(x)w+b)$$

$H(x)$ 和 x 之间存在一个函数的关系，如果这两层神经结构呈的是 $H(x)=2x$ 的关系，则残差网络的定义为

$$H(x) = \mathrm{relu}(f(x)w + b) + x$$

2. 残差网络原理

如图 6-15 所示，ResNet 中，输入层(Input)与 Addition 之间存在着两个连接，左侧的连接是输入层通过若干神经层之后连接到 Addition，右侧的连接是输入层直接传给 Addition，在反向传播的过程中误差传到 Input 时会得到两个误差的相加和，一个是左侧一堆网络的误差，一个是右侧直接的原始误差。左侧的误差会随着层数变深而梯度越来越小，右侧则是由 Addition 直接连到 Input，所以还会保留着 Addition 的梯度。这样 Input 得到的相加和后的梯度就没有那么小了，可以保证接着将误差往下传。

这种方式看似解决了梯度越传越小的问题，但是残差连接正向同样也发挥了作用。由于正向的作用，导致网络结构已经不再是深层了，而是一个并行的模型，即残差连接的作用是将网络串行改成了并行。这也可以理解为什么 Inception v4 结合了残差网络的原理后，没有使用残差连接，反而做出了与 Inception-ResNet v2 等同的效果。

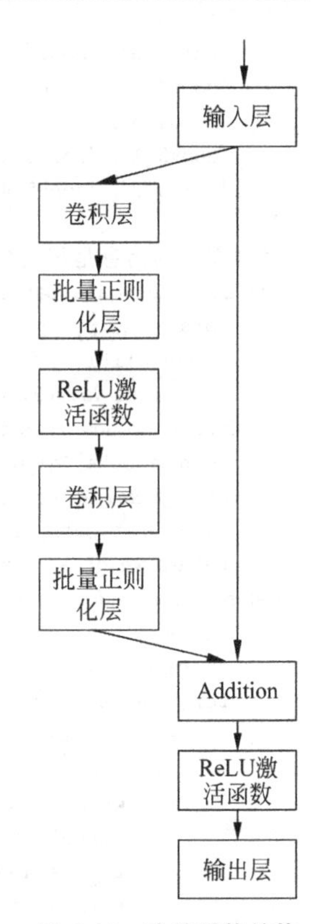

图 6-15 残差网络结构

6.7.5 Inception-ResNet v2 结构

Inception-ResNet v2 网络主要在 Inception v3 的基础上，加入了 ResNet 的残差连接。其原理与 Inception v4 一样，都是进行了细微的结构调整，并且二者的结构复杂度也不相上下。

提示：在网络复杂度相近的情况下，Inception-ResNet v2 略优于 Inception v4。

6.7.6 VGG 艺术风格转移

TensorFlow 版本的源码主要包含了三个文件：neural_style.py、stylize.py 和 vgg.py。

(1) neural_style.py：外部接口函数，定义了函数的主要参数以及部分参数的默认值，包含对图像的读取和存储、对输入图像进行 resize 和权值分配等操作，并将参数以及 resize 的图片传入 stylize.py 中。

(2) stylize.py：核心代码，包含了训练、优化等过程。

(3) vgg.py：定义了网络模型以及相关的运算。

【例 6-3】 可以使用下面的代码 vgg.py 读取 VGG-19 神经网络，用于构造 Neural Style 模型。

```
import tensorflow as tf
import numpy as np
import scipy.io
#需要使用神经网络层
VGG19_LAYERS = (
    'conv1_1', 'relu1_1', 'conv1_2', 'relu1_2', 'pool1',
    'conv2_1', 'relu2_1', 'conv2_2', 'relu2_2', 'pool2',
    'conv3_1', 'relu3_1', 'conv3_2', 'relu3_2', 'conv3_3',
```

```
        'relu3_3', 'conv3_4', 'relu3_4', 'pool3',
        'conv4_1', 'relu4_1', 'conv4_2', 'relu4_2', 'conv4_3',
        'relu4_3', 'conv4_4', 'relu4_4', 'pool4',
        'conv5_1', 'relu5_1', 'conv5_2', 'relu5_2', 'conv5_3',
        'relu5_3', 'conv5_4', 'relu5_4'
)
##需要的信息是每层神经网络的 kernels 和 bias
def load_net(data_path):
    data = scipy.io.loadmat(data_path)
    if not all(i in data for i in ('layers', 'classes', 'normalization')):
        raise ValueError("You're using the wrong VGG19 data. Please follow the instructions in
the README to download the correct data.")
    mean = data['normalization'][0][0][0]
    mean_pixel = np.mean(mean, axis=(0, 1))
    weights = data['layers'][0]
    return weights, mean_pixel
def net_preloaded(weights, input_image, pooling):
    net = {}
    current = input_image
    for i, name in enumerate(VGG19_LAYERS):
        kind = name[:4]
        if kind == 'conv':
            kernels, bias = weights[i][0][0][0][0]
            kernels = np.transpose(kernels, (1, 0, 2, 3))
            bias = bias.reshape(-1)
            current = _conv_layer(current, kernels, bias)
        elif kind == 'relu':
            current = tf.nn.relu(current)
        elif kind == 'pool':
            current = _pool_layer(current, pooling)
        net[name] = current
    assert len(net) == len(VGG19_LAYERS)
    return net
def _conv_layer(input, weights, bias):
    conv = tf.nn.conv2d(input, tf.constant(weights), strides=(1, 1, 1, 1),
            padding='SAME')
    return tf.nn.bias_add(conv, bias)
def _pool_layer(input, pooling):
    if pooling == 'avg':
        return tf.nn.avg_pool(input, ksize=(1, 2, 2, 1), strides=(1, 2, 2, 1),
                padding='SAME')
    else:
        return tf.nn.max_pool(input, ksize=(1, 2, 2, 1), strides=(1, 2, 2, 1),
                padding='SAME')
def preprocess(image, mean_pixel):
    return image - mean_pixel
def unprocess(image, mean_pixel):
    return image + mean_pixel
```

在 neural_style.py 中我们可以看到，它定义了众多的参数和外部接口，代码为

```
import os
import numpy as np
import scipy.misc
from stylize import stylize
```

```
import math
from argparse import ArgumentParser
from PIL import Image

#默认参数
CONTENT_WEIGHT = 5e0
CONTENT_WEIGHT_BLEND = 1
STYLE_WEIGHT = 5e2
TV_WEIGHT = 1e2
STYLE_LAYER_WEIGHT_EXP = 1
LEARNING_RATE = 1e1
BETA1 = 0.9
BETA2 = 0.999
EPSILON = 1e-08
STYLE_SCALE = 1.0
ITERATIONS = 1000
VGG_PATH = 'imagenet-vgg-verydeep-19.mat'
POOLING = 'max'
def build_parser():
    parser = ArgumentParser()
    parser.add_argument('--content',
            dest='content', help='content image',
            metavar='CONTENT', required=True)
    parser.add_argument('--styles',
            dest='styles',
            nargs='+', help='one or more style images',
            metavar='STYLE', required=True)
    parser.add_argument('--output',
            dest='output', help='output path',
            metavar='OUTPUT', required=True)
    parser.add_argument('--iterations', type=int,
            dest='iterations', help='iterations (default %(default)s)',
            metavar='ITERATIONS', default=ITERATIONS)
    parser.add_argument('--print-iterations', type=int,
            dest='print_iterations', help='statistics printing frequency',
            metavar='PRINT_ITERATIONS')
    parser.add_argument('--checkpoint-output',
        dest='checkpoint_output', help='checkpoint output format, e.g. output%%s.jpg',
            metavar='OUTPUT')
    parser.add_argument('--checkpoint-iterations', type=int,
            dest='checkpoint_iterations', help='checkpoint frequency',
            metavar='CHECKPOINT_ITERATIONS')
    parser.add_argument('--width', type=int,
            dest='width', help='output width',
            metavar='WIDTH')
    parser.add_argument('--style-scales', type=float,
            dest='style_scales',
            nargs='+', help='one or more style scales',
            metavar='STYLE_SCALE')
    parser.add_argument('--network',
            dest='network', help='path to network parameters (default %(default)s)',
            metavar='VGG_PATH', default=VGG_PATH)
    parser.add_argument('--content-weight-blend', type=float,
            dest='content_weight_blend', help='content weight blend, conv4_2 * blend +
```

```
conv5_2 * (1 - blend) (default %(default)s)',
            metavar = 'CONTENT_WEIGHT_BLEND', default = CONTENT_WEIGHT_BLEND)
    parser.add_argument('--content-weight', type = float,
            dest = 'content_weight', help = 'content weight (default %(default)s)',
            metavar = 'CONTENT_WEIGHT', default = CONTENT_WEIGHT)
    parser.add_argument('--style-weight', type = float,
            dest = 'style_weight', help = 'style weight (default %(default)s)',
            metavar = 'STYLE_WEIGHT', default = STYLE_WEIGHT)
    parser.add_argument('--style-layer-weight-exp', type = float,
            dest = 'style_layer_weight_exp', help = 'style layer weight exponentional increase -
weight(layer<n+1>) = weight_exp * weight(layer<n>) (default %(default)s)',
            metavar = 'STYLE_LAYER_WEIGHT_EXP', default = STYLE_LAYER_WEIGHT_EXP)
    parser.add_argument('--style-blend-weights', type = float,
            dest = 'style_blend_weights', help = 'style blending weights',
            nargs = '+', metavar = 'STYLE_BLEND_WEIGHT')
    parser.add_argument('--tv-weight', type = float,
        dest = 'tv_weight', help = 'total variation regularization weight (default %(default)s)',
            metavar = 'TV_WEIGHT', default = TV_WEIGHT)
    parser.add_argument('--learning-rate', type = float,
            dest = 'learning_rate', help = 'learning rate (default %(default)s)',
            metavar = 'LEARNING_RATE', default = LEARNING_RATE)
    parser.add_argument('--beta1', type = float,
            dest = 'beta1', help = 'Adam: beta1 parameter (default %(default)s)',
            metavar = 'BETA1', default = BETA1)
    parser.add_argument('--beta2', type = float,
            dest = 'beta2', help = 'Adam: beta2 parameter (default %(default)s)',
            metavar = 'BETA2', default = BETA2)
    parser.add_argument('--eps', type = float,
            dest = 'epsilon', help = 'Adam: epsilon parameter (default %(default)s)',
            metavar = 'EPSILON', default = EPSILON)
    parser.add_argument('--initial',
            dest = 'initial', help = 'initial image',
            metavar = 'INITIAL')
    parser.add_argument('--initial-noiseblend', type = float,
            dest = 'initial_noiseblend', help = 'ratio of blending initial image with
normalized noise (if no initial image specified, content image is used) (default %(default)s)',
            metavar = 'INITIAL_NOISEBLEND')
    parser.add_argument('--preserve-colors', action = 'store_true',
            dest = 'preserve_colors', help = 'style-only transfer (preserving colors) - if
color transfer is not needed')
    parser.add_argument('--pooling',
        dest = 'pooling', help = 'pooling layer configuration: max or avg (default %(default)s)',
            metavar = 'POOLING', default = POOLING)
    return parser

def main():
    parser = build_parser()
    options = parser.parse_args()
    if not os.path.isfile(options.network):
        parser.error("Network %s does not exist. (Did you forget to download it?)" %
options.network)
    content_image = imread(options.content)
    style_images = [imread(style) for style in options.styles]
    width = options.width
```

```
if width is not None:
    new_shape = (int(math.floor(float(content_image.shape[0]) /
            content_image.shape[1] * width)), width)
    content_image = scipy.misc.imresize(content_image, new_shape)
target_shape = content_image.shape
for i in range(len(style_images)):
    style_scale = STYLE_SCALE
    if options.style_scales is not None:
        style_scale = options.style_scales[i]
    style_images[i] = scipy.misc.imresize(style_images[i], style_scale *
            target_shape[1] / style_images[i].shape[1])

style_blend_weights = options.style_blend_weights
if style_blend_weights is None:
    #默认等于权重
    style_blend_weights = [1.0/len(style_images) for _ in style_images]
else:
    total_blend_weight = sum(style_blend_weights)
    style_blend_weights = [weight/total_blend_weight
                           for weight in style_blend_weights]
initial = options.initial
if initial is not None:
    initial = scipy.misc.imresize(imread(initial), content_image.shape[:2])
    #初始猜测是指定的,但不是杂音混合 - 不应混合噪声
    if options.initial_noiseblend is None:
        options.initial_noiseblend = 0.0
else:
    #无论是初始的,还是带噪声混合的,都不会回到随机产生的初始猜测
    if options.initial_noiseblend is None:
        options.initial_noiseblend = 1.0
    if options.initial_noiseblend < 1.0:
        initial = content_image
if options.checkpoint_output and "%s" not in options.checkpoint_output:
    parser.error("To save intermediate images, the checkpoint output "
                 "parameter must contain `%s` (e.g. `foo%s.jpg`)")

for iteration, image in stylize(
    network=options.network,
    initial=initial,
    initial_noiseblend=options.initial_noiseblend,
    content=content_image,
    styles=style_images,
    preserve_colors=options.preserve_colors,
    iterations=options.iterations,
    content_weight=options.content_weight,
    content_weight_blend=options.content_weight_blend,
    style_weight=options.style_weight,
    style_layer_weight_exp=options.style_layer_weight_exp,
    style_blend_weights=style_blend_weights,
    tv_weight=options.tv_weight,
    learning_rate=options.learning_rate,
    beta1=options.beta1,
    beta2=options.beta2,
    epsilon=options.epsilon,
```

```
            pooling = options.pooling,
            print_iterations = options.print_iterations,
            checkpoint_iterations = options.checkpoint_iterations):
            output_file = None
            combined_rgb = image
            if iteration is not None:
                if options.checkpoint_output:
                    output_file = options.checkpoint_output % iteration
            else:
                output_file = options.output
            if output_file:
                imsave(output_file, combined_rgb)
def imread(path):
    img = scipy.misc.imread(path).astype(np.float)
    if len(img.shape) == 2:
        # grayscale
        img = np.dstack((img,img,img))
    elif img.shape[2] == 4:
        # PNG with alpha channel
        img = img[:,:,:3]
    return img
def imsave(path, img):
    img = np.clip(img, 0, 255).astype(np.uint8)
    Image.fromarray(img).save(path, quality = 95)
if __name__ == '__main__':
    main()
```

核心代码 stylize.py，详解如下：

```
import vgg
import tensorflow as tf
import numpy as np
from sys import stderr
from PIL import Image
CONTENT_LAYERS = ('relu4_2', 'relu5_2')
STYLE_LAYERS = ('relu1_1', 'relu2_1', 'relu3_1', 'relu4_1', 'relu5_1')
try:
    reduce
except NameError:
    from functools import reduce
def stylize ( network, initial, initial_ noiseblend, content, styles, preserve _ colors,
iterations,
        content_weight, content_weight_blend, style_weight, style_layer_weight_exp, style_
blend_weights, tv_weight,
        learning_rate, beta1, beta2, epsilon, pooling,
        print_iterations = None, checkpoint_iterations = None):
    """
    Stylize images.
    This function yields tuples (iteration, image); `iteration` is None
    if this is the final image (the last iteration). Other tuples are yielded
    every `checkpoint_iterations` iterations.
    :rtype: iterator[tuple[int|None, image]]
    """
    # content.shape 是三维(height, width, channel),这里将维度变成(1, height, width, channel)
    # 为了与后面保持一致
```

```
shape = (1,) + content.shape
style_shapes = [(1,) + style.shape for style in styles]
content_features = {}
style_features = [{} for _ in styles]

vgg_weights, vgg_mean_pixel = vgg.load_net(network)
layer_weight = 1.0
style_layers_weights = {}
for style_layer in STYLE_LAYERS:
    style_layers_weights[style_layer] = layer_weight
    layer_weight * = style_layer_weight_exp

#泛化样式图层权重
layer_weights_sum = 0
for style_layer in STYLE_LAYERS:
    layer_weights_sum += style_layers_weights[style_layer]
for style_layer in STYLE_LAYERS:
    style_layers_weights[style_layer] /= layer_weights_sum
#首先创建一个 image 的占位符,然后通过 eval()的 feed_dict 将 content_pre
#传给 image,启动 net 的运算过程,得到了 content 的 feature maps
#计算前馈模式下的内容特征
g = tf.Graph()
with g.as_default(), g.device('/cpu:0'), tf.Session() as sess:
    image = tf.placeholder('float', shape=shape)
    net = vgg.net_preloaded(vgg_weights, image, pooling)
    content_pre = np.array([vgg.preprocess(content, vgg_mean_pixel)])
    for layer in CONTENT_LAYERS:
        content_features[layer] = net[layer].eval(feed_dict={image: content_pre})
#计算前馈模式中的样式特征
for i in range(len(styles)):
    g = tf.Graph()
    with g.as_default(), g.device('/cpu:0'), tf.Session() as sess:
        image = tf.placeholder('float', shape=style_shapes[i])
        net = vgg.net_preloaded(vgg_weights, image, pooling)
        style_pre = np.array([vgg.preprocess(styles[i], vgg_mean_pixel)])
        for layer in STYLE_LAYERS:
            features = net[layer].eval(feed_dict={image: style_pre})
            features = np.reshape(features, (-1, features.shape[3]))
            gram = np.matmul(features.T, features) / features.size
            style_features[i][layer] = gram
initial_content_noise_coeff = 1.0 - initial_noiseblend

#使用反向传播来制作风格化的图像
with tf.Graph().as_default():
    if initial is None:
        noise = np.random.normal(size=shape, scale=np.std(content) * 0.1)
        initial = tf.random_normal(shape) * 0.256
    else:
        initial = np.array([vgg.preprocess(initial, vgg_mean_pixel)])
        initial = initial.astype('float32')
        noise = np.random.normal(size=shape, scale=np.std(content) * 0.1)
        initial = (initial) * initial_content_noise_coeff + (tf.random_normal(shape)
* 0.256) * (1.0 - initial_content_noise_coeff)
    '''
```

```
    image = tf.Variable(initial)初始化了一个 TensorFlow 的变量,即为我们需要训练的对
象。注意这里我们训练的对象是一张图像,而不是 weight 和 bias
    '''
    image = tf.Variable(initial)
    net = vgg.net_preloaded(vgg_weights, image, pooling)
    #内容损失
    content_layers_weights = {}
    content_layers_weights['relu4_2'] = content_weight_blend
    content_layers_weights['relu5_2'] = 1.0 - content_weight_blend
    content_loss = 0
    content_losses = []
    for content_layer in CONTENT_LAYERS:
        content_losses.append(content_layers_weights[content_layer] * content_weight
* (2 * tf.nn.l2_loss(
                net[content_layer] - content_features[content_layer]) /
                content_features[content_layer].size))
    content_loss += reduce(tf.add, content_losses)
    #样式损失
    style_loss = 0
    '''
    由于 style 图像可以输入多幅,这里使用 for 循环。同样的,将 style_pre 传给 image 占位
符,启动 net 运算,得到了 style 的 feature maps,由于 style 为不同 filter 响应的内积,因此在这里
增加了一步: gram = np.matmul(features.T, features) / features.size,即为 style 的 feature
    '''
    for i in range(len(styles)):
        style_losses = []
        for style_layer in STYLE_LAYERS:
            layer = net[style_layer]
            _, height, width, number = map(lambda i: i.value, layer.get_shape())
            size = height * width * number
            feats = tf.reshape(layer, (-1, number))
            gram = tf.matmul(tf.transpose(feats), feats) / size
            style_gram = style_features[i][style_layer]
            style_losses.append(style_layers_weights[style_layer] * 2 * tf.nn.l2_
loss(gram - style_gram) / style_gram.size)
        style_loss += style_weight * style_blend_weights[i] * reduce(tf.add, style_losses)
    #总变差去噪
    tv_y_size = _tensor_size(image[:,1:,:,:])
    tv_x_size = _tensor_size(image[:,:,1:,:])
    tv_loss = tv_weight * 2 * (
            (tf.nn.l2_loss(image[:,1:,:,:] - image[:,:shape[1]-1,:,:]) /
                tv_y_size) +
            (tf.nn.l2_loss(image[:,:,1:,:] - image[:,:,:shape[2]-1,:]) /
                tv_x_size))
    #整体损失
    loss = content_loss + style_loss + tv_loss
    #优化器设置
  train_step = tf.train.AdamOptimizer(learning_rate, beta1, beta2, epsilon).minimize(loss)
    def print_progress():
        stderr.write('  content loss: %g\n' % content_loss.eval())
        stderr.write('    style loss: %g\n' % style_loss.eval())
        stderr.write('       tv loss: %g\n' % tv_loss.eval())
        stderr.write('    total loss: %g\n' % loss.eval())
    #优化
```

```
        best_loss = float('inf')
        best = None
        with tf.Session() as sess:
            sess.run(tf.global_variables_initializer())
            stderr.write('Optimization started...\n')
            if (print_iterations and print_iterations != 0):
                print_progress()
            for i in range(iterations):
                stderr.write('Iteration %4d/%4d\n' % (i + 1, iterations))
                train_step.run()
                last_step = (i == iterations - 1)
                if last_step or (print_iterations and i % print_iterations == 0):
                    print_progress()
             if (checkpoint_iterations and i % checkpoint_iterations == 0) or last_step:
                    this_loss = loss.eval()
                    if this_loss < best_loss:
                        best_loss = this_loss
                        best = image.eval()
                  img_out = vgg.unprocess(best.reshape(shape[1:]), vgg_mean_pixel)
                    if preserve_colors and preserve_colors == True:
                        original_image = np.clip(content, 0, 255)
                        styled_image = np.clip(img_out, 0, 255)
                  #根据 Rec.601 亮度(0.299,0.587,0.114)转换程式化 RGB->灰度
                        styled_grayscale = rgb2gray(styled_image)
                        styled_grayscale_rgb = gray2rgb(styled_grayscale)
              #将风格化的灰度转换为 YUV(YCbCr)
             styled_grayscale_yuv = np.array(Image.fromarray(styled_grayscale_rgb.astype
(np.uint8)).convert('YCbCr'))
                         #将原始图像转换为 YUV(YCbCr)
                          original_yuv = np.array(Image.fromarray(original_image.astype
(np.uint8)).convert('YCbCr'))
                        #重组(风格化 YUV.Y,原创 YUV.U,原创 YUV.V)
                        w, h, _ = original_image.shape
                        combined_yuv = np.empty((w, h, 3), dtype=np.uint8)
                        combined_yuv[..., 0] = styled_grayscale_yuv[..., 0]
                        combined_yuv[..., 1] = original_yuv[..., 1]
                        combined_yuv[..., 2] = original_yuv[..., 2]
                     #将来自 YUV 的重组图像转换回 RGB
         img_out = np.array(Image.fromarray(combined_yuv, 'YCbCr').convert('RGB'))
                    yield (
                        (None if last_step else i),
                       img_out          )
def _tensor_size(tensor):
    from operator import mul
    return reduce(mul, (d.value for d in tensor.get_shape()), 1)
def rgb2gray(rgb):
    return np.dot(rgb[...,:3], [0.299, 0.587, 0.114])
def gray2rgb(gray):
    w, h = gray.shape
    rgb = np.empty((w, h, 3), dtype=np.float32)
    rgb[:, :, 2] = rgb[:, :, 1] = rgb[:, :, 0] = gray
    return rgb
```

运行程序,效果如图 6-16 所示。

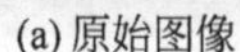

(a) 原始图像

(b) 风格图像

(c) 风格转移后的图像

图 6-16 风格转移效果图

Neural Style 很有趣，我们可以通过改变参数去做很多风格的测试，会有不一样的效果。

第 7 章 强化学习大战

CHAPTER 7

强化学习(reinforcement learning,RL)主要用来学习一种最大化智能体与环境交互获得的长期奖惩值的策略,常用来处理状态空间和动作空间小的任务。在如今大数据和深度学习快速发展的时代下,针对传统强化学习无法解决高维数据输入的问题,2013 年首次将深度学习中的卷积神经网络(CNN)引入强化学习中,提出了 DQN(deep Q learning network)算法,自此国际上便开始了对深度强化学习(deep reinforcement learning,DRL)的科研工作。

深度强化学习结合了深度学习的特征提取能力和强化学习的决策能力,可以直接根据输入的多维数据做出最优决策输出,是一种端对端(end-to-end)的决策控制系统,广泛应用于动态决策、实时预测、仿真模拟、游戏博弈等领域,其通过与环境不断地进行实时交互,将环境信息作为输入获取失败或成功的经验来更新决策网络的参数,从而学习到最优决策。深度强化学习框架如图 7-1 所示。

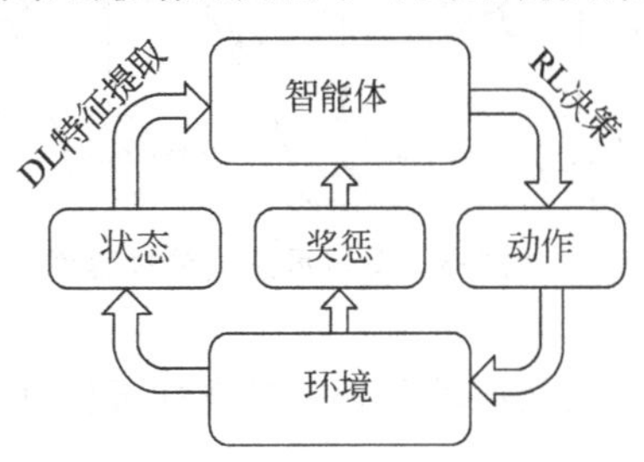

图 7-1 深度强化学习框架

图 7-1 深度强化学习框架中,智能体与环境进行交互,智能体通过深度学习对环境状态进行特征提取,将结果传递给强化学习进行决策并执行动作,执行完动作后得到环境反馈的新状态和奖惩进而更新决策算法。此过程反复迭代,最终使智能体学到获得最大长期奖惩值的策略。

7.1 深度强化学习的数学模型

强化学习是一种决策系统,其基本思想是通过与环境进行实时交互,在不断地失败与成功的过程中学习经验,最大化智能体(agent)从环境中获得的累计奖励值,最终使得智能体学到最优策略(policy),其原理过程如图 7-2 所示。

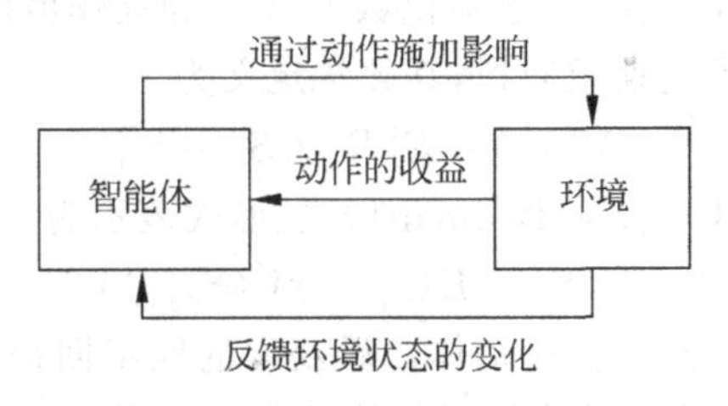

图 7-2 强化学习的原理过程

7.1.1 强化学习系统的基本模型

在图 7-1 强化学习基本模型中，智能体是强化学习的动作实体，智能体在当前状态 S 下根据动作选择策略执行动作 a，执行该动作后得到环境反馈奖惩值 r 和下一状态 S'，并根据反馈信息更新强化学习算法参数，此过程会反复循环下去，最终智能体学习到完成目标任务的最优策略。

马尔可夫决策过程（Markov decision process，MDP）是强化学习理论的数学描述，其可以将强化学习问题以概率论的形式表示出来。

在 MDP 中可将强化学习以一个包含四个属性的元组 $\{S,A,P,R\}$ 表示，其中：

- S 和 A 分别表示智能体的环境状态集和智能体可选择的动作集。
- P 表示状态转移概率函数，假设 t 时刻状态为 S_t，智能体执行动作 a 后以概率 P 转移进入下一个状态 S_{t+1}，则状态转移概率函数可以表示为

$$P_a(S,S')=(S_{t+1}=S' \mid S_t=S,a_t=a)$$

- R 表示智能体获得的反馈奖励函数，即智能体执行一个动作 a 后获得的即时奖励，可表示为 $R_a(S,S')$。

图 7-3 为完整的马尔可夫决策过程图。

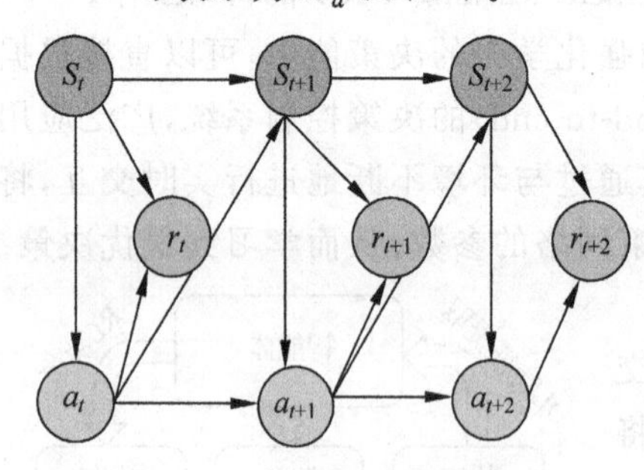

图 7-3 马尔可夫决策过程图

在图 7-3 所示的 MDP 样例中，t 时刻智能体在状态 S_t 下选择并执行动作 a_t，执行完动作后智能体得到环境反馈的奖惩值 r_t，并以概率 P 转移到下一个时刻 $t+1$ 的状态 S_{t+1}；智能体在状态 S_{t+1} 下选择并执行动作 a_{t+1}，同时获得该时刻奖惩值 r_{t+1}，并以概率 P 转移到下一个时刻 $t+2$ 的状态 S_{t+2}。这个过程一直会进行下去，直至到达最终目标状态 S_{t+n}。强化学习的目标是使得 MDP 长期奖惩值最大化，从而学习到一种选择最优动作的策略，其中，MDP 中长期奖惩可以被表示为

$$R_t=r_t+\gamma \cdot r_{t+1}+\cdots=\sum_{k=0}^{n}\gamma^k \cdot r_{t+k} \tag{7-1}$$

式中，折扣因子 γ 表示当前选择的动作对未来影响程度，其值范围在 0～1；n 表示 MDP 从当前状态到目标状态的步数。

MDP 中的策略 π 定义了智能体在状态 S 下到动作的映射关系，即 $a=\pi(s)$。由式(7-1)可知长期奖惩的获取必须要等整个 MDP 过程结束，若状态集合规模过大，则整个强化学习系统存储量太大，运行太慢，故为了学习最优策略，一个可行的建模方法是利用值函数近似表示。强化学习引入两类值函数：状态值函数 $V^\pi(S)$ 和动作值函数 $Q^\pi(S,a)$。其中，状态值函数表示在状态 S 下获得的期望回报，其数学定义为

$$V^\pi(s)=E[R_t \mid S_t=S]$$

得到的状态值函数可用贝尔曼（Bellman）方程形式表示为

$$V(S)=E(r_t+\gamma V(S_{t+1}))$$

动作值函数表示在状态 S 下执行动作 a 后获得的期望回报，强化学习的智能体学习目标就是使得动作值函数最大化。动作值函数数学定义如下：

$$Q^{\pi}(S,a)=E[r_t+\gamma r_{t+1}+\gamma^2 r_{t+2}+\cdots \mid S,a]=E[r+\gamma\cdot Q^{\pi}(S',a')\mid S,a]$$

最优动作值函数含义为所有策略中动作值函数值最大的动作值函数,可表示为

$$Q^{\pi^*}(S,a)=\max_{\pi} Q^{\pi}(S,a) \tag{7-2}$$

式中,π 表示所有策略;π^* 表示使动作值函数最大的策略,即最优策略。式(7-2)可用 Bellman 方程表示如下:

$$Q^{\pi^*}(S,a)=E[r+\gamma\max_{a} Q^{\pi^*}(S',a')\mid S,a]$$

式中,r 和 S' 分别为在状态 S 下采取动作 a 时的奖惩和对应的下一个状态;γ 为衰减因子;a' 为在状态 S' 能获取到最大动作值函数值的动作。

根据马尔可夫特性,状态值函数和动作值函数之间的关系如下:

$$Q^{\pi}(S,a)=E[r_{t+1}+\gamma V^{\pi}(S_{t+1})]$$

$$V^{\pi}(S)=E_{a\sim\pi(a\mid S)}[Q^{\pi}(S,a)] \tag{7-3}$$

式(7-3)表明,状态值函数是动作值函数关于动作 a 的期望。

7.1.2 基于值函数的深度强化学习算法

基于值函数(value based)的学习方法是一种求解最优值函数从而获取最优策略的方法。值函数输出的最优动作最终会收敛到确定的动作,从而学习到一种确定性策略。当在动作空间连续的情况下该方法存在维度灾难、计算代价大等问题,虽然可以将动作空间离散化处理,但离散间距不易确定,过大会导致算法取不到最优,过小会使得动作空间过大,影响算法速度。因此该方法常被用于离散动作空间下动作策略为确定性的强化学习任务。

基于值函数的深度强化学习算法利用 CNN 来逼近传统强化学习的动作值函数,代表算法就是 DQN 算法,DQN 算法框架如图 7-4 所示。

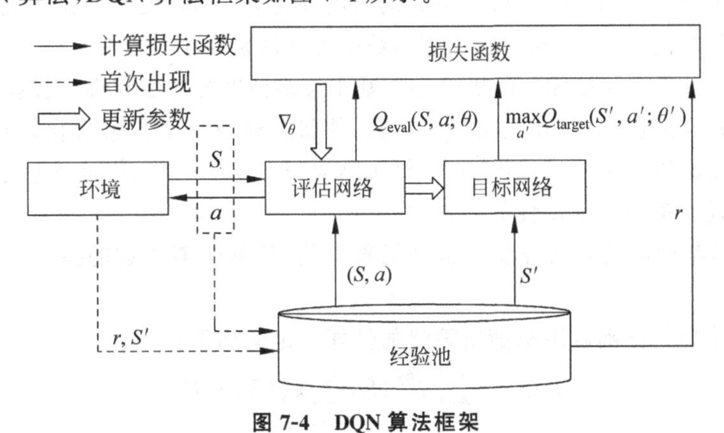

图 7-4 DQN 算法框架

在图 7-4 可以看出,基于值函数的深度强化学习算法 DQN 的特征之一就是使用深度卷积神经网络逼近动作值函数。图 7-4 中,状态 S 和 S' 为多维数据;经验池用于存储训练过程中的成败经验。DQN 中有两个相同结构的神经网络:目标网络和评估网络。目标网络中的输出值 Q_{target} 表示在状态 S 下选择动作 a 时的衰减得分,即

$$Q_{target}=r+\gamma\max_{a} Q(S',a';\theta')$$

式中,r 和 S' 分别为在状态 S 下采取动作 a 时的得分和对应的下一个状态;γ 为衰减因子;

a'为评估网络输出的Q值向量表中在状态S'能获取到最大Q_{eval}值的动作；θ'为目标网络的权重参数。

评估网络的输出值Q_{eval}表示在状态S时采取动作a的价值，即

$$Q_{\text{eval}} = \max_{a} Q(S,a;\theta)$$

式中，θ为评估网络的权重参数。

DQN训练过程分为三个阶段：

(1) 初始阶段。这时经验池D未满，在每个时刻t中随机选择行为获取经验元组$e_t=(S_t,a_t,r_t,S_{t+1})$，然后将每一步的经验元组存储至经验池$D_t=(e_1,\cdots,e_t)$。这个阶段主要用来积攒经验，此时DQN的两个网络均不进行训练。

(2) 探索阶段。这一阶段采用了ε-贪心策略（ε从1至0逐渐减少）获取动作a，在网络产生决策的同时，又能以一定的概率探索其他可能的最优行为，避免了陷入局部最优解的问题。这个阶段中不断更新经验池中的经验元组，并作为评估网络、目标网络的输入，得到Q_{eval}和Q_{target}。然后，将两者差值作为损失函数，以梯度下降算法更新评估网络的权重参数。为了使训练收敛，目标网络的权重参数更新方式为：每隔一段固定的迭代次数，将评估网络的权重参数复制给目标网络的权重参数。

(3) 利用阶段。这一阶段ε降为0，即选择的动作全部来自评估网络的输出。评估网络和目标网络的更新方法和探索阶段一样。

基于值函数的深度强化学习算法DQN按上述三个阶段进行网络训练，当网络训练收敛时，评估网络将逼近最优动作值函数，实现最优策略学习目的。

7.1.3 基于策略梯度的深度强化学习算法

基于策略梯度(policy gradient based)的深度强化学习算法是一种最大化策略目标函数从而获取最优策略的方法，其相比基于值函数的方法区别在于：

(1) 可以学习到一种最优化随机策略。基于策略梯度的方法在训练过程中直接学习策略函数，随着策略梯度方向优化策略函数参数，使得策略目标函数最大化，最终策略输出最优动作分布。策略以一定概率输出动作，每次结果很可能不一样，因此不适合应用于像CR频谱协同这类动作策略为确定性的问题中。

(2) 基于策略梯度的方法容易收敛到局部极值，而基于值函数的探索能力强可以找到最佳值函数。

上述中的策略目标函数用来衡量策略的性能。定义如下：

$$J(\theta)=\sum_{S} d^{\pi_\theta}(S)\sum_{a}\pi_\theta(S,a)R_S^a$$

式中，$\sum_{S} d^{\pi_\theta}(S)\sum_{a}\pi_\theta(S,a)R_S^a$为在策略$\pi_\theta$下处于状态$S$的概率；$\sum_{a}\pi_\theta(S,a)$为在状态$S$下采用策略$\pi_\theta$选择动作的概率；$R_S^a$为即时奖惩。

基于PG的深度强化学习算法实现过程如下：

(1) 随机初始化神经网络参数θ，即随机定义了一个策略。策略$\pi_\theta(S_t,a_t)$表示在本回合参数为θ下每个状态S_t对应的动作a_t的概率分布，表明神经网络输出的是动作概率。

(2) 基于PG的深度强化学习算法在每个回合(episode)完成后才更新网络参数，其中

一个回合内的长期奖惩值 $R=\sum_{t=1}^{T-1} r_t$。

(3) 基于 PG 的深度强化学习算法的参数更新方法为

$$g=R\nabla_\theta \sum_{t-1}^{T-1} \log\pi(a_t \mid S_t;\theta)$$

$$\theta \leftarrow \theta+\alpha g$$

式中,g 为策略梯度;α 为控制策略参数更新速度的学习率。

PG 算法多次迭代后,训练出的神经网络可逼近最优动作值函数,以一定概率输出连续或离散动作空间下的最优动作。

7.1.4 AC 算法

Actor-Critic(AC)算法分为两部分,Actor 的前身是 policy gradient,它可以轻松地在连续动作空间内选择合适的动作;Critic 的前身是 value-based,其 Q-learning 只能解决离散动作空间的问题。但是又因为 Actor 是基于一个 episode 的 return 进行更新的,所以学习效率比较慢。

AC 算法实现分为两步:

(1) 将多个关键字构造成一个有限状态模式匹配机。

(2) 将文本字符串作为输入送入模式匹配机进行匹配。

Actor 基于概率分布选择行为,Critic 基于 Actor 生成的行为评判得分,Actor 再根据 Critic 的评分修改选行为的概率。

AC 算法的优点主要表现在:可以进行单步更新,不需要跑完一个 episode 再更新网络参数,相较于传统的 PG 更新更快。传统 PG 对价值的估计虽然是无偏的,但方差较大,AC 方法牺牲了一点偏差,但能够有效降低方差。

AC 算法的缺点主要表现在:Actor 的行为取决于 Critic 的 Value,但是因为 Critic 本身就很难收敛,和 Actor 一起更新就更难收敛了。

7.2 SARSA 算法

SARSA 算法属于在线控制这一类,即一直使用一个策略来更新价值函数和选择新的动作,而这个策略是 ε-贪婪法,我们对于 ε-贪婪法有详细讲解,即通过设置一个较小的 ε 值,使用 $1-\varepsilon$ 的概率贪婪地选择目前认为是最大行为价值的行为,而用 ε 的概率随机地从所有 m 个可选行为中选择行为。用公式可以表示为

$$\pi(a \mid s)=\begin{cases}\varepsilon/m+1-\varepsilon, & a^*=\arg\max\limits_{a\in A} Q(s,a)\\ \varepsilon/m, & \text{其他}\end{cases}$$

7.2.1 SARSA 算法概述

作为 SARSA 算法的名字本身来说,它实际上是由 S、A、R、S、A 几个字母组成的。而

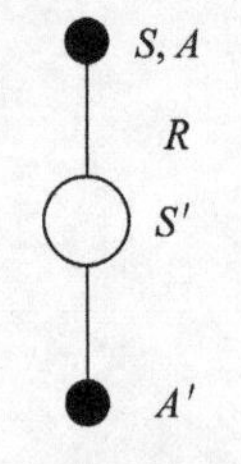

图 7-5 SARSA 算法流程图

S、A、R 分别代表状态（state）、动作（action）、奖励（reward），这个流程体现在图 7-5 中。

在迭代的时候，首先基于 ε-贪婪法在当前状态 S 选择一个动作 A，这样系统会转到一个新的状态 S'，同时给我们一个即时奖励 R，在新的状态 S'，我们会基于 ε-贪婪法在状态 S'选择一个动作 A'，但是注意这时候并不执行这个动作 A'，只是用来更新的我们的价值函数，价值函数的更新公式为

$$Q(S,A)=Q(S,A)+\alpha(R+\gamma Q(S',A')-Q(S,A))$$

式中，γ 是衰减因子；α 是迭代步长。

7.2.2 SARSA 算法流程

下面总结 SARSA 算法的流程。

算法输入：迭代轮数 T，状态集 S，动作集 A，步长 α，衰减因子 γ，探索率 ε。

输出：所有的状态和动作对应的价值 Q。

(1) 随机初始化所有的状态和动作对应的价值 Q。对于终止状态其 Q 值初始化为 0。

(2) for i from 1 to T，进行迭代。

(a) 初始化 S 为当前状态序列的第一个状态。设置 A 为 ε-贪婪法在当前状态 S 选择的动作。

(b) 在状态 S 执行当前动作 A，得到新状态 S'和奖励 R。

(c) 用 ε-贪婪法在状态 S'选择新的动作 A'。

(d) 更新价值函数 $Q(S,A)$：

$$Q(S,A)=Q(S,A)+\alpha(R+\gamma Q(S',A')-Q(S,A))$$

(e) $S=S',A=A'$。

注意，步长 α 一般需要随着迭代的进行逐渐变小，这样才能保证动作价值函数 Q 可以收敛。当 Q 收敛时，我们的策略 ε-贪婪法也就收敛了。

7.2.3 SARSA 算法实战

通过一个实例演示“出租车调度”的环境。

实现步骤如下：

(1) 导入必要的包并熟悉以下“出租车调度”的环境。

```
import gym
import collections
import itertools
import matplotlib.pyplot as plt
import matplotlib
matplotlib.style.use('ggplot')
import numpy as np
import pandas as pd
import time
from IPython.display import clear_output
```

```
env = gym.make('Taxi - v3')
print(env.action_space)
print(env.observation_space)
state = env.reset()
env.render()
x = env.decode(state)
for i in x:
    print(i)
```

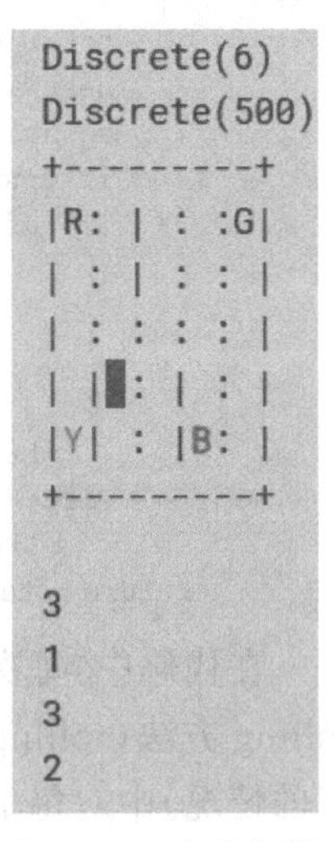

图 7-6 “出租车调度”的环境

运行程序,效果如图 7-6 所示。

在图 7-6 所示的“出租车调度”环境中有六个动作:上、下、左、右、请乘客上车、请乘客下车。方块表示汽车有无乘客,颜色为黄色表示没有乘客,颜色为绿色表示有乘客。汽车只能在虚线部分改变方向。R、G、Y、B 是四个站点,代号分别是 0、1、2、3,蓝色代表乘客所在位置,红色代表乘客目的地。每个状态由一个元组(taxirow,taxicol,passloc,destidx)表示,对应输出值(3,1,3,2),前两个元素表示出租车的坐标,第三、第四个元素分别是乘客所在位置和目的地的代号。因此共有(5×5)×5×4=500 个状态。每试图移动一次的收益是−1,错误地让乘客下车或上车收益是−10,顺利地完成一次任务收益是 20,直到完成任务或者 200 步后还没能完成任务就结束。

(2) 定义一个 agent 类(SARSAagent)。

```
class SARSAagent:
    def __init__(self, env, gamma = 0.9, learning_rate = 0.1, epsilon = 0.1):
        self.gamma = gamma
        self.learning_rate = learning_rate
        self.epsilon = epsilon
        self.action_n = env.action_space.n
        self.q_table = np.zeros((env.observation_space.n, env.action_space.n))

    def use_epsilon_greedy_policy(self, state):
        if np.random.uniform() > self.epsilon:
            action = np.argmax(self.q_table[state])
        else:
            action = np.random.randint(self.action_n)
        return action

    def learn(self, state, action, reward, next_state, next_action, done):
        td_target = reward + self.gamma * self.q_table[next_state][next_action] * (1. - done)
        td_error = td_target - self.q_table[state][action]
        self.q_table[state][action] += self.learning_rate * td_error
```

(3) 结合 SARSA 算法定义 execute_SARSA_one_episode。

```
def execute_SARSA_one_episode(env, agnet, render = False):
    total_steps, total_rewards = 0.0, 0.0
    state = env.reset()
    action = agent.use_epsilon_greedy_policy(state)
    while True:
        if render:
            env.render()
            clear_output(wait = True)
            time.sleep(0.02)
        next_state, reward, done, _ = env.step(action)
        total_steps += 1.
```

```
        total_rewards += reward
        next_action = agent.use_epsilon_greedy_policy(next_state)
        agent.learn(state, action, reward, next_state, next_action, done)
        if done:
            if render:
                clear_output(wait = True)
                print('END')
                print('total_steps: ', total_steps)
                time.sleep(3)
            break
        else:
            state, action = next_state, next_action
    return total_steps, total_rewards
```

在代码中，每次对 agent 类进行初始化时都将 Q-table 中的每个值都定义成 0，在每个 rolling 方法（rolling 是一种数据处理操作，通常用于时间序列数据或其他需要移动窗口计算的情况）中对每个"状态-动作"对按照 SARSA 算法进行一次更新。如果使用 rolling 方法 5000 次，则每个"状态-动作"对都将收敛。

（4）这里用到了一个 unzip 的小技巧：list(zip(* result))。

```
agent = SARSAagent(env)
result = [execute_SARSA_one_episode(env, agent) for _ in range(5000)]
unziped_resutl = list(zip( * result))
steps = list(unziped_resutl[0])
rewards = list(unziped_resutl[1])
```

（5）利用 pandas 中的 rolling 方法平滑曲线并将其绘制出来，如图 7-7 所示。

```
steps_smoothed = pd.Series(steps).rolling(20, min_periods = 20).mean()
plt.figure(figsize = (15, 8))
plt.xticks(fontsize = 20)
plt.yticks(fontsize = 20)
plt.plot(steps_smoothed, color = 'b')
plt.savefig('SARSA_steps_of_each_episode.png')
```

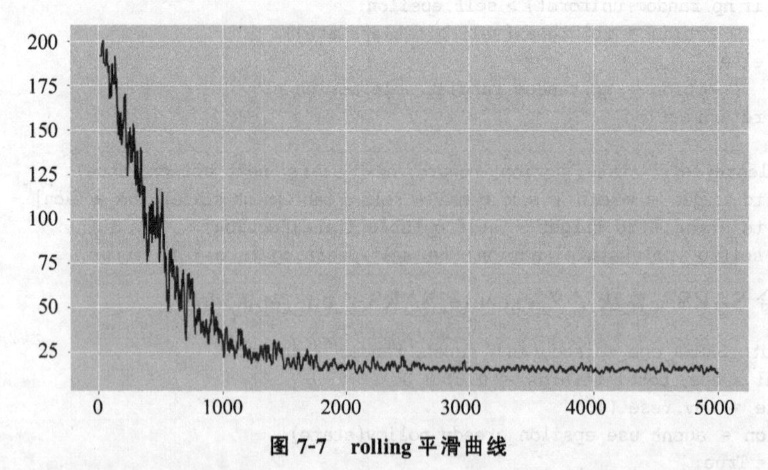

图 7-7　rolling 平滑曲线

由图 7-7 可以看到，随着 rolling 的增多，agent 从一开始走完 200 步都不能完成任务到最后基本上走约 20 步就能完成。

（6）收益曲线也相应地逐渐收敛，效果如图 7-8 所示。

```
rewards_smoothed = pd.Series(rewards).rolling(20,20).mean()
```

```
plt.figure(figsize = (15, 8))
plt.xticks(fontsize = 20)
plt.yticks(fontsize = 20)
plt.plot(rewards_smoothed, color = 'b')
plt.savefig('SARSA_rewards_of_each_episode.png')
```

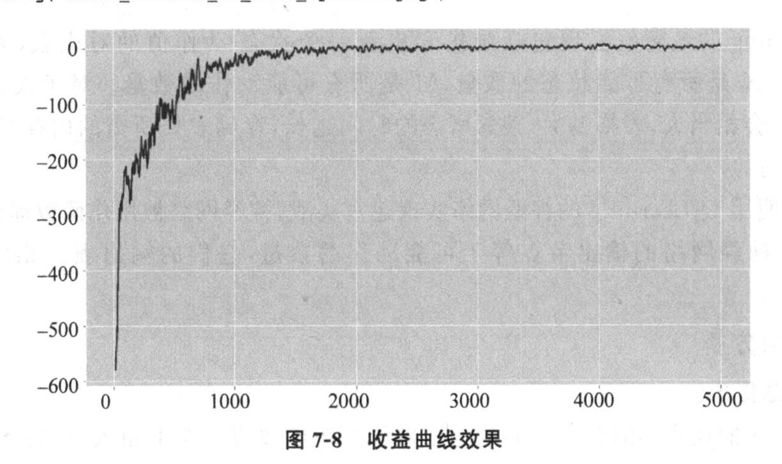

图 7-8 收益曲线效果

(7) 最后打印 Q_table 和 policy。

```
pd.DataFrame(agent.q_table)
           0           1           2           3           4           5
0     0.000000    0.000000    0.000000    0.000000    0.000000    0.000000
1    -3.985126   -3.424446   -4.072099   -3.732169   -1.682856   -8.041540
2    -1.466943    0.117121    0.119486    0.656357    4.190408   -4.835304
3    -3.140358   -2.997036   -3.705371   -2.777566   -0.355685   -8.073674
4    -6.745418   -6.919960   -6.771730   -6.735160   -9.493358  -10.074422
...        ...         ...         ...         ...         ...         ...
495   0.000000    0.000000    0.000000    0.000000    0.000000    0.000000
496  -2.881833   -2.833192   -2.878966   -2.271016   -3.764418   -3.745854
497  -1.783886   -1.318232   -1.769246   -0.026576   -1.909000   -2.861079
498  -3.281427   -3.167514   -3.254752   -2.458533   -4.899401   -4.452290
499  -0.190000   -0.199000    0.757882   14.562293   -2.731714   -1.000000
```

7.3 Q-Learning 算法

1. 概述

假如有一个由状态 s 描述的环境($s \in S$,S 是所有可能状态的集合),一个能够执行动作 a 的智能体($a \in A$,A 是所有可能动作的集合),智能体的动作致使智能体从一个状态转移到另外一个状态。智能体的行为会得到奖励,而智能体的目标就是最大化奖励。

在 Q-Learning 中,智能体计算能够最大化奖励 R 的状态-动作组合,以此学习要采取的动作(策略 π),在选择动作时,智能体不仅要考虑当前的奖励,还要尽量考虑未来的奖励:

$$Q: S \times A \rightarrow R$$

智能体从任意初始状态 Q 开始,选择一个动作 a 并得到奖励 r,然后更新状态为 s'(主要受过去的状态 s 和动作 a 的影响),新的 Q 值为

$$Q(s,a) = (1-a)Q(s,a) + \alpha[r + \gamma \max'_a Q(s',a')]$$

其中，α 是学习率；γ 是折扣因子。第一项保留 Q 的旧值，第二项对 Q 值进行更新估计（包括当前奖励和未来动作的折扣奖励），这会导致在结果状态不满意时降低 Q 值，从而确保智能体在下一次处于此状态时不会选择相同的动作。类似地，当对当前状态满意时，对应的 Q 值将增加。

Q-Learning 的最简单实现包括维护和更新一个状态-动作值的对应表，表格大小为 $N\times M$，其中 N 是所有可能状态的数量，M 是所有可能动作的数量。对于大多数环境来说，这个表格会相当大，表格越大，搜索所需的时间越长，存储表格所需的内存越多，因此该方案并不可行。

本节将使用 Q-Learning 的神经网络实现迷宫实战，神经网络被用作函数逼近器来预测值函数（Q），神经网络的输出节点等于可能动作的数量，它们的输出表示相应动作的值函数。

2. 实例分析

（1）问题提出。

一个 8×8 的迷宫，相比于 6×6 的迷宫做了简单的改进。左上角入口，右下角出口（黄色方块），红色方块为玩家，黑色方块为障碍物，如图 7-9 所示。

（2）思路分析。

强化学习的本质是描述和解决智能体在与环境交互过程中学习策略以最大化回报或实现特定目标的问题。智能体和环境的交互遵从马尔可夫决策。智能体强化学习的框架如图 7-10 所示。

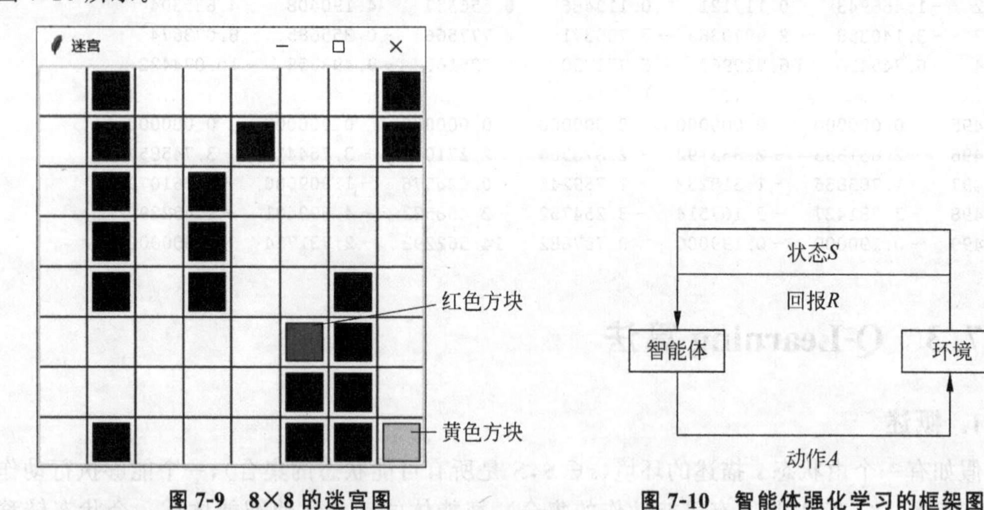

图 7-9 8×8 的迷宫图　　图 7-10 智能体强化学习的框架图

三个集合的定义如下：

- 状态集（S）：表示智能体的状态的集合，实例中智能体的状态就是智能体所在的位置。具体为[0,1,…,63]，共 64 个状态（位置）。
- 动作集（A）：表示智能体动作的集合。本文中智能体的动作只包括上下左右。具体为['u','d','l','r']，共四种动作。
- 奖励集（R）：每个位置有一个奖励值。智能体需要根据到达终点的奖励值总和来计算最优路径。其中，空白格子奖励值为 0，障碍物奖励值为 −10，终点奖励值为 10。

具体为[0,−10,0,0,…,10],共64个。

(3) 实现代码。

```
import pandas as pd
import random
import time
import pickle
import pathlib
import os
import tkinter as tk

'''
 8 * 8 的迷宫:
-------------------------------------------------------------
| 入口 | 陷阱 |      |      |      |      |      | 陷阱 |
-------------------------------------------------------------
|      | 陷阱 |      |      | 陷阱 |      |      | 陷阱 |
-------------------------------------------------------------
|      | 陷阱 |      | 陷阱 |      |      |      |      |
-------------------------------------------------------------
|      | 陷阱 |      | 陷阱 |      |      |      |      |
-------------------------------------------------------------
|      | 陷阱 |      | 陷阱 |      |      | 陷阱 |      |
-------------------------------------------------------------
|      |      |      |      |      |      | 陷阱 |      |
-------------------------------------------------------------
|      |      |      |      |      | 陷阱 | 陷阱 |      |
-------------------------------------------------------------
|      | 陷阱 |      |      |      | 陷阱 | 陷阱 | 出口 |
-------------------------------------------------------------
'''

class Maze(tk.Tk):
    '''环境类(GUI)'''
    UNIT = 40                                           # pixels
    MAZE_H = 8                                          # grid height
    MAZE_W = 8                                          # grid width

    def __init__(self):
        '''初始化'''
        super().__init__()
        self.title('迷宫')
        h = self.MAZE_H * self.UNIT
        w = self.MAZE_W * self.UNIT
        self.geometry('{0}x{1}'.format(h, w))           # 窗口大小
        self.canvas = tk.Canvas(self, bg = 'white', height = h, width = w)
        # 画网格
        for c in range(0, w, self.UNIT):
            self.canvas.create_line(c, 0, c, h)
        for r in range(0, h, self.UNIT):
            self.canvas.create_line(0, r, w, r)
        # 画障碍物
        self._draw_rect(1, 0, 'black')
        self._draw_rect(1, 1, 'black')
```

```
        self._draw_rect(1, 2, 'black')
        self._draw_rect(1, 3, 'black')
        self._draw_rect(1, 4, 'black')
        self._draw_rect(3, 2, 'black')
        self._draw_rect(3, 3, 'black')
        self._draw_rect(3, 4, 'black')
        self._draw_rect(5, 6, 'black')
        self._draw_rect(5, 7, 'black')
        self._draw_rect(6, 4, 'black')
        self._draw_rect(6, 5, 'black')
        self._draw_rect(6, 6, 'black')
        self._draw_rect(6, 7, 'black')
        self._draw_rect(4, 1, 'black')
        self._draw_rect(1, 7, 'black')
        self._draw_rect(7, 0, 'black')
        self._draw_rect(7, 1, 'black')
        #画奖励
        self._draw_rect(7, 7, 'yellow')
        #画玩家(保存!!)
        self.rect = self._draw_rect(0, 0, 'red')
        self.canvas.pack()                               #显示画作

    def _draw_rect(self, x, y, color):
        '''画矩形,x,y表示横、竖第几个格子'''
        padding = 5                                      #内边距5px,参见CSS
        coor = [self.UNIT * x + padding, self.UNIT * y + padding, self.UNIT * (x + 1) - padding,
                self.UNIT * (y + 1) - padding]
        return self.canvas.create_rectangle( * coor, fill = color)

    def move_to(self, state, delay = 0.01):
        '''玩家根据传入的状态移动到新位置'''
        coor_old = self.canvas.coords(self.rect)        #形如[5.0, 5.0, 35.0, 35.0](第一个格子
                                                         #左上、右下坐标)
        x, y = state % 8, state // 8                     #横竖第几个格子
        padding = 5                                      #内边距5px
        coor_new = [self.UNIT * x + padding, self.UNIT * y + padding, self.UNIT * (x +
1) - padding,
                    self.UNIT * (y + 1) - padding]
        #左上角顶点坐标之差
        dx_pixels, dy_pixels = coor_new[0] - coor_old[0], coor_new[1] - coor_old[1]
        self.canvas.move(self.rect, dx_pixels, dy_pixels)
        self.update()                                    #tkinter内置的update
        time.sleep(delay)

class Agent(object):
    '''个体类'''
    def __init__(self, alpha = 0.1, gamma = 0.9):
        '''初始化'''
        self.states = range(64)                          #状态集。0~35 共36个状态
        self.actions = list('udlr')                      #动作集。上下左右4个动作
        self.rewards = [0, -10, 0, 0, 0, 0, 0, -10,
                        0, -10, 0, 0, -10, 0, 0, -10,
                        0, -10, 0, -10, 0, 0, 0, 0,
                        0, -10, 0, -10, 0, 0, 0, 0,
```

```
                                0, -10, 0, -10, 0, 0, -10, 0,
                                0, 0, 0, 0, 0, 0, -10, 0,
                                0, 0, 0, 0, 0, -10, -10, 0,
                                0, -10, 0, 0, 0, -10, -10, 10] #奖励集。出口奖励10,陷阱奖励-10。
                                                          #陷阱位置
self.hell_states = [1, 7, 9, 12, 15, 17, 19, 25, 27, 33, 35, 38, 46, 53, 54, 57, 61, 62]
        self.alpha = alpha
        self.gamma = gamma
        self.q_table = pd.DataFrame(data = [[0 for _ in self.actions] for _ in self.states],
                                    index = self.states,
                                    columns = self.actions)  #定义Q-table
    def save_policy(self):
        '''保存Q table'''
        with open('q_table.pickle', 'wb') as f:
            #Pickle the 'data' dictionary using the highest protocol available.
            pickle.dump(self.q_table, f, pickle.HIGHEST_PROTOCOL)

    def load_policy(self):
        '''导入Q table'''
        with open('q_table.pickle', 'rb') as f:
            self.q_table = pickle.load(f)

    def choose_action(self, state, epsilon = 0.8):
        '''选择相应的动作。根据当前状态,按照参数epsilon,选择随机或贪婪'''
        if random.uniform(0, 1) > epsilon:                    #探索
            action = random.choice(self.get_valid_actions(state))
        else:
            s = self.q_table.loc[state].filter(items = self.get_valid_actions(state))
            action = random.choice(s[s == s.max()].index)    #从可能有多个的最大值里面
                                                              #随机选择一个
        return action

    def get_q_values(self, state):
        '''取给定状态state的所有Q value'''
        q_values = self.q_table.loc[state, self.get_valid_actions(state)]
        return q_values

    def update_q_value(self, state, action, next_state_reward, next_state_q_values):
        '''更新Q value,根据贝尔曼方程'''
        self.q_table.loc[state, action] += self.alpha * (
                next_state_reward + self.gamma * next_state_q_values.max() - self.q_
table.loc[state, action])

    def get_valid_actions(self, state):
        '''
        取当前状态下的合法动作集合
        global reward
        valid_actions = reward.ix[state, reward.ix[state]!= 0].index
        return valid_actions
        '''
        valid_actions = set(self.actions)
        if state % 8 == 7:                                    #最后一列,则
            valid_actions -= set(['r'])                       #无向右的动作
        if state % 8 == 0:                                    #最前一列,则
```

```
            valid_actions -= set(['l'])                  #去掉向左的动作
        if state // 8 == 7:                              #最后一行,则
            valid_actions -= set(['d'])                  #无向下
        if state // 8 == 0:                              #最前一行,则
            valid_actions -= set(['u'])                  #无向上
        return list(valid_actions)

    def get_next_state(self, state, action):
        '''对状态执行动作后,得到下一状态'''
        #u,d,l,r,n = -6,+6,-1,+1,0
        if state % 8 != 7 and action == 'r':             #除最后一列,皆可向右(+1)
            next_state = state + 1
        elif state % 8 != 0 and action == 'l':           #除最前一列,皆可向左(-1)
            next_state = state - 1
        elif state // 8 != 7 and action == 'd':          #除最后一行,皆可向下(+2)
            next_state = state + 8
        elif state // 8 != 0 and action == 'u':          #除最前一行,皆可向上(-2)
            next_state = state - 8
        else:
            next_state = state
        return next_state

    def learn(self, env=None, episode=1000, epsilon=0.8):
        '''q-learning算法'''
        print('Agent is learning...')
        for i in range(episode):
            """从最左边的位置开始"""
            current_state = self.states[0]

            if env is not None:                          #若提供了环境,则重置
                env.move_to(current_state)
      #从当前的合法动作中,随机(或贪婪)的选一个作为当前动作
            while current_state != self.states[-1]:
                #按一定概率,随机或贪婪地选择
                current_action = self.choose_action(current_state, epsilon)
                '''执行当前动作,得到下一个状态(位置)'''
                next_state = self.get_next_state(current_state, current_action)
                next_state_reward = self.rewards[next_state]
                '''取下一个状态所有的Q-value,取其最大值'''
                next_state_q_values = self.get_q_values(next_state)
                '''根据贝尔曼方程更新Q-table中当前状态-动作对应的Q-value'''
                 self.update_q_value(current_state, current_action, next_state_reward, next_
state_q_values)
                '''进入下一个状态(位置)'''
                current_state = next_state

                if env is not None:                      #若提供了环境,则更新之
                    env.move_to(current_state)
            print(i)
        print('\nok')

    def test(self):
        '''测试agent是否已具有智能'''
        count = 0
```

```
        current_state = self.states[0]
        while current_state != self.states[-1]:
            current_action = self.choose_action(current_state, 1.)   # 1.贪婪
            next_state = self.get_next_state(current_state, current_action)
            current_state = next_state
            count += 1

            if count > 64:                 # 没有在 36 步之内走出迷宫,则
                return False               # 无智能
        return True                        # 有智能

    def play(self, env=None, delay=0.5):
        '''玩游戏,使用策略'''
        assert env != None, 'Env must be not None!'

        if not self.test():                # 若尚无智能,则
            if pathlib.Path("q_table.pickle").exists():
                self.load_policy()
            else:
                print("在玩这个游戏之前需要学习.")
                self.learn(env, episode=1000, epsilon=0.8)
                self.save_policy()

        print('Agent 正在运行中...')
        current_state = self.states[0]
        env.move_to(current_state, delay)
        while current_state != self.states[-1]:
            current_action = self.choose_action(current_state, 1.)   # 1.贪婪
            next_state = self.get_next_state(current_state, current_action)
            current_state = next_state
            env.move_to(current_state, delay)
        print('\n 恭喜,Agent 获得了!')

if __name__ == '__main__':
    env = Maze()                                        # 环境
    agent = Agent()                                     # 个体(智能体)
    agent.learn(env, episode=100, epsilon=0.8)          # 先学习
    agent.save_policy()
    agent.load_policy()
    agent.play(env)                                     # 再玩耍
```

7.4 DQN 算法

Q-Learning 算法采用一个 Q-table 来记录每个状态下的动作值,当状态空间或动作空间较大时,需要的存储空间也会较大。如果状态空间或动作空间连续,则该算法无法使用。因此,Q-Learning 算法只能用于解决离散低维状态空间和动作空间类问题。DQN 算法的核心就是用一个人工神经网络来代替 Q-table,即动作值函数。网络的输入为状态信息,输出为每个动作的价值,因此 DQN 算法可以用来解决连续状态空间和离散动作空间问题,无法解决连续动作空间类问题。

7.4.1 DQN算法原理

DQN算法是一种off-policy算法，当同时出现异策、自溢和函数近似时，无法保证收敛性，容易出现训练不稳定或训练困难等问题。针对这些问题，研究人员主要从以下两方面进行了改进。

(1) 经验回放：将经验(当前状态、动作、即时奖励、下个状态、回合状态)存放在经验池中，并按照一定的规则采样。

(2) 目标网络：修改网络的更新方式，例如不把刚学习到的网络权重马上用于后续的自溢过程。

1. 经验回放

经验回放就是一种让经验概率分布变得稳定的技术，可以提高训练的稳定性。经验回放主要有"存储"和"回放"两大关键步骤：

- 存储：将经验以$(s_t, a_t, r_{t+1}, s_{t+1}, done)$形式存储在经验池中。
- 回放：按照某种规则从经验池中采样一条或多条经验数据。

从存储的角度来看，经验回放可以分为集中式回放和分布式回放：

- 集中式回放：智能体在一个环境中运行，把经验统一存储在经验池中。
- 分布式回放：多个智能体同时在多个环境中运行，并将经验统一存储在经验池中。由于多个智能体同时生成经验，所以能够使用更多资源的同时更快地收集经验。

从采样的角度来看，经验回放可以分为均匀回放和优先回放：

- 均匀回放：等概率从经验池中采样经验。
- 优先回放：为经验池中每条经验指定一个优先级，在采样经验时更倾向于选择优先级更高的经验。一般的做法是，如果某条经验(例如经验)的优先级为，那么选取该经验的概率为

$$p_i = \frac{p_k}{\sum p_k}$$

经验回放存在以下两个优点：

(1) 在训练Q网络时，可以打破数据之间的相关性，使得数据满足独立同分布，从而减小参数更新的方差，提高收敛速度。

(2) 能够重复使用经验，数据利用率高，对于数据获取困难的情况尤其有用。

而经验回放的缺点是无法应用于回合更新和多步学习算法。但是将经验回放应用于Q学习，就可避免这个缺点。

2. 目标网络

对于基于自溢的Q学习，动作价值估计和权重有关。当权重变化时，动作价值的估计也会发生变化。在学习的过程中，动作价值试图追逐一个变化的回报，容易出现不稳定的情况。

目标网络是在原有的神经网络之外重新搭建一个结构完全相同的网络。原先的网络称为评估网络，新构建的网络称为目标网络。在学习过程中，使用目标网络进行自溢得到回报的评估值，作为学习目标。在更新过程中，只更新评估网络的权重，而不更新目标网络的权

重。这样,更新权重时针对的目标不会在每次迭代都发生变化,是一个固定的目标。在更新一定次数后,再将评估网络的权重复制给目标网络,进而进行下一批更新,这样目标网络也能得到更新。由于在目标网络没有变化的一段时间内回报的估计是相对固定的,因此目标网络的引入增加了学习的稳定性。

因此,在一段时间内固定目标网络,一定次数后将评估网络权重复制给目标网络的更新方式为硬更新(hard update),即

$$w_t \leftarrow w_e$$

其中,w_t 表示目标网络权重,w_e 表示评估网络权重。

另外一种常用的更新方式为软更新(soft update),即引入一个学习率 τ,将旧的目标网络参数和新的评估网络参数直接做加权平均后的值赋值给目标网络:

$$w_t \leftarrow \tau w_e + (1-\tau) w_t$$

其中,学习率 $\tau \in (0,1)$。

7.4.2 DQN 算法实战

对于像 Pac-Man 或 Breakout 这样的 Atari 游戏,需要预处理观测状态空间,它由 33600 个像素(RGB 的 3 个通道)组成。这些像素中的每一个都可以取 0～255 的任意值。preprocess 函数需要能够量化可能的像素值,同时减小观测状态空间。

此处利用 Scipy 的 imresize 函数采样图像,函数 preprocess 会在将图像输入到 DQN 之前,对图像进行预处理:

```
def preprocess(img):
    img_temp = img[31:195]  #选择图像的重要区域
    img_temp = img_temp.mean(axis = 2)  #转换为灰度图
    #使用最近邻插值向下采样图像
    img_temp = imresize(img_temp, size = (IM_SIZE, IM_SIZE), interp = 'nearest')
    return img_temp
```

其中,IM_SIZE 是一个全局参数,这里设置为 80。preprocess 函数具有描述每个步骤的注释。图 7-11 是预处理前后的观测空间。

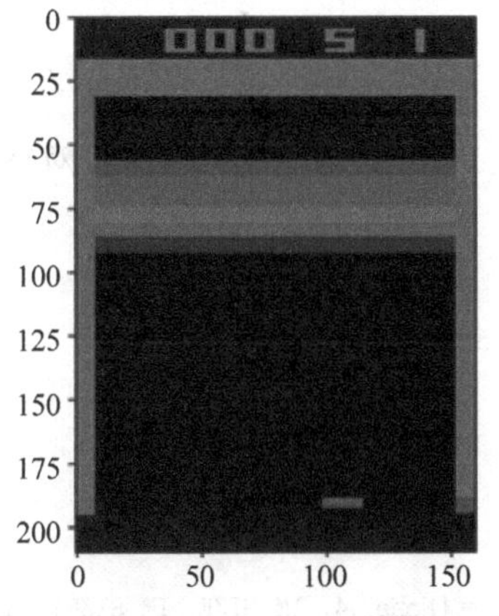

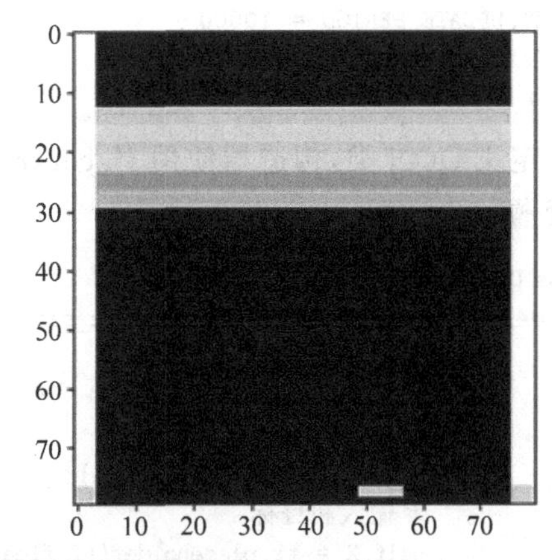

图 7-11　预处理前后的观测空间

另外,需要注意的是,当前观测空间并没有给出完整的游戏画面,例如只看图 7-11 不能

确定下面的板子是向左还是向右。因此，要完全理解游戏的当前状态，需要考虑动作和观测的序列。

本实例考虑四个动作和观测序列来确定当前情况并训练智能体。update_state 函数用来将当前观测状态附加到以前的状态，从而产生状态序列：

```
def update_state(state, obs):
    obs_small = preprocess(obs)
    return np.append(state[1:], np.expand_dims(obs_small, 0), axis = 0)
```

最后，为了训练稳定性，使用 target_network（目标网络）的概念，这是 DQN 的副本，但并不如同 DQN 一样更新。这里使用目标网络为 DQN 网络生成目标价值函数，在每一步中正常更新 DQN，同时在规律性的时间间隔之后更新 target_network（与 DQN 相同）。由于所有更新都在 TensorFlow 会话中进行，因此需要使用名称作用域来区分 target_network 和 DQN 网络。

具体实现步骤如下：

(1) 导入必要的模块。使用 sys 模块的 stdout.flush()来刷新标准输出（此例中是计算机屏幕）中的数据。random 模块用于从经验回放缓存（存储过去经验的缓存）中获得随机样本。datatime 模块用于记录训练花费的时间。

```
import gym
import sys
import random
import numpy as np
import tensorflow as tf
import matplotlib.pyplot as plt
from datetime import datetime
from scipy.misc import imresize
```

(2) 定义训练的超参数，可以尝试改变它们，定义了经验回放缓存的最小和最大尺寸，以及目标网络更新的次数。

```
MAX_EXPERIENCES = 500000
MIN_EXPERIENCES = 50000
TARGET_UPDATE_PERIOD = 10000
IM_SIZE = 80
K = 4
```

(3) 定义 DQN 类，构造器使用 tf.contrib.layers.conv2d 函数构建 CNN 网络，定义损失和训练操作。

```
class DQN:
    def __init__(self, K, scope, save_path = 'models/atari.ckpt'):
        self.K = K
        self.scope = scope
        self.save_path = save_path
        with tf.variable_scope(scope):
            # 输入和目标
            self.X = tf.placeholder(tf.float32, shape = (None, 4, IM_SIZE, IM_SIZE), name = 'X')
            # tensorflow 卷积需要的顺序是:(num_samples, height, width, "color")
            self.G = tf.placeholder(tf.float32, shape = (None,), name = 'G')
            self.actions = tf.placeholder(tf.int32, shape = (None,), name = 'actions')
```

```
        #计算产量和成本
        #卷积层
        Z = self.X / 255.0
        Z = tf.transpose(Z, [0, 2, 3, 1])
        cnn1 = tf.contrib.layers.conv2d(Z, 32, 8, 4, activation_fn=tf.nn.relu)
        cnn2 = tf.contrib.layers.conv2d(cnn1, 64, 4, 2, activation_fn=tf.nn.relu)
        cnn3 = tf.contrib.layers.conv2d(cnn2, 64, 3, 1, activation_fn=tf.nn.relu)
        #全连接层
        fc0 = tf.contrib.layers.flatten(cnn3)
        fc1 = tf.contrib.layers.fully_connected(fc0, 512)
        #最后输出层
        self.predict_op = tf.contrib.layers.fully_connected(fc1, K)

        selected_action_values = tf.reduce_sum(self.predict_op * tf.one_hot(self
.actions, K),
            reduction_indices=[1]
        )
        self.cost = tf.reduce_mean(tf.square(self.G - selected_action_values))
        self.train_op = tf.train.RMSPropOptimizer(0.00025, 0.99, 0.0, 1e-6)
.minimize(self.cost)
```

（4）类中用 set_session()函数建立会话，用 predict()预测动作值函数，用 update()更新网络，在 sample_action()函数中用 Epsilon 贪婪算法选择动作。

```
def set_session(self, session):
    self.session = session

def predict(self, states):
    return self.session.run(self.predict_op, feed_dict={self.X: states})

def update(self, states, actions, targets):
    c, _ = self.session.run(
        [self.cost, self.train_op],
        feed_dict={
            self.X: states,
            self.G: targets,
            self.actions: actions
        }
    )
    return c

def sample_action(self, x, eps):
    """Implements epsilon greedy algorithm"""
    if np.random.random() < eps:
        return np.random.choice(self.K)
    else:
        return np.argmax(self.predict([x])[0])
```

（5）另外还定义了加载和保存网络的方法，因为训练需要消耗大量时间。

```
def load(self):
    self.saver = tf.train.Saver(tf.global_variables())
    load_was_success = True
    try:
        save_dir = '/'.join(self.save_path.split('/')[:-1])
```

```
            ckpt = tf.train.get_checkpoint_state(save_dir)
            load_path = ckpt.model_checkpoint_path
            self.saver.restore(self.session, load_path)
        except:
            print("no saved model to load. starting new session")
            load_was_success = False
        else:
            print("loaded model: {}".format(load_path))
            saver = tf.train.Saver(tf.global_variables())
            episode_number = int(load_path.split('-')[-1])

    def save(self, n):
        self.saver.save(self.session, self.save_path, global_step=n)
        print("SAVED MODEL #{}".format(n))
```

(6) 将主 DQN 网络的参数复制到目标网络的方法定义如下。

```
def copy_from(self, other):
    mine = [t for t in tf.trainable_variables() if t.name.startswith(self.scope)]
    mine = sorted(mine, key=lambda v: v.name)
    theirs = [t for t in tf.trainable_variables() if t.name.startswith(other.scope)]
    theirs = sorted(theirs, key=lambda v: v.name)

    ops = []
    for p, q in zip(mine, theirs):
        actual = self.session.run(q)
        op = p.assign(actual)
        ops.append(op)
    self.session.run(ops)
```

(7) 定义函数 learn(),预测价值函数并更新原始的 DQN 网络。

```
def learn(model, target_model, experience_replay_buffer, gamma, batch_size):
    #样本体验
    samples = random.sample(experience_replay_buffer, batch_size)
    states, actions, rewards, next_states, dones = map(np.array, zip(*samples))

    #计算目标
    next_Qs = target_model.predict(next_states)
    next_Q = np.amax(next_Qs, axis=1)
    targets = rewards + np.invert(dones).astype(np.float32) * gamma * next_Q

    #更新模型
    loss = model.update(states, actions, targets)
    return loss
```

(8) 现在已经在主代码中定义了所有要素,下面构建和训练一个 DQN 网络来玩 Atari 的游戏。代码中有详细的注释,这主要是之前 Q-Learning 代码的一个扩展,增加了经验回放缓存。

```
if __name__ == '__main__':
    #hyperparameters 等
    gamma = 0.99
    batch_sz = 32
    num_episodes = 500
    total_t = 0
```

```
experience_replay_buffer = []
episode_rewards = np.zeros(num_episodes)
last_100_avgs = []

#epsilon 的 Greedy 算法
epsilon = 1.0
epsilon_min = 0.1
epsilon_change = (epsilon - epsilon_min) / 500000

#创建 Atari 环境
env = gym.envs.make("Breakout-v0")
#创建原始数据和目标数据网络
model = DQN(K=K, gamma=gamma, scope="model")
target_model = DQN(K=K, gamma=gamma, scope="target_model")

with tf.Session() as sess:
    model.set_session(sess)
    target_model.set_session(sess)
    sess.run(tf.global_variables_initializer())
    model.load()

    print("Filling experience replay buffer...")
    obs = env.reset()
    obs_small = preprocess(obs)
    state = np.stack([obs_small] * 4, axis=0)

    #填充 experience 回放缓冲区
    for i in range(MIN_EXPERIENCES):

        action = np.random.randint(0,K)
        obs, reward, done, _ = env.step(action)
        next_state = update_state(state, obs)
        experience_replay_buffer.append((state, action, reward, next_state, done))

        if done:
            obs = env.reset()
            obs_small = preprocess(obs)
            state = np.stack([obs_small] * 4, axis=0)
        else:
            state = next_state

    for i in range(num_episodes):
        t0 = datetime.now()
        #重置环境
        obs = env.reset()
        obs_small = preprocess(obs)
        state = np.stack([obs_small] * 4, axis=0)
        assert (state.shape == (4, 80, 80))
        loss = None

        total_time_training = 0
        num_steps_in_episode = 0
        episode_reward = 0
        done = False
```

```
            while not done:

                #更新目标环境
                if total_t % TARGET_UPDATE_PERIOD == 0:
                    target_model.copy_from(model)
                    print("Copied model parameters to target network. total_t = %s, period =
%s" % (total_t, TARGET_UPDATE_PERIOD))
                #采取行动
                action = model.sample_action(state, epsilon)
                obs, reward, done, _ = env.step(action)
                obs_small = preprocess(obs)
                next_state = np.append(state[1:], np.expand_dims(obs_small, 0), axis = 0)

                episode_reward += reward
                #如果重放缓冲区已满,请删除旧的经验
                if len(experience_replay_buffer) == MAX_EXPERIENCES:
                    experience_replay_buffer.pop(0)

                #保存最近的经验
                experience_replay_buffer.append((state,action,reward,next_state, done))

                #训练模型并记录时间
                t0_2 = datetime.now()
                loss = learn(model,target_model,experience_replay_buffer,gamma, batch_sz)
                dt = datetime.now() - t0_2
                total_time_training += dt.total_seconds()
                num_steps_in_episode += 1
                state = next_state
                total_t += 1
                epsilon = max(epsilon - epsilon_change, epsilon_min)

            duration = datetime.now() - t0
            episode_rewards[i] = episode_reward
            time_per_step = total_time_training / num_steps_in_episode

            last_100_avg = episode_rewards[max(0, i - 100):i + 1].mean()
            last_100_avgs.append(last_100_avg)
            print("Episode:",i,"Duration:",duration,"Numsteps:", num_steps_in_episode,
                  "Reward:", episode_reward, "Training time per step:", "%.3f" % time_per_
step,
                  "Avg Reward (Last 100):", "%.3f" % last_100_avg,"Epsilon:", "%.3f" %
epsilon)
            if i % 50 == 0:
                model.save(i)
            sys.stdout.flush()
    #绘图
    plt.plot(last_100_avgs)
    plt.xlabel('智能体')
    plt.ylabel('平均奖励')
    plt.show()
    env.close()
```

运行程序,结果如图 7-12 及图 7-13 所示。

从图 7-12 可以看出,随着训练,智能体获得越来越高的奖励。

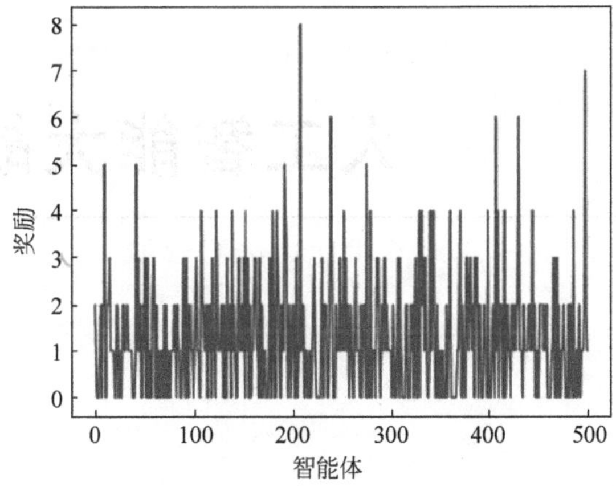

图 7-12 智能体获得奖励过程

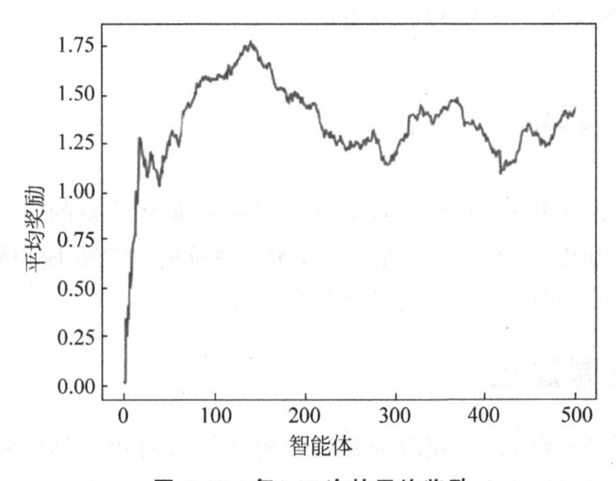

图 7-13 每 100 次的平均奖励

图 7-13 是每 100 次运行的平均奖励，更清晰地展示了奖励的提高。这只是在前 500 次运行后的训练结果。要想获得更好的结果，需要训练更多次，大约 1 万次。

第8章 人工智能大战

CHAPTER 8

在前面的章节内容中，对机器学习、神经网络、深度学习等相关人工智能概念进行了介绍，本章主要通过实例来演示人工智能的应用。

8.1 爬虫实战

在互联网软件开发工程师的分类中，爬虫工程师是非常重要的。爬虫工作往往是一个公司核心业务开展的基础，只有数据抓取下来，才有后续的加工处理和最终展现。此时数据的抓取规模、稳定性、实时性、准确性就显得非常重要。

8.1.1 什么是爬虫

爬虫指的是向网站发起请求，获取资源后分析并提取有用数据的程序。从技术层面来说，就是通过程序模拟浏览器请求站点的行为，把站点返回的HTML代码/JSON数据/二进制数据(图片、视频)传到本地，进而提取自己需要的数据，存放起来使用。

网络爬虫的基本工作流程如下：

(1) 选取一部分精心挑选的种子URL。

(2) 将这些URL放入待抓取URL队列。

(3) 从待抓取URL队列中取出待抓取的URL，解析DNS，并且得到主机的IP，并将URL对应的网页下载下来，存储进已下载网页库中。此外，将这些URL放进已抓取URL队列。

(4) 分析已抓取URL队列中的URL，分析其中的其他URL，并且将URL放入待抓取URL队列，从而进入下一个循环，如图8-1所示。

8.1.2 网络爬虫是否合法

网络爬虫合法吗？从目前的情况来看，如果抓取的数据属于个人或科研范畴，基本不存在问题；而如果数据属于商业盈利范畴，就要就事而论，有可能属于违法行为，也有可能不违法。

1. Robots 协议

Robots协议(爬虫协议)的全称是“网络爬虫排除标准”(robots exclusion protocol)，网

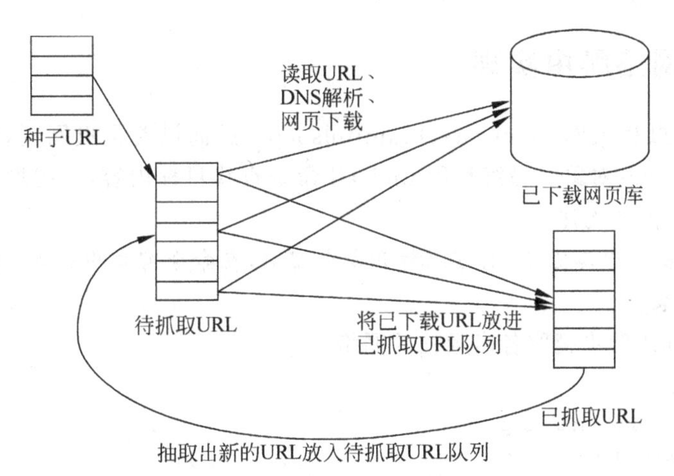

图 8-1 网络爬虫的工作流程图

络通过 Robots 协议告诉搜索引擎哪些页面可以抓取，哪些页面不能抓取。该协议是国际互联网界通告的道德规范，虽然没有写入法律，但是每一个爬虫都应该遵守这项协议。

2. 网络爬虫的约束

除了上述 Robots 协议外，我们使用网络爬虫的时候还要对自己进行约束：过于快速或频繁的网络爬虫都会对服务器产生巨大的压力，网站可能封锁你的 IP，甚至采取进一步的法律行动。因此，你需要约束自己的网络爬虫行为，将请求的速度限定在一个合理的范围之内。

实际上，由于网络爬虫获取的数据带来了巨大价值，因此网络爬虫逐渐演变成一场网站方与爬虫方的战争。在携程技术微分享上，曾分享过一个"三月爬虫"的故事，也就是每年的三月份会迎来一个爬虫高峰期。因为有大量的大学生五月份交论文，在写论文的时候会选择爬取数据，也就是 3 月份爬取数据，4 月份分析数据，5 月份交论文。

因此，各大互联网巨头也已经开始调集资源来限制爬虫，保护用户的流量和减少有价值数据的流失。但不管如何，在抓取网站的时候需要限制自己的爬虫，遵守 Robots 协议和约束网络爬虫程序的速度；在使用数据的时候必须遵守网站的知识产权。

8.1.3 Beautiful Soup 工具

Beautiful Soup 提供一些简单的、Python 式的函数来处理导航、搜索、修改分析树等功能。它是一个工具箱，通过解析文档为用户提供需要抓取的数据，因为简单，所以不需要多少代码就可以写出一个完整的应用程序。

Beautifulsoup 提供简单的抓取网页内容技巧：

(1) find_all()方法中单独的标签名，如 a，会提取网页中所有的 a 标签，这里要确保是我们所需要的链接 a，如果不是，需要加上条件(就是标签的属性，加上限制筛选)，如果这一级标签没有属性，最好往上一级找。

(2) select()方法可以按标签逐层查找到我们需要的内容，方便与内容定位，避免了单一的标签无法定位到我们所需要的内容元素。

8.1.4 网络爬虫实现

首先引入爬虫相关库：requests、beautifulsoup。进而设置爬虫网页，获得 reponse，同时设置 beautifulsoup 对象。最终利用 find_all 命令查找目标内容，并提取目标信息存储至文件中，完成数据库的构建。

提示：如果要利用其他库，则可以打开命令窗口，在命令窗口中输入：pip install 库名，即可进行自动安装。

【例 8-1】 利用爬虫爬取各出版社的网络。

```
import requests
from bs4 import BeautifulSoup
from lxml import etree
import csv

header = {"User - Agent": "Mozilla/5.0 (Windows NT 10.0; Win64; x64) AppleWebKit/537.36
(KHTML, like Gecko) Chrome/91.0.4472.77 Safari/537.36 Edg/91.0.864.41"}
#设置网站代理,反爬虫操作
f = open('dataset.csv','w',encoding = "utf - 8",newline = '""')
#内容写入,避免空格出现
csv_writer = csv.writer(f)
csv_writer.writerow(["名称","网址"])

for i in range(1,108):
    url_1 = 'http://college.gaokao.com/schlist/p'
    url = url_1 + str(i) + '/'                    #更新网站,实现翻页操作
    response = requests.get(url,headers = header)
    soup = BeautifulSoup(response.text, 'lxml')
    grid = soup.find_all(name = "strong", attrs = {"class": "blue"})
    for word in grid:
        lst = word.find(name = "a")               #解析网页信息,查询定位信息
        csv_writer.writerow([lst.string,lst['href']])
        print(lst.string)
        print(lst['href'])
```

运行程序，输出如下：

```
北京大学
http://college.gaokao.com/school/1/
中国人民大学
http://college.gaokao.com/school/2/
清华大学
http://college.gaokao.com/school/3/
...
武夷学院
http://college.gaokao.com/school/2098/
齐鲁医药学院
http://college.gaokao.com/school/2099/
```

8.1.5 创建云起书院爬虫

在开始编程之前，我们首先要根据项目需求对云起书院网站进行分析。目标是提取小说的名称、作者、分类、状态、更新时间、字数、点击量、人气和推荐等数据。首先来到书院的

书库(http://yunqi.qq.com/bk),如图 8-2 所示。

图 8-2 图书列表

可以在图书列表中找到每本书的名称、作者、分类、状态、更新时间、字数等信息。同时将页面滑到底部,可以看到翻页的按钮。

接着选其中一部小说点击进去,可以进到小说的详情页,在作品信息里,我们可以找到点击量,人气和推荐等数据,如图 8-3 所示。

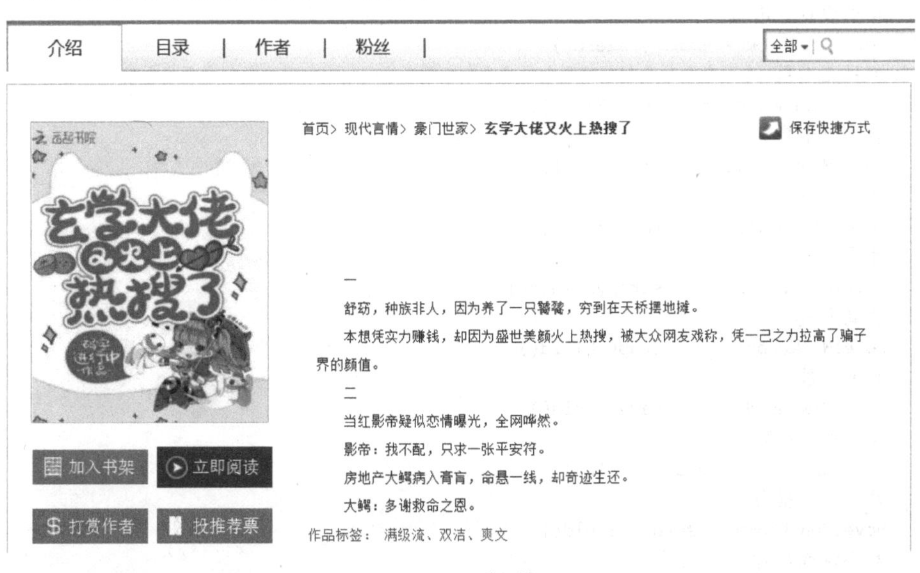

图 8-3 小说详情页

1. 定义 Item

创建完工程后,首先要做的是定义 Item,确定需要提取的结构化数据。主要定义两个

Item，一个负责装载小说的基本信息，一个负责装载小说热度（点击量和人气等）的信息。代码如下：

```
import scrapy

class YunqiBookListItem(scrapy.Item):
    #小说 id
    novelId = scrapy.Field()
    #小说名称
    novelName = scrapy.Field()
    #小说链接
    novelLink = scrapy.Field()
    #小说作者
    novelAuthor = scrapy.Field()
    #小说类型
    novelType = scrapy.Field()
    #小说状态
    novelStatus = scrapy.Field()
    #小说更新时间
    novelUpdateTime = scrapy.Field()
    #小说字数
    novelWords = scrapy.Field()
    #小说封面
    novelImageUrl = scrapy.Field()

class YunqiBookDetailItem(scrapy.Item):
    #小说 id
    novelId = scrapy.Field()
    #小说标签
    novelLabel  = scrapy.Field()
    #小说总点击量
    novelAllClick = scrapy.Field()
    #月点击量
    novelMonthClick = scrapy.Field()
    #周点击量
    novelWeekClick = scrapy.Field()
    #总人气
    novelAllPopular = scrapy.Field()
    #月人气
    novelMonthPopular = scrapy.Field()
    #周人气
    novelWeekPopular = scrapy.Field()
    #评论数
    novelCommentNum = scrapy.Field()
    #小说总推荐
    novelAllComm = scrapy.Field()
    #小说月推荐
    novelMonthComm = scrapy.Field()
    #小说周推荐
    novelWeekComm = scrapy.Field()
```

2. 编写爬虫模块

下面开始进行页面的解析，主要有两个方法。parse_book_list 方法用于解析图书列表，抽取其中的小说基本信息。parse_book_detail方法用于解析小说点击量和人气等数据。对于翻页链接抽取，则是在rules中定义抽取规则，翻页链接基本上符合"/bk/so2/n30p/d+"这种形式。YunqiQqComSpider完整代码如下：

```
import scrapy
from scrapy.linkextractors import LinkExtractor
from scrapy.spiders import CrawlSpider, Rule
from yunqiCrawl.items import YunqiBookListItem, YunqiBookDetailItem
from scrapy.http import Request

class YunqiQqComSpider(CrawlSpider):
    name = 'yunqi.qq.com'
    allowed_domains = ['yunqi.qq.com']
    start_urls = ['http://yunqi.qq.com/bk/so2/n30p1']

    rules = (
        Rule(LinkExtractor(allow=r'/bk/so2/n30p\d+'), callback='parse_book_list', follow=True),
    )

    def parse_book_list(self,response):
        books = response.xpath(".//div[@class='book']")
        for book in books:
            novelImageUrl = book.xpath("./a/img/@src").extract_first()
            novelId = book.xpath("./div[@class='book_info']/h3/a/@id").extract_first()
            novelName = book.xpath("./div[@class='book_info']/h3/a/text()").extract_first()
            novelLink = book.xpath("./div[@class='book_info']/h3/a/@href").extract_first()
            novelInfos = book.xpath("./div[@class='book_info']/dl/dd[@class='w_auth']")
            if len(novelInfos)>4:
                novelAuthor = novelInfos[0].xpath('./a/text()').extract_first()
                novelType = novelInfos[1].xpath('./a/text()').extract_first()
                novelStatus = novelInfos[2].xpath('./text()').extract_first()
                novelUpdateTime = novelInfos[3].xpath('./text()').extract_first()
                novelWords = novelInfos[4].xpath('./text()').extract_first()
            else:
                novelAuthor = ''
                novelType = ''
                novelStatus = ''
                novelUpdateTime = ''
                novelWords = 0
            bookListItem = YunqiBookListItem(novelId=novelId,novelName=novelName,
                                novelLink=novelLink,novelAuthor=novelAuthor,
                                novelType=novelType,novelStatus=novelStatus,
                                novelUpdateTime=novelUpdateTime,novelWords=novelWords,
                                novelImageUrl=novelImageUrl)
            yield bookListItem
            request = scrapy.Request(url=novelLink,callback=self.parse_book_detail)
            request.meta['novelId'] = novelId
            yield request

    def parse_book_detail(self,response):
        # from scrapy.shell import inspect_response
        # inspect_response(response, self)
        novelId = response.meta['novelId']
        novelLabel = response.xpath("//div[@class='tags']/text()").extract_first()
```

```
        novelAllClick = response.xpath(".//*[@id='novelInfo']/table/tr[2]/td[1]/text()").
extract_first()
        novelAllPopular = response.xpath(".//*[@id='novelInfo']/table/tr[2]/td[2]/text()").
extract_first()
        novelAllComm = response.xpath(".//*[@id='novelInfo']/table/tr[2]/td[3]/text()").
extract_first()

        novelMonthClick = response.xpath(".//*[@id='novelInfo']/table/tr[3]/td[1]/text()").
extract_first()
        novelMonthPopular = response.xpath(".//*[@id='novelInfo']/table/tr[3]/td[2]/text()").
extract_first()
        novelMonthComm = response.xpath(".//*[@id='novelInfo']/table/tr[3]/td[3]/text()").
extract_first()
        novelWeekClick = response.xpath(".//*[@id='novelInfo']/table/tr[4]/td[1]/text()").
extract_first()
        novelWeekPopular = response.xpath(".//*[@id='novelInfo']/table/tr[4]/td[2]/text()").
extract_first()
        novelWeekComm = response.xpath(".//*[@id='novelInfo']/table/tr[4]/td[3]/text()").
extract_first()
        novelCommentNum = response.xpath(".//*[@id='novelInfo_commentCount']/text()").
extract_first()
        bookDetailItem = YunqiBookDetailItem(novelId = novelId, novelLabel = novelLabel,
novelAllClick = novelAllClick, novelAllPopular = novelAllPopular, novelAllComm = novelAllComm,
novelMonthClick = novelMonthClick, novelMonthPopular = novelMonthPopular, novelMonthComm =
novelMonthComm, novelWeekClick = novelWeekClick, novelWeekPopular = novelWeekPopular,
novelWeekComm = novelWeekComm, novelCommentNum = novelCommentNum)
        yield bookDetailItem
```

3. Pipeline

上面完成了爬虫模块的编写,下面开始编写 Pipeline,主要是完成 Item 到 MongoDB 的存储,分成两个集合进行存储,并采用搭建的 MongoDB 集群的方式。实现代码如下:

```
# -*- coding: utf-8 -*-
import re
import pymongo
from yunqiCrawl.items import YunqiBookListItem

class YunqicrawlPipeline(object):
    def __init__(self, mongo_uri, mongo_db, replicaset):
        self.mongo_uri = mongo_uri
        self.mongo_db = mongo_db
        self.replicaset = replicaset

    @classmethod
    def from_crawler(cls, crawler):
        return cls(
            mongo_uri = crawler.settings.get('MONGO_URI'),
            mongo_db = crawler.settings.get('MONGO_DATABASE', 'yunqi'),
            replicaset = crawler.settings.get('REPLICASET')
        )
    def open_spider(self, spider):
        self.client = pymongo.MongoClient(self.mongo_uri, replicaset = self.replicaset)
        self.db = self.client[self.mongo_db]
```

```
    def close_spider(self, spider):
        self.client.close()

    def process_item(self, item, spider):
        if isinstance(item,YunqiBookListItem):
            self._process_booklist_item(item)
        else:
            self._process_bookeDetail_item(item)
        return item

    def _process_booklist_item(self,item):
        '''
        处理小说信息
        :param item:
        :return:
        '''
        self.db.bookInfo.insert(dict(item))

    def _process_bookeDetail_item(self,item):
        '''
        处理小说热度
        :param item:
        :return:
        '''
        #需要对数据进行以下清洗,如总字数 10120,提取其中的数字
        pattern = re.compile('\d+')
        #去掉空格和换行
        item['novelLabel'] = item['novelLabel'].strip().replace('\n','')
        match = pattern.search(item['novelAllClick'])
        item['novelAllClick'] = match.group() if match else item['novelAllClick']
        match = pattern.search(item['novelMonthClick'])
        item['novelMonthClick'] = match.group() if match else item['novelMonthClick']
        match = pattern.search(item['novelWeekClick'])
        item['novelWeekClick'] = match.group() if match else item['novelWeekClick']
        match = pattern.search(item['novelAllPopular'])
        item['novelAllPopular'] = match.group() if match else item['novelAllPopular']
        match = pattern.search(item['novelMonthPopular'])
        item['novelMonthPopular'] = match.group() if match else item['novelMonthPopular']
        match = pattern.search(item['novelWeekPopular'])
        item['novelWeekPopular'] = match.group() if match else item['novelWeekPopular']
        match = pattern.search(item['novelAllComm'])
        item['novelAllComm'] = match.group() if match else item['novelAllComm']
        match = pattern.search(item['novelMonthComm'])
        item['novelMonthComm'] = match.group() if match else item['novelMonthComm']
        match = pattern.search(item['novelWeekComm'])
        item['novelWeekComm'] = match.group() if match else item['novelWeekComm']
        self.db.bookhot.insert(dict(item))
```

最后在 settings 中添加如下代码,激活 Pipeline。

```
ITEM_PIPELINES = {
   'yunqiCrawl.pipelines.YunqicrawlPipeline': 300,
}
```

4. 应对反爬虫机制

为了不被反爬虫机制检测到，主要采用了伪造随机 User-Agent、自动限速、禁用 Cookie 等措施。

(1) 伪造随机 User-Agent。

可以使用中间件来伪造中间件，实现代码如下：

```
#coding:utf-8
import random
'''
这个类主要用于产生随机 UserAgent
'''
class RandomUserAgent(object):
    def __init__(self,agents):
        self.agents = agents
    @classmethod
    def from_crawler(cls,crawler):
        return cls(crawler.settings.getlist('USER_AGENTS')) #返回的是本类的实例 cls =
= RandomUserAgent
    def process_request(self,request,spider):
```

在 settings 中设置 USER_AGENTS 的值：

```
USER_AGENTS = [
    "Mozilla/4.0 (compatible; MSIE 6.0; Windows NT 5.1; SV1; AcooBrowser; .NET CLR 1.1.4322; .
NET CLR 2.0.50727)",
    "Mozilla/4.0 (compatible; MSIE 7.0; Windows NT 6.0; Acoo Browser; SLCC1; .NET CLR
2.0.50727; Media Center PC 5.0; .NET CLR 3.0.04506)",
    "Mozilla/4.0 (compatible; MSIE 7.0; AOL 9.5; AOLBuild 4337.35; Windows NT 5.1; .NET CLR
1.1.4322; .NET CLR 2.0.50727)",
    "Mozilla/5.0 (Windows; U; MSIE 9.0; Windows NT 9.0; en-US)",
    "Mozilla/5.0 (compatible; MSIE 9.0; Windows NT 6.1; Win64; x64; Trident/5.0; .NET CLR
3.5.30729; .NET CLR 3.0.30729; .NET CLR 2.0.50727; Media Center PC 6.0)",
    "Mozilla/5.0 (compatible; MSIE 8.0; Windows NT 6.0; Trident/4.0; WOW64; Trident/4.0;
SLCC2; .NET CLR 2.0.50727; .NET CLR 3.5.30729; .NET CLR 3.0.30729; .NET CLR 1.0.3705; .NET CLR
1.1.4322)",
    "Mozilla/4.0 (compatible; MSIE 7.0b; Windows NT 5.2; .NET CLR 1.1.4322; .NET CLR
2.0.50727; InfoPath.2; .NET CLR 3.0.04506.30)",
    "Mozilla/5.0 (Windows; U; Windows NT 5.1; zh-CN) AppleWebKit/523.15 (KHTML, like Gecko,
Safari/419.3) Arora/0.3 (Change: 287 c9dfb30)",
    "Mozilla/5.0 (X11; U; Linux; en-US) AppleWebKit/527+ (KHTML, like Gecko, Safari/419.3)
Arora/0.6",
    "Mozilla/5.0 (Windows; U; Windows NT 5.1; en-US; rv:1.8.1.2pre) Gecko/20070215 K-
Ninja/2.1.1",
    "Mozilla/5.0 (Windows; U; Windows NT 5.1; zh-CN; rv:1.9) Gecko/20080705 Firefox/3.0
Kapiko/3.0",
    "Mozilla/5.0 (X11; Linux i686; U;) Gecko/20070322 Kazehakase/0.4.5",
    "Mozilla/5.0 (X11; U; Linux i686; en-US; rv:1.9.0.8) Gecko Fedora/1.9.0.8-1.fc10
Kazehakase/0.5.6",
    "Mozilla/5.0 (Windows NT 6.1; WOW64) AppleWebKit/535.11 (KHTML, like Gecko) Chrome/
17.0.963.56 Safari/535.11",
    "Mozilla/5.0 (Macintosh; Intel Mac OS X 10_7_3) AppleWebKit/535.20 (KHTML, like Gecko)
Chrome/19.0.1036.7 Safari/535.20",
    "Opera/9.80 (Macintosh; Intel Mac OS X 10.6.8; U; fr) Presto/2.9.168 Version/11.52",
```

```
"Mozilla/5.0 (Windows NT 6.1; WOW64) AppleWebKit/536.11 (KHTML, like Gecko) Chrome/20.0.1132.11 TaoBrowser/2.0 Safari/536.11",
"Mozilla/5.0 (Windows NT 6.1; WOW64) AppleWebKit/537.1 (KHTML, like Gecko) Chrome/21.0.1180.71 Safari/537.1 LBBROWSER",
"Mozilla/5.0 (compatible; MSIE 9.0; Windows NT 6.1; WOW64; Trident/5.0; SLCC2; .NET CLR 2.0.50727; .NET CLR 3.5.30729; .NET CLR 3.0.30729; Media Center PC 6.0; .NET4.0C; .NET4.0E; LBBROWSER)",
"Mozilla/4.0 (compatible; MSIE 6.0; Windows NT 5.1; SV1; QQDownload 732; .NET4.0C; .NET4.0E; LBBROWSER)",
"Mozilla/5.0 (Windows NT 6.1; WOW64) AppleWebKit/535.11 (KHTML, like Gecko) Chrome/17.0.963.84 Safari/535.11 LBBROWSER",
"Mozilla/4.0 (compatible; MSIE 7.0; Windows NT 6.1; WOW64; Trident/5.0; SLCC2; .NET CLR 2.0.50727; .NET CLR 3.5.30729; .NET CLR 3.0.30729; Media Center PC 6.0; .NET4.0C; .NET4.0E)",
"Mozilla/5.0 (compatible; MSIE 9.0; Windows NT 6.1; WOW64; Trident/5.0; SLCC2; .NET CLR 2.0.50727; .NET CLR 3.5.30729; .NET CLR 3.0.30729; Media Center PC 6.0; .NET4.0C; .NET4.0E; QQBrowser/7.0.3698.400)",
"Mozilla/4.0 (compatible; MSIE 6.0; Windows NT 5.1; SV1; QQDownload 732; .NET4.0C; .NET4.0E)",
"Mozilla/4.0 (compatible; MSIE 7.0; Windows NT 5.1; Trident/4.0; SV1; QQDownload 732; .NET4.0C; .NET4.0E; 360SE)",
"Mozilla/4.0 (compatible; MSIE 6.0; Windows NT 5.1; SV1; QQDownload 732; .NET4.0C; .NET4.0E)",
"Mozilla/4.0 (compatible; MSIE 7.0; Windows NT 6.1; WOW64; Trident/5.0; SLCC2; .NET CLR 2.0.50727; .NET CLR 3.5.30729; .NET CLR 3.0.30729; Media Center PC 6.0; .NET4.0C; .NET4.0E)",
"Mozilla/5.0 (Windows NT 5.1) AppleWebKit/537.1 (KHTML, like Gecko) Chrome/21.0.1180.89 Safari/537.1",
"Mozilla/5.0 (Windows NT 6.1; WOW64) AppleWebKit/537.1 (KHTML, like Gecko) Chrome/21.0.1180.89 Safari/537.1",
"Mozilla/5.0 (iPad; U; CPU OS 4_2_1 like Mac OS X; zh-cn) AppleWebKit/533.17.9 (KHTML, like Gecko) Version/5.0.2 Mobile/8C148 Safari/6533.18.5",
"Mozilla/5.0 (Windows NT 6.1; Win64; x64; rv:2.0b13pre) Gecko/20110307 Firefox/4.0b13pre",
"Mozilla/5.0 (X11; Ubuntu; Linux x86_64; rv:16.0) Gecko/20100101 Firefox/16.0",
"Mozilla/5.0 (Windows NT 6.1; WOW64) AppleWebKit/537.11 (KHTML, like Gecko) Chrome/23.0.1271.64 Safari/537.11",
"Mozilla/5.0 (X11; U; Linux x86_64; zh-CN; rv:1.9.2.10) Gecko/20100922 Ubuntu/10.10 (maverick) Firefox/3.6.10"
]
```

并启用该中间件,代码为

```
DOWNLOADER_MIDDLEWARES = {
    'scrapy.downloadermiddlewares.useragent.UserAgentMiddleware': None,
    'yunqiCrawl.middlewares.RandomUserAgent.RandomUserAgent': 410,
}
```

(2) 自动限速的配置。

实现自动限速的配置代码为

```
DOWNLOAD_DELAY = 3
AUTOTHROTTLE_ENABLED = True
AUTOTHROTTLE_START_DELAY = 5
AUTOTHROTTLE_MAX_DELAY = 60
```

(3) 禁用 Cookie。

实现禁用 Cookie 的代码为

```
COOKIES_ENABLED = False
```

采取以上措施之后如果还是会被发现的话，可以写一个 HTTP 代理中间件来更换 IP。

5. 去重优化

最后在 settings 中配置 scrapy_redis，代码如下：

```
#使用 scrapy_redis 的调度器
SCHEDULER = "yunqiCrawl.scrapy_redis.scheduler.Scheduler"
#在 redis 中保持 scrapy-redis 用到的各个队列，从而允许暂停和暂停后恢复
SCHEDULER_PERSIST = True
#在 redis 中保持 scrapy-redis 用到的各个队列，从而允许暂停和暂停后恢复

#使用 scrapy_redis 的去重方式
#DUPEFILTER_CLASS = "scrapy_redis.dupefilter.RFPDupeFilter"
REDIS_HOST = '127.0.0.1'
REDIS_PORT = 6379
```

经过以上步骤，一个分布式爬虫就搭建起来了，如果想在远程服务器上使用，直接将 IP 和端口进行修改即可。

8.2 智能聊天机器人实战

本节通过一个实例来演示利用 Python 实现智能聊天机器人。

8.2.1 网页自动化

利用 Python 实现网页自动化操作是编程操作中的重要模块，包含自动化打开网页、自动登录、自动输入等等操作，在本例中，主要利用 Python 的 selenium 模块中的 webdriver 命令实现自动打开特定网页，便于用户检索和信息获取。

selenium 从 2.0 开始集成了 webdriver 的 API，提供了更简单，更简洁的编程接口。selenium webdriver 的目标是提供一个设计良好的面向对象的 API，提供了更好的支持进行 web-app 测试。

安装 selenium 模块的格式为

```
pip install selenium
```

利用 Python 实现网页自动化的代码为

```
from selenium import webdriver
#网页自动化函数
def web_open(result):
    '''
    :param result: 搜索框输入内容
    '''
    driver = webdriver.Firefox()
    driver.get(result)
```

8.2.2 语音处理

语音处理需要用到 Pyaudio 及 Pyttsx3 第三方库，都可以通过“pip install 库”命令进行

安装。

1）Pyaudio 简介

Pyaudio 是 Python 一个强大的第三方语音处理库，可以进行录音、播放、生成 wav 文件等操作。wave 是录音时用的标准的 windows 文件格式，文件的扩展名为 wav，数据本身的格式为 pcm 或压缩型，属于无损音乐格式的一种。在进行语音识别、自然语言处理的过程中，常常会使用到 Pyaudio，本例则借助它调用电脑麦克风实现录音操作。

2）Pyttsx3 简介

Pyttsx3 是 Python 语音朗读的第三方库，可以通过简单初始化操作以及调用实现的字符串的朗读，在项目中利用 Pyttsx3 实现返回结果的朗读。

3）百度语音简介

百度短语音识别可以将 60s 以下的音频识别为文字。适用于语音对话、语音控制、语音输入等场景。

- 接口类型：通过 REST API 的方式提供的通用的 HTTP 接口。适用于任意操作系统和任意编程语言。
- 接口限制：需要上传完整的录音文件，录音文件时长不超过 60s。浏览器由于无法跨域请求百度语音服务器的域名，因此无法直接调用 API 接口。
- 支持音频格式：pcm、wav、amr、m4a。
- 音频编码要求：采样率为 16000、8000，16 位深，单声道(音频格式查看及转换)。

利用 Python 实现语音处理的代码如下：

```
#声音录制设置
CHUNK = 1024
FORMAT = pyaudio.paInt16          #16 位深
CHANNELS = 1                      #1 是单声道,2 是双声道。
RATE = 16000                      #采样率,调用 API 一般为 8000 或 16000
RECORD_SECONDS = 10               #录制时间为 10s

#录音文件保存路径
def save_wave_file(pa, filepath, data):
    wf = wave.open(filepath, 'wb')
    wf.setnchannels(CHANNELS)
    wf.setsampwidth(pa.get_sample_size(FORMAT))
    wf.setframerate(RATE)
    wf.writeframes(b"".join(data))
    wf.close()

#录音主体文件
def get_audio(filepath,isstart):
    '''
    :param filepath:文件存储路径('test.wav')
    :param isstart: 录音启动开关(0: 关闭 1: 开启)
    '''
    if isstart == 1:                     #录音启动开关为 1,开始录音
        pa = pyaudio.PyAudio()
        stream = pa.open(format = FORMAT,
                         channels = CHANNELS,
                         rate = RATE,
```

```
                                input = True,
                                frames_per_buffer = CHUNK)

            frames = []
            for i in range(0, int(RATE / CHUNK * RECORD_SECONDS)):
                data = stream.read(CHUNK)          #读取 chunk 个字节 保存到 data 中
                frames.append(data)                #向列表 frames 中添加数据 data

            stream.stop_stream()
            stream.close()                         #停止数据流
            pa.terminate()                         #关闭 PyAudio

            #写入录音文件
            save_wave_file(pa, filepath, frames)
        elif isstart == 0:                         #录音启动开关为 0,退出函数
            exit()

#获得录音文件内容
def get_file_content(filePath):
    with open(filePath, 'rb') as fp:
        return fp.read()

#百度语音识别编码
APP_ID = '********'
API_KEY = '**************'
SECRET_KEY = '*************'  #百度智能云官网申请,此处换为自己的 API 接口

#语音模块主体函数
def speech_record(isstart):
    '''
    :param isstart: 录音启动开关(0: 关闭 1: 开启)
    :return: sign: 是否获取到声音信号(0: 未获取 1: 获取到)
    result_out: 返回识别的语义信息(none 为未获取到语音信息)
    '''
    sign = 1                                       #初始化录音启动开关
    result_out = ""                                #初始化内容字符串
    filepath = 'test.wav'
    get_audio(filepath,isstart)
    client = AipSpeech(APP_ID, API_KEY, SECRET_KEY)
    result = client.asr(get_file_content('test.wav'), 'wav',16000,{'dev_pid': 1537,})
    if 'result' not in result.keys():              #返回字典中并无"result"的 key 值
        sign = 0
        result_out = None
    elif result['result'] == ['']:                 #返回字典中"result"的 value 值为空
        sign = 0
        result_out = None                          #上述两种模式均未获得任何内容,返回为空 none
    else:
        result_out = "".join(result['result'])
    return [sign,result_out]

#语音播报函数
def speech_read(result):
    '''
    :param result: 待朗读字符串
```

```
    :return: 无返回 None
    '''
    #模块初始化
    engine = pyttsx3.init()
    #print('准备开始语音播报...')
    engine.say(result)
    #等待语音播报完毕
    engine.runAndWait()
```

8.2.3 图形化用户交互界面

图形化用户交互界面(graphical user interface,GUI)是指采用图形方式显示的计算机操作用户界面。与早期计算机使用的命令行界面相比,图形界面对于用户来说在视觉上更易于接受。图形化可以极大便于用户在终端上进行操作,减少人机交互的复杂性。

Python 中经常利用 tinker 和 PyQt 进行图形化用户交互界面设计,由于使用 tinker 进行界面设计步骤过于繁杂,因此本实例采用 PyQt 进行界面设计。

PyQt 是一个创建 GUI 应用程序的工具包。它是 Python 编程语言和 Qt 库的成功融合,利用 PyQt 可以实现代码和界面的分离,同时可以通过"拖拽"等方式实现界面设计,极大程度上简化图形化用户交互界面的设计难度。

PyQt 主要利用 pyqt designer 和 pyuic 两个工具包,实现图形化用户交互界面设计:设计者可以在 pyqt designer 中通过"拖拽"等方式实现界面设计,而后通过 pyuic 工具实现界面向代码的转换。最终,仅需要在转换成功的代码中添加相应的命令即可完成程序和界面结合,完成图形化用户交互界面设计。

图形化用户交互界面实现代码如下:

```
# -*- coding: utf-8 -*-
from PyQt5 import QtCore, QtGui, QtWidgets

class Ui_MainWindow(object):
    def setupUi(self, MainWindow):
        MainWindow.setObjectName("MainWindow")
        MainWindow.resize(800, 600)
        self.centralwidget = QtWidgets.QWidget(MainWindow)
        self.centralwidget.setObjectName("centralwidget")
        self.groupBox = QtWidgets.QGroupBox(self.centralwidget)
        self.groupBox.setGeometry(QtCore.QRect(140, 60, 501, 221))
        self.groupBox.setObjectName("groupBox")
        self.label = QtWidgets.QLabel(self.groupBox)
        self.label.setGeometry(QtCore.QRect(10, 30, 72, 15))
        self.label.setObjectName("label")
        self.textBrowser = QtWidgets.QTextBrowser(self.groupBox)
        self.textBrowser.setGeometry(QtCore.QRect(10, 60, 471, 31))
        self.textBrowser.setObjectName("textBrowser")
        self.label_2 = QtWidgets.QLabel(self.groupBox)
        self.label_2.setGeometry(QtCore.QRect(410, 130, 72, 15))
        self.label_2.setObjectName("label_2")
        self.textBrowser_2 = QtWidgets.QTextBrowser(self.groupBox)
        self.textBrowser_2.setGeometry(QtCore.QRect(15, 170, 471, 31))
        self.textBrowser_2.setObjectName("textBrowser_2")
        self.groupBox_2 = QtWidgets.QGroupBox(self.centralwidget)
```

```
        self.groupBox_2.setGeometry(QtCore.QRect(140, 330, 501, 181))
        self.groupBox_2.setObjectName("groupBox_2")
        self.textEdit = QtWidgets.QTextEdit(self.groupBox_2)
        self.textEdit.setGeometry(QtCore.QRect(10, 30, 481, 87))
        self.textEdit.setObjectName("textEdit")
        self.pushButton = QtWidgets.QPushButton(self.groupBox_2)
        self.pushButton.setGeometry(QtCore.QRect(260, 140, 93, 28))
        self.pushButton.setObjectName("pushButton")
        self.pushButton_2 = QtWidgets.QPushButton(self.groupBox_2)
        self.pushButton_2.setGeometry(QtCore.QRect(390, 140, 93, 28))
        self.pushButton_2.setObjectName("pushButton_2")
        MainWindow.setCentralWidget(self.centralwidget)
        self.menubar = QtWidgets.QMenuBar(MainWindow)
        self.menubar.setGeometry(QtCore.QRect(0, 0, 800, 26))
        self.menubar.setObjectName("menubar")
        MainWindow.setMenuBar(self.menubar)
        self.statusbar = QtWidgets.QStatusBar(MainWindow)
        self.statusbar.setObjectName("statusbar")
        MainWindow.setStatusBar(self.statusbar)

        self.retranslateUi(MainWindow)
        QtCore.QMetaObject.connectSlotsByName(MainWindow)

    def retranslateUi(self, MainWindow):
        _translate = QtCore.QCoreApplication.translate
        MainWindow.setWindowTitle(_translate("MainWindow", "MainWindow"))
        self.groupBox.setTitle(_translate("MainWindow", "聊天界面"))
        self.label.setText(_translate("MainWindow", "机器人:"))
        self.label_2.setText(_translate("MainWindow", "交流者:"))
        self.groupBox_2.setTitle(_translate("MainWindow", "发送界面"))
        self.pushButton.setText(_translate("MainWindow", "发送"))
        self.pushButton_2.setText(_translate("MainWindow", "取消"))
```

8.2.4 智能聊天机器人程序实现

智能聊天机器人主程序主要包括语音处理模式和图形化用户交互界面模式两部分。

1. 语音处理模式

```
#程序运行主函数
if __name__ == '__main__':

    #贝叶斯分类器训练
    train_data_apply = jieba_text(train_data)[1]
    train_label_apply = jieba_text(train_label)[0]
    train_array = tf_idf(train_data_apply,['你好'])[0]
    model_apply = bayes_model(train_array,train_label_apply)

    #起始播报
    greeting1 = '你好,我是智能机器人 cc,我可以陪你聊天,也可以帮助你查询院校信息'
    greeting2 = '让我们开始聊天吧'
    speech_read(greeting1)
    speech_read(greeting2)

    #主循环
    while True:
```

```
        a = speech_record(1)
        print(a)
        if a[0] == 0:
            sph = '你还在吗?我要下线了哦!'
            speech_read(sph)
            speech_record(0)
            break
        elif a[0] == 1:
            similarity = fuzz.ratio(a[1], "再见")
            if similarity > 50:
                reply = '今天和你聊得很开心,再见哦'
                speech_read(reply)
                speech_record(0)
                break
            else:
                input_list = jieba_text(a[1])[1]
                input_apply = tf_idf(train_data_apply,input_list)[1]
                value = model_apply.predict(input_apply)

                if value == ['A']:
                    reply = get_greeting(a[1],question_greeting,answer_greeting)
                    if reply == None:
                        reply_none = '对这个问题,cc还没有学会哦'
                        speech_read(reply_none)
                    else:
                        speech_read(str(reply))
                if value == ['B']:
                    reply = get_greeting(a[1],question_dataset,answer_dataset)
                    if reply == None:
                        reply_none = '对这个问题,cc还没有学会哦'
                        speech_read(reply_none)
                    else:
                        speech_read('为你找到以下内容,你可以在本网页上查询院校信息')
                        web_open(str(reply))
                        break
```

在语音交互模式中,项目机器人最大程度模仿人与人之间对话交流的场景,用户通过语音与智能机器人完成交互。同时,为最大程度模仿人类交流,项目设计类人模块,如长时间未检测到用户语音输入,模仿人与人对话交流中长时间未对话,程序会语音提醒,并自动退出程序。另外,机器人可较为完美的完成预先设置的两种功能:娱乐聊天和高校查询。在高校查询功能中,程序除了会语音提醒,还会同时自动打开与用户输入相匹配的高校网页,供用户浏览和查看。

2. 图形化用户交互界面模式

```
train_label_apply = jieba_text(train_label)[0]
train_array = tf_idf(train_data_apply,['你好'])[0]
model_apply = bayes_model(train_array,train_label_apply)

def on_click(self):
    text_1 = ui.textEdit.toPlainText()          #用户输入
    ui.textBrowser_2.setText(text_1)
    input_list = jieba_text(text_1)[1]
    input_apply = tf_idf(train_data_apply, input_list)[1]
```

```
        value = model_apply.predict(input_apply)

        if value == ['A']:
            reply = get_greeting(text_1, question_greeting, answer_greeting)
            if reply == None:
                reply_none = '对这个问题,cc还没有学会哦'
                ui.textBrowser.setText(reply_none)
            else:
                ui.textBrowser.setText(str(reply))
        if value == ['B']:
            reply = get_greeting(text_1, question_dataset, answer_dataset)
            if reply == None:
                reply_none = '对这个问题,cc还没有学会哦'
                ui.textBrowser.setText(reply_none)
            else:
                ui.textBrowser.setText('为你找到以下内容,你可以在本网页上查询院校信息')
                web_open(str(reply))

    def off_click(self):
        ui.textEdit.clear()                              #清除聊天框内容的操作

    app = QtWidgets.QApplication([])
    window = QtWidgets.QMainWindow()
    ui = robot.Ui_MainWindow()
    ui.setupUi(window)                                   #启动运行
    ui.pushButton.clicked.connect(on_click)
    ui.pushButton_2.clicked.connect(off_click)
    window.show()                                        #显示窗口
    app.exec()
```

图形化用户交互界面与语音交互实现模式类似,仅仅将语音模式中的语音输入输出转换为文字输入输出(其他的相关代码可参考附加源代码)。

运行程序,得到娱乐聊天界面如图8-4所示,得到高校查询界面如图8-5所示。

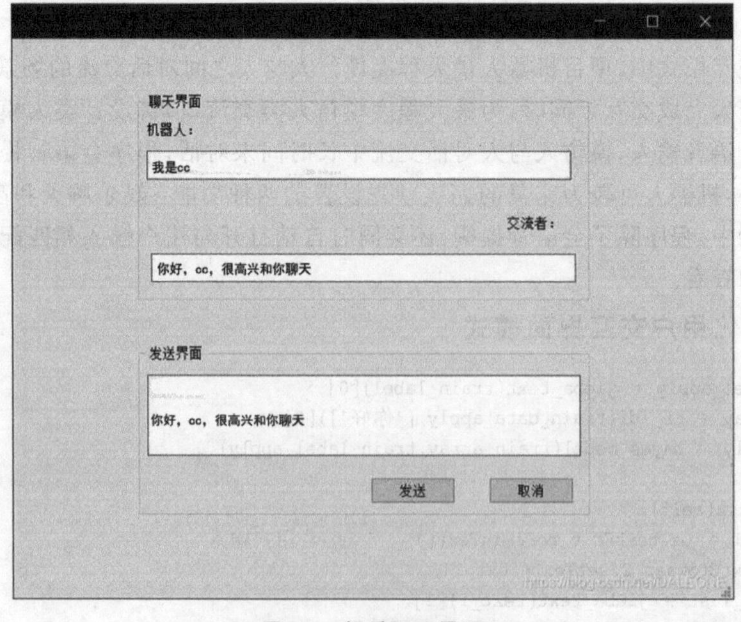

图8-4 娱乐聊天界面

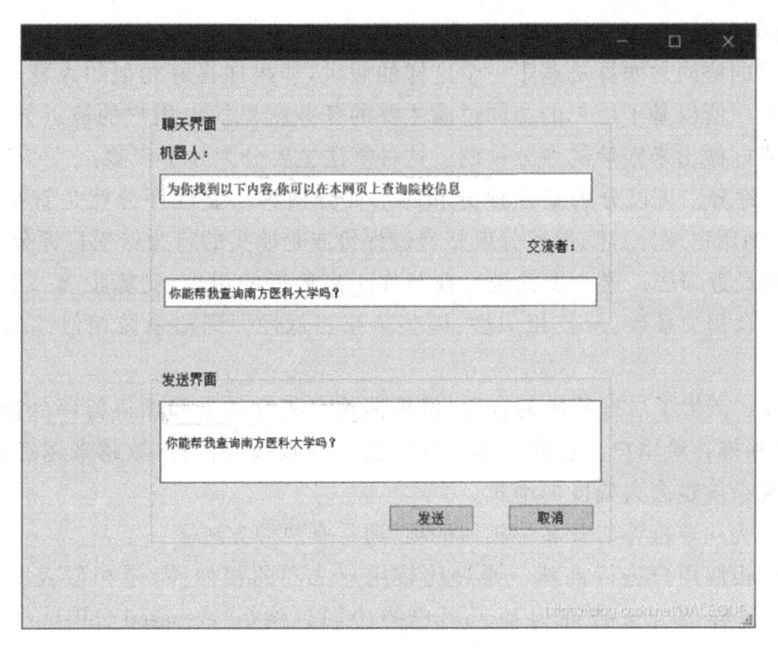

图 8-5 高校查询界面

8.3 餐饮菜单推荐引擎

随着互联网上的数字信息越来越多,用户如何有效地找到自己想要的内容成为一个新的挑战。推荐系统是一个用于处理数字数据过载问题的信息过滤系统,它能够根据从用户之前的活动所推断的偏好、兴趣和行为等信息快速地找出适合用户的内容。

8.3.1 推荐问题的描述

推荐系统的核心问题是为用户推荐与其兴趣相似度比较高的商品。此时,需要一个函数 $f(x)$,函数 $f(x)$可以计算候选商品与用户之间的相似度,并向用户推荐相似度较高的商品。为了能够预测出函数 $f(x)$,可以利用到的历史数据主要有:用户的历史行为数据、与该用户相关的其他用户信息、商品之间的相似性、文本的描述等。

假设集合 C 表示所有的用户,集合 S 表示所有需要推荐的商品。函数 f 表示商品 x 到用户 c 之间的有效性的效用函数,例如:

$$f: C \times S \rightarrow R$$

其中,R 是一个整体的排序集合。对于每一个用户 $c \in C$,希望从商品的集合中选择出商品,即 $s \in S$,以使得应用函数 f 的值最大。

推荐问题的算法有很多,本节主要介绍协同过滤算法。

8.3.2 协同过滤算法

基于协同过滤的推荐算法理论上可以推荐世界上的任何一种东西,如图片、音乐、视频等。协同过滤算法主要是通过对未评分项进行评分预测来实现的。不同的协同过滤之间也有很大的不同。

基于用户的协同过滤算法基于一个这样的假设，即跟你喜好相似的人喜欢的东西你也很有可能喜欢。所以基于用户的协同过滤主要的任务就是找出用户的最近邻居，从而根据最近邻居的喜好做出未知项的评分预测。这种算法主要分为3个步骤：

(1) 用户评分。可以分为显性评分和隐形评分两种。显性评分就是直接给项目评分(如给百度里的用户评分)，隐形评分就是通过评价或是购买的行为给项目评分。

(2) 寻找最近邻居。这一步就是寻找与你距离最近的用户，测算距离一般采用以下三种算法：皮尔森相关系数、余弦相似性、调整余弦相似性。调整余弦相似性似乎效果会好一些。

(3) 推荐。产生了最近邻居集合后，就根据这个集合对未知项进行评分预测。把评分最高的 N 个项推荐给用户。这种算法存在性能上的瓶颈，当用户数越来越多的时候，寻找最近邻居的复杂度也会大幅度的增长。

为了能够为用户推荐与其品位相似的项，通常有两种方法。

(1) 通过相似用户进行推荐。通过比较用户之间的相似性，越相似表明两者之间的品位越相近，这样的方法被称为基于用户的协同过滤(user-based collaborative filtering)算法；

(2) 通过相似项进行推荐。通过比较项之间的相似性，为用户推荐与其打过分的项相似的项，这样的方法被称为基于项的协同过滤(item-based collaborative filtering)算法。

在基于用户的协同过滤算法中，利用用户访问行为的相似性向目标用户推荐其可能感兴趣的项，如图8-6所示。

在图8-6中，假设用户分别为 u_1、u_2 和 u_3，其中，用户 u_1 互动过的商品有 i_1 和 i_3，用户 u_2 互动过的商品为 i_2，用户 u_3 互动过的商品有 i_1、i_3 和 i_4。通过计算，用户 u_1 和用户 u_3 较为相似，对于用户 u_1 来说，用户 u_3 互动过的商品 i_4 是用户 u_1 未互动过的，因此会为用户 u_1 推荐商品 i_4。

在基于项的协同过滤算法中，根据所有用户对物品的评价，发现物品和物品之间的相似度，然后根据用户的历史偏好将类似的物品推荐给该用户，如图8-7所示。

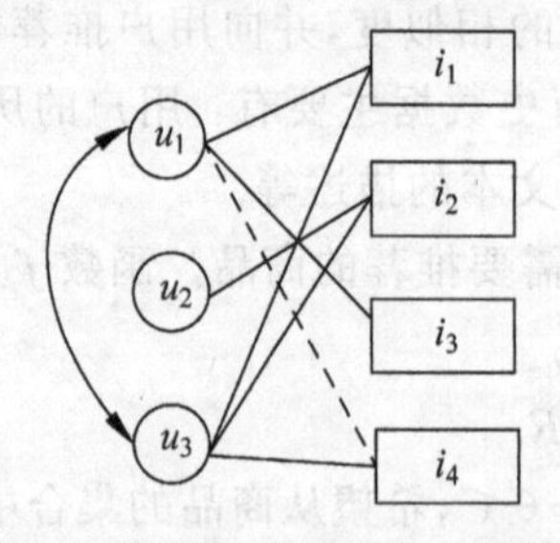

图8-6 基于用户的协同过滤算法

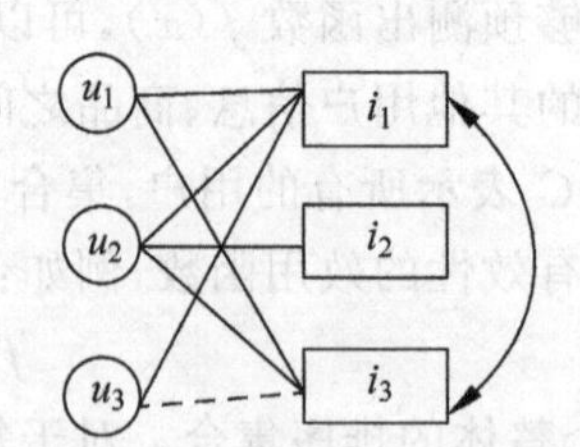

图8-7 基于项的协同过滤算法

在图8-7中，假设用户分别为 u_1、u_2 和 u_3，其中，用户 u_1 互动过的商品有 i_1 和 i_3，用户 u_2 互动过的商品为有 i_1、i_2 和 i_3，用户 u_3 互动过的商品有 i_1。通过计算，商品 i_1 和商品 i_3 较为相似，对于用户 u_3 来说，用户 u_1 互动过的商品 i_3 是用户 u_3 未互动过的，因此会为用户 u_3 推荐商品 i_3。

8.3.3 餐饮菜单实现

下面开始构建一个推荐引擎,该推荐引擎关注的是餐饮食物的推荐。假设一个人在家决定外出吃饭,但是他并不知道该到哪儿吃饭,该吃些什么。我们这个推荐系统可以帮助他做到这两点。

首先,构建一个基本推荐引擎,它能够寻找用户没有尝过的菜肴。然后,通过 SVD 来减少特征空间并提高推荐的效果。最后,将程序打包并通过用户可读的人机界面提供人们使用。

1. 推荐未尝过的菜肴

推荐系统的工作是:给定一个用户,系统会为此用户返回 N 个最好的推荐菜。为了实现这一点,需要做到:

- 寻找用户没有评级的菜肴,即在用户-物品矩阵中的 0 值。
- 在用户没有评级的所有物品中,对每个物品预计一个可能的评级分数。这就是说,认为用户可能会对物品的打分(这就是相似度计算的初衷)。
- 对这些物品的评分从高到低进行排序,返回前 N 个物品。

下面代码用于实现基于物品相似度的推荐引擎:

```
def standEst(dataMat, user, simMeas, item):
    n = shape(dataMat)[1]
    simTotal = 0.0; ratSimTotal = 0.0
    for j in range(n):
        userRating = dataMat[user,j]
        if userRating == 0: continue
        #寻找两个用户都评级的物品
        overLap = nonzero(logical_and(dataMat[:,item].A>0, \
                                      dataMat[:,j].A>0))[0]
        if len(overLap) == 0: similarity = 0
        else: similarity = simMeas(dataMat[overLap,item], \
                                   dataMat[overLap,j])
        print ('the %d and %d similarity is: %f' % (item, j, similarity))
        simTotal += similarity
        ratSimTotal += similarity * userRating
    if simTotal == 0: return 0
    else: return ratSimTotal/simTotal

def recommend(dataMat, user, N=3, simMeas=cosSim, estMethod=standEst):
    unratedItems = nonzero(dataMat[user,:].A==0)[1]    #找到未分级的项目
    if len(unratedItems) == 0: return 'you rated everything'
    itemScores = []
    #寻找前N个未评级物品
    for item in unratedItems:
        estimatedScore = estMethod(dataMat, user, simMeas, item)
        itemScores.append((item, estimatedScore))
    return sorted(itemScores, key=lambda jj: jj[1], reverse=True)[:N]
```

代码中包含了两个函数。standEst()函数用来计算给定相似度计算方法的条件下,用户对物品的估计评分组。函数 recommend()也就是推荐引擎,它会调用 standEst()函数。

standEst()函数的参数包括数据矩阵、用户编号、物品编号和相似度计算方法。假设这里的数据矩阵为图 8-8 及图 8-9 形式，即行对应用户、列对应物品。那么，首先会得到数据集中的物品数目，然后对两个后面用于计算估计评分值的变量进行初始化。接着，遍历行中的每个物品。如果某个物品评分值为 0，就意味着用户没有对该物品评分，跳过了这个物品。该循环大体上是对用户评过分的每个物品进行遍历，并将它和其他物品进行比较。变量 overLap 给出的是两个物品当中已经被评分的那个元素。如果两者没有重合元素，则相似度为 0 且中止本次循环。但是如果存在重合的物品，则基于这些重合物品计算相似度。随后，相似度会不断累加，每次计算时还考虑相似度和当前用户评分的乘积。最后，通过除以所有的评分总和，对上述相似度评分的乘积进行归一化。这就可以使得最后的评分值在 0～5，而这些评分值则用于对预测值进行排序。

	鳗鱼饭	日式炸鸡排	寿司饭	烤牛肉	手撕猪肉
Ed	0	0	0	2	2
Peter	0	0	0	3	3
Tracy	0	0	0	1	1
Fan	1	1	1	0	0
Ming	2	2	2	0	0
Pachi	5	5	5	0	0
Jocelyn	1	1	1	0	0

	鳗鱼饭	日式炸鸡排	寿司饭	烤牛肉	手撕猪肉
Ed	0	0	0	2	2
Peter	0	0	0	3	3
Tracy	0	0	0	1	1
Fan	1	1	1	0	0
Ming	2	2	2	0	0
Pachi	5	5	5	0	0
Jocelyn	1	1	1	0	0

图 8-8 餐饮菜肴及评级的数据

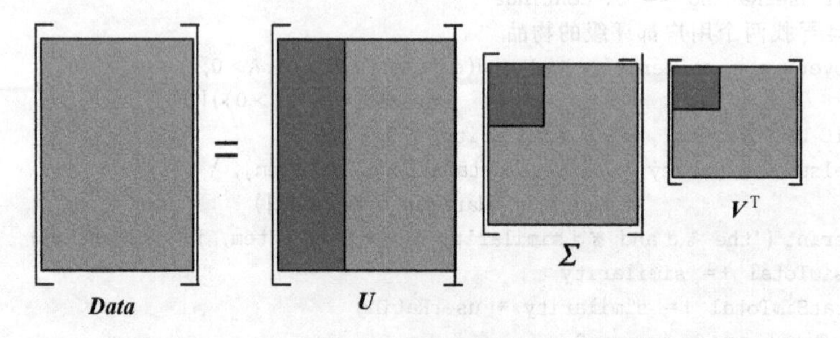

图 8-9 SVD 分解

函数 recommend()产生了最高的 N 个推荐结果。如果不指定 N 的大小，则默认值为 3。该函数另外的参数还包括相似度计算方法和估计方法。可以使用以上程序中的任意一种相似度计算方法。如果不存在未评分物品，那么就退出函数；否则，在所有的未评分物品上进行循环。对每个未评分物品，则通过调用 standEst()来产生该物品的预测得分。该物品的编号和估计得分值会放在一个元素列表 itemScores 中。最后按照估计得分，对该列表进行排序并返回。该列表是从大到小逆序排列的，因此其第一个值就是最大值。

2. 利用 SVD 提高推荐效果

实际的数据集会比用于演示 recommend()函数功能的 myMat 矩阵稀疏得多。图 8-10 给出了一个更真实的矩阵的例子。

	鳗鱼饭	日式炸鸡排	寿司饭	烤牛肉	三文鱼汉堡	鲁宾汉堡	印度烤鸡	麻婆豆腐	宫保鸡丁	印度奶酪咖喱	俄式汉堡
Brett	2	0	0	4	4	0	0	0	0	0	0
Rob	0	0	0	0	0	0	0	0	0	0	5
Drew	0	0	0	0	0	0	0	1	0	4	0
Scott	3	3	4	0	3	0	0	2	2	0	0
Mary	5	5	5	0	0	0	0	0	0	0	0
Brent	0	0	0	0	0	0	5	0	0	5	0
Kyle	4	0	4	0	0	0	0	0	0	0	5
Sara	0	0	0	0	0	4	0	0	0	0	4
Shaney	0	0	0	0	0	0	5	0	0	5	0
Brendan	0	0	0	3	0	0	0	0	4	5	0
Leanna	1	1	2	1	1	2	1	0	4	5	0

图 8-10 一个更大的用户-菜肴矩阵

可以将该矩阵输入到程序中去，或者从下载代码中复制函数 loadExData2()。下面计算该矩阵的 SVD 来了解其到底需要多少维特征。

```
>>> from numpy import linalg as la
>>> U,Sigma,VT = la.svd(mat(svdRec.loadExData2()))
>>> sigma
array([   1.38487021e+0.1,    1.15944583e+01,    1.10219767e+01,
          5.31737732e+00,    4.55477815e+00,    2.69935136e+00,
          1.53799905e+00,    6.46087828e-01,    4.45444850e-01
          9.86019201e-02     9.96558169e-17])
```

接下来查看到底有多少个奇异值能达到总能量的 90%。首先，对 Sigma 中的值求平方：

```
>>> sig2 = Sigma ** 2
```

再计算一下总能量：

```
>>> sum(sig2)
541.99999999999932
```

计算总能量的 90%：

```
>>> sum(sig2) * 0.9
487.79999999999939
```

然后，计算前两个元素所包含的能量：

```
>>> sum(sig2[:2])
378.8295595113579
```

该值低于总能量的 90%，于是计算前三个元素所包含的能量：

```
>>> sum(sig2[:3])
500.50028912757909
```

该值高于总能量的90%，这就可以了。于是，可以将一个11维的矩阵转换成一个三维的矩阵。下面对转换后的三维空间构造出一个相似度计算函数。利用SVD将所有的菜肴映射到一个低维空间中去。在低维空间下，可以利用前面相同的相似度计算方法来进行推荐。下面构造出一个类似于standEst()函数，实现代码如下：

```
def svdEst(dataMat, user, simMeas, item):
    n = shape(dataMat)[1]
    simTotal = 0.0; ratSimTotal = 0.0
    U,Sigma,VT = la.svd(dataMat)
    Sig4 = mat(eye(4) * Sigma[:4])                    # 将 Sig4 排列成一个对角矩阵
    xformedItems = dataMat.T * U[:,:4] * Sig4.I       # 创建转换项
    for j in range(n):
        userRating = dataMat[user,j]
        if userRating == 0 or j == item: continue
        similarity = simMeas(xformedItems[item,:].T,\
                             xformedItems[j,:].T)
        print('the %d and %d similarity is: %f' % (item, j, similarity))
        simTotal += similarity
        ratSimTotal += similarity * userRating
    if simTotal == 0: return 0
    else: return ratSimTotal/simTotal
```

程序中包含一个函数svdEst()。在recommend()中，函数svdEst()用于替换对standEst()的调用，该函数对给定用户给定物品构建了一个评分估计值。如果将函数svdEst()与standEst()函数进行比较，会发现很多行代码都很相似。函数svdEst()的不同之处就在于它对数据集进行了SVD分解。在SVD分解后，只利用包含了90%能量值的奇异值，这些奇异值会以Numpy数组的形式得以保存。因此，如果要进行矩阵运算，那么就必须要用这些奇异值构建出一个对角矩阵，然后利用U矩阵将物品转换到低维空间中。

对于给定的用户，for循环在用户对应行的所有元素上进行遍历。这和standEst()函数中的for循环的目的一样，只不过这里的相似度计算是在低维空间下进行的。相似度的计算方法也会作为一个参数传递给该函数。然后，对相似度求和，同时对相似度及对应评分值的乘积求和。这些值返回之后则用于估计评分的计算。for循环中加入了一条print语句，以便能够了解相似度计算的情况。如果觉得这些输出很累赘，也可以将该语句注释掉。

3. 基于SVD实现图像压缩

本节中，将会了解一个很好的关于如何将SVD应用于图像压缩的例子。通过可视化的方式，该例子使得我们很容易就能看到SVD对数据近似的效果。在代码中，包含了一幅手写的数字图像，原始的图像大小是32×32=1024像素，能够使用更少的像素来表示这张图吗？如果能对图像压缩，那么就可以节省空间或带宽开销了。

可以使用SVD来对数据降维，从而实现图像的压缩。下面为利用SVD的手写数字图像的压缩过程。打开svdRec.py文件并加入如下代码：

```
def printMat(inMat, thresh=0.8):
    for i in range(32):
        for k in range(32):
            if float(inMat[i,k]) > thresh:
                print(1)
            else: print(0)
```

```
        print('')

def imgCompress(numSV = 3, thresh = 0.8):
    myl = []
    for line in open('0_5.txt').readlines():
        newRow = []
        for i in range(32):
            newRow.append(int(line[i]))
        myl.append(newRow)
    myMat = mat(myl)
    print("****原始矩阵******")
    printMat(myMat, thresh)
    U,Sigma,VT = la.svd(myMat)
    SigRecon = mat(zeros((numSV, numSV)))
    for k in range(numSV):                    #由向量构造对角矩阵
        SigRecon[k,k] = Sigma[k]
    reconMat = U[:,:numSV] * SigRecon * VT[:numSV,:]
    print("****使用%d个奇异值重建矩阵******" % numSV)
    printMat(reconMat, thresh)
```

程序中第一个函数printMat()的作用是打印矩阵。由于矩阵包含了浮点数,因此必须定义浅色和深色。这里通过一个阈值来界定,后面也可以调节该值。该函数遍历所有的矩阵元素,当元素大于阈值时,打印1;否则,打印0。

函数imgCompress()实现了图像的压缩。它允许基于任意给定的奇异值和数目来重构图像。该函数构建了一个列表,然后打开文本文件,并从文件中以数值方式读入字符。在矩阵调入后,就可以在屏幕上输出该矩阵了。接下来就开始对原始图像进行SVD分解并重构图像。在程序中,通过将Sigma重新构成SigRecon来实现这一点。Sigma是一个对角矩阵,因此需要建立一个全0矩阵,然后将前面的那些奇异值填充到对角线上。最后,通过截断的U和VT矩阵,用SigRecon得到重构后的矩阵。该矩阵通过printMat()函数输出。

运行以上程序,输出如下:

```
****原始矩阵****
0 0 0 0 0 0 0 0 0 0 0 0 0 0 1 1 0 0 0 0 0 0 0 0 0 0 0 0 0 0 0 0
0 0 0 0 0 0 0 0 0 0 0 0 1 1 1 1 1 1 0 0 0 0 0 0 0 0 0 0 0 0 0 0
0 0 0 0 0 0 0 0 0 0 0 1 1 1 1 1 1 1 1 0 0 0 0 0 0 0 0 0 0 0 0 0
0 0 0 0 0 0 0 0 0 0 1 1 1 1 1 1 1 1 1 1 0 0 0 0 0 0 0 0 0 0 0 0
0 0 0 0 0 0 0 0 1 1 1 1 1 1 1 1 1 1 1 1 1 0 0 0 0 0 0 0 0 0 0 0
0 0 0 0 0 0 0 1 1 1 1 1 1 1 1 1 1 1 1 1 1 1 0 0 0 0 0 0 0 0 0 0
0 0 0 0 0 0 0 0 1 1 1 1 1 1 1 1 1 1 1 1 1 1 1 0 0 0 0 0 0 0 0 0
0 0 0 0 0 0 0 0 1 1 1 1 1 1 1 0 0 0 0 1 1 1 1 1 0 0 0 0 0 0 0 0
0 0 0 0 0 0 0 1 1 1 1 1 1 1 0 0 0 0 0 1 1 1 1 1 0 0 0 0 0 0 0 0
0 0 0 0 0 0 1 1 1 1 1 1 0 0 0 0 0 0 0 0 1 1 1 1 0 0 0 0 0 0 0 0
0 0 0 0 0 0 1 1 1 1 1 1 0 0 0 0 0 0 0 0 1 1 1 1 1 0 0 0 0 0 0 0
0 0 0 0 0 0 1 1 1 1 1 1 0 0 0 0 0 0 0 0 0 1 1 1 1 0 0 0 0 0 0 0
0 0 0 0 0 0 1 1 1 1 1 1 0 0 0 0 0 0 0 0 0 1 1 1 1 0 0 0 0 0 0 0
0 0 0 0 0 0 0 1 1 1 1 1 1 0 0 0 0 0 0 0 0 0 1 1 1 1 0 0 0 0 0 0
0 0 0 0 0 0 1 1 1 1 1 1 1 0 0 0 0 0 0 0 0 0 1 1 1 1 0 0 0 0 0 0
0 0 0 0 0 0 1 1 1 1 1 1 0 0 0 0 0 0 0 0 0 0 1 1 1 1 0 0 0 0 0 0
0 0 0 0 0 0 0 1 1 1 1 1 0 0 0 0 0 0 0 0 0 0 1 1 1 1 0 0 0 0 0 0
0 0 0 0 0 0 1 1 1 1 1 1 0 0 0 0 0 0 0 0 0 0 1 1 1 1 0 0 0 0 0 0
0 0 0 0 0 0 0 1 1 1 1 1 0 0 0 0 0 0 0 0 0 0 1 1 1 1 0 0 0 0 0 0
```

```
0 0 0 0 0 0 0 1 1 1 1 1 0 0 0 0 0 0 0 0 0 1 1 1 1 1 0 0 0 0 0 0
0 0 0 0 0 0 0 0 1 1 1 1 1 0 0 0 0 0 0 0 0 0 1 1 1 1 1 0 0 0 0 0
0 0 0 0 0 0 0 0 1 1 1 1 1 0 0 0 0 0 0 0 0 0 1 1 1 1 1 0 0 0 0 0
0 0 0 0 0 0 0 0 1 1 1 1 1 0 0 0 0 0 0 0 0 0 1 1 1 1 1 0 0 0 0 0
0 0 0 0 0 0 0 0 1 1 1 1 1 0 0 0 0 0 0 0 0 1 1 1 1 1 0 0 0 0 0 0
0 0 0 0 0 0 0 0 1 1 1 1 1 0 0 0 0 0 0 0 1 1 1 1 1 0 0 0 0 0 0 0
0 0 0 0 0 0 0 0 1 1 1 1 1 1 0 0 0 0 0 1 1 1 1 1 1 0 0 0 0 0 0 0
0 0 0 0 0 0 0 0 0 1 1 1 1 1 1 1 1 1 1 1 1 1 1 1 1 0 0 0 0 0 0 0
0 0 0 0 0 0 0 0 0 0 1 1 1 1 1 1 1 1 1 1 1 1 1 1 1 0 0 0 0 0 0 0
0 0 0 0 0 0 0 0 0 0 1 1 1 1 1 1 1 1 1 1 1 1 1 1 1 0 0 0 0 0 0 0
0 0 0 0 0 0 0 0 0 0 0 1 1 1 1 1 1 1 1 1 1 1 1 0 0 0 0 0 0 0 0 0
0 0 0 0 0 0 0 0 0 0 0 0 1 1 1 1 1 1 1 1 1 1 0 0 0 0 0 0 0 0 0 0
0 0 0 0 0 0 0 0 0 0 0 0 0 0 1 1 1 1 1 1 0 0 0 0 0 0 0 0 0 0 0 0
(32,32)
**** 使用2个奇异值重建矩阵 ****
0 0 0 0 0 0 0 0 0 0 0 0 0 0 0 0 0 0 0 0 0 0 0 0 0 0 0 0 0 0 0 0
0 0 0 0 0 0 0 0 0 0 0 0 0 0 0 0 0 0 0 0 0 0 0 0 0 0 0 0 0 0 0 0
0 0 0 0 0 0 0 0 0 0 0 0 0 1 1 1 1 1 0 0 0 0 0 0 0 0 0 0 0 0 0 0
0 0 0 0 0 0 0 0 0 0 0 0 1 1 1 1 1 1 1 1 0 0 0 0 0 0 0 0 0 0 0 0
0 0 0 0 0 0 0 0 0 0 0 1 1 1 1 1 1 1 1 1 1 0 0 0 0 0 0 0 0 0 0 0
0 0 0 0 0 0 0 0 0 0 1 1 1 1 1 1 1 1 1 1 1 1 0 0 0 0 0 0 0 0 0 0
0 0 0 0 0 0 0 0 0 1 1 1 1 1 1 1 1 1 1 1 1 1 0 0 0 0 0 0 0 0 0 0
0 0 0 0 0 0 0 0 1 1 1 1 0 0 0 0 0 0 0 0 0 0 1 1 0 0 0 0 0 0 0 0
0 0 0 0 0 0 0 1 1 1 1 0 0 0 0 0 0 0 0 0 0 0 1 1 1 0 0 0 0 0 0 0
0 0 0 0 0 0 0 1 1 1 1 0 0 0 0 0 0 0 0 0 0 0 1 1 1 0 0 0 0 0 0 0
0 0 0 0 0 0 0 1 1 1 1 0 0 0 0 0 0 0 0 0 0 0 1 1 1 0 0 0 0 0 0 0
0 0 0 0 0 0 0 1 1 1 1 0 0 0 0 0 0 0 0 0 0 0 1 1 1 0 0 0 0 0 0 0
0 0 0 0 0 0 0 1 1 1 1 0 0 0 0 0 0 0 0 0 0 0 1 1 1 0 0 0 0 0 0 0
0 0 0 0 0 0 0 1 1 1 1 0 0 0 0 0 0 0 0 0 0 0 1 1 1 0 0 0 0 0 0 0
0 0 0 0 0 0 0 1 1 1 1 0 0 0 0 0 0 0 0 0 0 0 1 1 1 0 0 0 0 0 0 0
0 0 0 0 0 0 0 1 1 1 1 0 0 0 0 0 0 0 0 0 0 0 1 1 1 0 0 0 0 0 0 0
0 0 0 0 0 0 0 1 1 1 1 0 0 0 0 0 0 0 0 0 0 0 1 1 1 0 0 0 0 0 0 0
0 0 0 0 0 0 0 1 1 1 1 0 0 0 0 0 0 0 0 0 0 0 1 1 1 0 0 0 0 0 0 0
0 0 0 0 0 0 0 1 1 1 1 0 0 0 0 0 0 0 0 0 0 0 1 1 1 0 0 0 0 0 0 0
0 0 0 0 0 0 0 1 1 1 1 0 0 0 0 0 0 0 0 0 0 0 1 1 1 0 0 0 0 0 0 0
0 0 0 0 0 0 0 1 1 1 1 0 0 0 0 0 0 0 0 0 0 0 1 1 1 0 0 0 0 0 0 0
0 0 0 0 0 0 0 1 1 1 1 0 0 0 0 0 0 0 0 0 0 0 1 1 1 0 0 0 0 0 0 0
0 0 0 0 0 0 0 1 1 1 1 0 0 0 0 0 0 0 0 0 0 0 1 1 1 0 0 0 0 0 0 0
0 0 0 0 0 0 0 1 1 1 1 0 0 0 0 0 0 0 0 0 0 0 1 1 1 0 0 0 0 0 0 0
0 0 0 0 0 0 0 1 1 1 1 0 0 0 0 0 0 0 0 0 0 0 1 1 1 0 0 0 0 0 0 0
0 0 0 0 0 0 0 1 1 1 1 0 0 0 0 0 0 0 0 0 0 0 1 1 0 0 0 0 0 0 0 0
0 0 0 0 0 0 0 0 0 1 1 1 1 1 1 1 1 1 1 1 1 1 1 0 0 0 0 0 0 0 0 0
0 0 0 0 0 0 0 0 0 1 1 1 1 1 1 1 1 1 1 1 1 1 0 0 0 0 0 0 0 0 0 0
0 0 0 0 0 0 0 0 0 1 1 1 1 1 1 1 1 1 1 1 1 1 0 0 0 0 0 0 0 0 0 0
0 0 0 0 0 0 0 0 0 0 0 1 1 1 1 1 1 1 1 1 1 0 0 0 0 0 0 0 0 0 0 0
0 0 0 0 0 0 0 0 0 0 0 1 1 1 1 1 1 1 1 1 0 0 0 0 0 0 0 0 0 0 0 0
0 0 0 0 0 0 0 0 0 0 0 0 0 0 0 0 0 0 0 0 0 0 0 0 0 0 0 0 0 0 0 0
```

可以看到，只需要两个奇异值就能相当精确地对图像实现重构。那么，到底需要多少个0或1的数字来重构图像呢？U和VT都是32×2的矩阵，有两个奇异值。因此总数字数目是64+64+2=130。和原数目1024相比，获得了几乎10倍的压缩比。

8.4 人脸识别

人脸识别是基于人的脸部特征信息进行身份识别的一种生物识别技术。用摄像机或摄像头采集含有人脸的图像或视频流,并自动在图像中检测和跟踪人脸,进而对检测到的人脸进行脸部识别的一系列相关技术,通常也叫作人像识别、面部识别,人脸识别流程如图 8-11 所示。

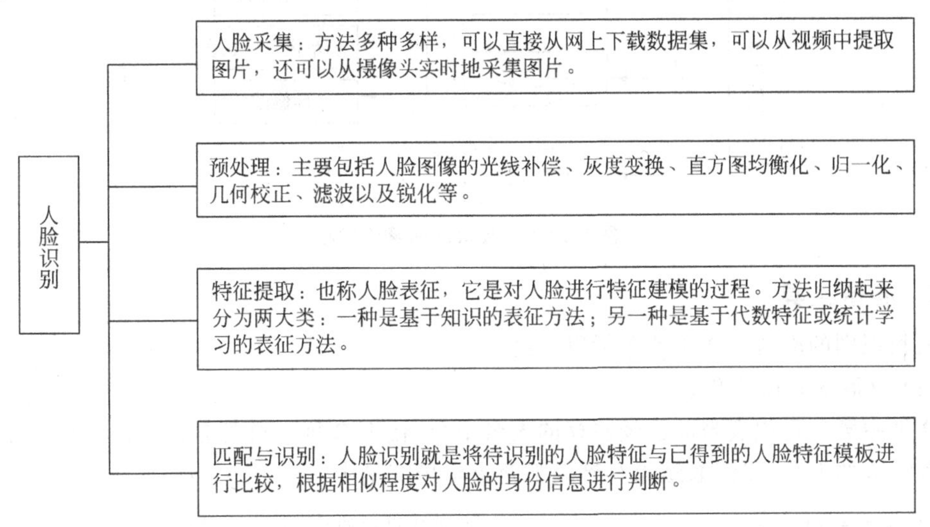

图 8-11 人脸识别流程

在 Python 中,引用 OpenCV 库进行人脸识别,代码为 import cv2。其中,cv2 是 OpenCV 的 C++命名空间名称,使用它来表示调用的是 C++开发的 OpenCV 的接口。

8.4.1 OpenCV

OpenCV 是计算机视觉中经典的专用库,其支持多语言、可跨平台、功能强大。OpenCV-Python 为 OpenCV 提供了 Python 接口,使得使用者在 Python 中能够调用 C/C++,在保证易读性和运行效率的前提下,实现所需的功能。

目前人脸识别有很多较为成熟的方法,这里调用 OpenCV 库,而 OpenCV 又提供了三种人脸识别方法,分别是 LBPH 方法、EigenFishfaces 方法、Fisherfaces 方法。本文采用的是 LBPH(local binary patterns histogram,局部二值模式直方图)方法。在 OpenCV 中,可以用函数 cv2. face. LBPHFaceRecognizer_create()生成 LBPH 识别器实例模型,然后应用 cv2. face_FaceRecognizer. train()函数完成训练,最后用 cv2. face_FaceRecognizer. predict()函数完成人脸识别。

CascadeClassifier 是 OpenCV 中做人脸检测的时候的一个级联分类器。它既可以使用 Haar 特征,也可以使用 LBP 特征。其中,Haar 特征是一种反映图像的灰度变化的像素分模块求差值的一种特征,它分为边缘特征、线性特征、中心特征和对角线特征。

8.4.2 人脸识别过程

人脸识别的算法过程如图 8-12 所示。

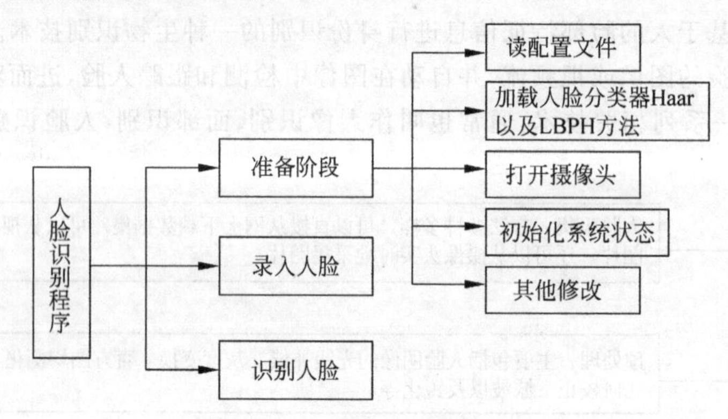

图 8-12 人脸识别的算法过程

1. 准备工具

人脸识别的准备工作主要包括以下过程。

(1) 读取 config 文件。

文件中第一行代表当前已经储存的人名个数，接下来每一行都是二元组(id,name)，即标签和对应的人名，将读取结果存到以下两个全局变量中。

```
id_dict = {}                          # 字典里存的是 id - name 键值对
Total_face_num = 999                  # 已经被识别用户名的人脸个数
def init():                           # 将 config 文件内的信息读入到字典中
```

(2) 加载人脸检测分类器 Haar，并准备好识别方法 LBPH。

```
# 加载 OpenCV 人脸检测分类器 Haar
face_cascade = cv2.CascadeClassifier("haarcascade_frontalface_default.xml")
# 准备好识别方法 LBPH
recognizer = cv2.face.LBPHFaceRecognizer_create()
```

(3) 打开标号为 0 的摄像头。

```
camera = cv2.VideoCapture(0)          # 摄像头
success, img = camera.read()          # 从摄像头读取照片
```

2. 录入新人脸

录入新人脸的流程如图 8-13 所示。

1) 采集人脸

创建文件夹 data 用于储存本次从摄像头采集到的照片，每次调用前先清空这个目录。建立一个循环，循环次数为需要采集的样本数，摄像头拍摄取样的数量越多，效果越好，但获取和训练的速度越慢。循环内调用 camera.read()，将返回值赋给全局变量 success 和 img，用于在 GUI 中实时显示。然后调用 cv2.cvtColor(img, cv2.COLOR_BGR2GRAY)，将采集到的图片转为灰度图片以减少计算量。接着利用加载好的人脸分类器将每帧摄像头记录的数据带入 OpenCV 中，让 Classifier 判断人脸。

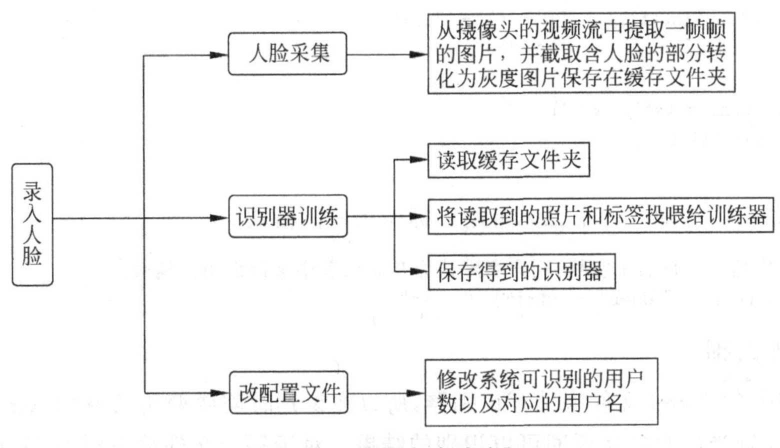

图 8-13　录入新人脸流程

```
#gray 为要检测的灰度图像,1.3 为每次图像尺寸减小的比例,5 为 minNeighbors
faces = face_cascade.detectMultiScale(gray, 1.3, 5)
```

faces 为在 img 图像中检测到的人脸。利用 cv2.rectangle()在人脸周围画个矩形。并把含有人脸的区域存入 data 文件夹。

```
cv2.rectangle(img, (x, y), (x + w, y + w), (255, 0, 0))
cv2.imwrite("./data/User." + str(T) + '.' + str(sample_num) + '.jpg', gray[y:y + h, x:x +
w])
```

在循环末尾最后打印一个进度条,用于提示采集图像的进度。主要原理：每次输出不换行并且将光标移动到当前行的开头,输出内容根据进度不断变化即可,同时在控件的提示框也输出进度信息。

```
print("\r" + "%{:.1f}".format(sample_num / pictur_num * 100) + "=" * l + "->" + "_"
* r, end="")
var.set("%{:.1f}".format(sample_num / pictur_num * 100))      #控件可视化进度信息
window.update()                                                #刷新控件以实时显示进度
```

2）训练识别器

读取 data 文件夹,读取照片内的信息,得到两个数组 faces 和 ids。其中,faces 存的是所有脸部信息；ids 存的是 faces 内每一个脸部对应的标签。将这两个数组传给 recog.train()用于训练。

```
#训练模型
recog.train(faces, np.array(ids))
```

训练完毕后保存训练得到的识别器到.yml 文件中,文件名为“人脸编号+.yml”。

```
recog.save(str(Total_face_num) + ".yml")
```

3）修改配置文件

每次训练结束都要修改配置文件,具体要修改的地方是第一行和最后一行。第一行有一个整数代表当前系统已经录入的人脸的总数,每次修改都加一。这里修改文件的方式是先读入内存,然后修改内存中的数据,最后写回文件。

```
f = open('config.txt', 'r+')
flist = f.readlines()
```

```
flist[0] = str(int(flist[0]) + 1) + "\n"
f.close()

f = open('config.txt', 'w+')
f.writelines(flist)
f.close()
```

还要在最后一行加入一个二元组用以标识用户。格式为

```
#标签+空格+用户名+空格,用户名默认为Userx(其中x标识用户编号)
f.write(str(T) + " User" + str(T) + " \n")
```

3. 人脸识别

因为采用多个.yml文件来储存识别器,所以在识别时需要遍历所有的.yml文件,只要有一个可以识别当前对象就返回可以识别的结果。对于每个文件都识别10次人脸,若成功5次以上则表示最终结果为可以识别,否则表示当前文件无法识别这个人脸。

识别过程中在GUI的控件中实时显示拍摄到的内容,并在人脸周围画一个矩形框,根据识别器返回的结果实时显示在矩形框附近。

```
idnum, confidence = recognizer.predict(gray[y:y + h, x:x + w])
#加载一个字体用于输出识别对象的信息
font = cv2.FONT_HERSHEY_SIMPLEX
#输出检验结果以及用户名
cv2.putText(img, str(user_name), (x + 5, y - 5), font, 1, (0, 0, 255), 1)
cv2.putText(img, str(confidence), (x + 5, y + h - 5), font, 1, (0, 0, 0), 1)
```

8.4.3 多线程

线程是进程中的一个执行单元,负责当前进程中程序的执行,一个进程中至少有一个线程。如果一个进程中有多个线程,则可以称这个应用程序为多线程程序。

程序的两个功能之间可以独立运行,就需要采用多线程的方法,但当遇到临界资源的使用时,多个进程/线程之间就需要互斥访问以免出错。本程序采用多线程的方法实现并行。程序的三个按钮对应着三个功能,分别是录入人脸、人脸检测和退出程序。

由于程序中的用户界面是利用Python中的tkinter库实现的,其按钮的响应函数用command指出,所以这里在每个command跳转到的函数中设置多线程,每敲击一次就用threading.Thread()创建一个新的线程,然后在新线程的处理函数target中实现按钮原本对应的功能。

```
p = threading.Thread(target = f_scan_face_thread)
```

程序中涉及摄像头的访问,线程之间需要互斥的访问,此处设置了一个全局变量system_state_lock表示当前系统的状态,用于实现带有优先级的互斥锁的功能。

锁状态为0表示摄像头未被使用,为1表示正在刷脸,为2表示正在录入新面容。

程序在实际执行的过程中,如果状态为0,则无论是刷脸还是录入都能顺利执行。如果状态为1,表示正在刷脸,此时如果敲击刷脸按钮,则系统会提示正在刷脸并拒绝新的请求;如果敲击录入面容按钮,则由于录入面容优先级比刷脸高,原刷脸线程会被阻塞。

```
global system_state_lock
```

```
while system_state_lock == 2:  #如果正在录入新面孔就阻塞
    pass
```

利用函数 exit()可实现退出，但是 Python 的线程会默认等待子线程全部结束再退出，所以用 p.setDaemon(True)将线程设置为守护线程，这样在主线程退出之后其他线程也都退出，从而实现退出整个程序的功能。

8.4.4 人脸识别实现

整个程序实现完整代码如下所示，文中并没有给定固定的照片，可根据读者的需要录入相应照片进行识别。

```
'''程序所需要的包,可通过'pip install 包名'进行安装'''
import cv2
import numpy as np
import os
import shutil
import threading
import tkinter as tk
from PIL import Image, ImageTk

#首先读取 config 文件,第一行代表当前已经储存的人名个数,接下来每行均是标签和对应的人名
id_dict = {}                                    #字典里存的是 id-name 键值对
Total_face_num = 999                            #已经被识别有用户名的人脸个数

def init():                                     #将 config 文件内的信息读入字典中
    f = open('config.txt')
    global Total_face_num
    Total_face_num = int(f.readline())

    for i in range(int(Total_face_num)):
        line = f.readline()
        id_name = line.split(' ')
        id_dict[int(id_name[0])] = id_name[1]
    f.close()
init()

#加载 OpenCV 人脸检测分类器 Haar
face_cascade = cv2.CascadeClassifier("haarcascade_frontalface_default.xml")
#准备好识别方法 LBPH
recognizer = cv2.face.LBPHFaceRecognizer_create()
#打开标号为 0 的摄像头
camera = cv2.VideoCapture(0)                    #摄像头
success, img = camera.read()                    #从摄像头读取照片
W_size = 0.1 * camera.get(3)
H_size = 0.1 * camera.get(4)
system_state_lock = 0  #标志系统状态: 0 表示摄像头未使用,1 表示正在刷脸,2 表示正在录入
                       #新面孔
#相当于 mutex 锁,用于线程同步
'''
以上是初始化
'''
```

```
def Get_new_face():
    print("正在从摄像头录入新人脸信息 \n")
    #存在目录 data 就清空,不存在就创建,确保最后存在空的 data 目录
    filepath = "data"
    if not os.path.exists(filepath):
        os.mkdir(filepath)
    else:
        shutil.rmtree(filepath)
        os.mkdir(filepath)
    sample_num = 0                          #已经获得的样本数
    while True:                             #从摄像头读取图片
        global success
        global img                          #因为要显示在可视化的控件内,所以要用全局的
        success, img = camera.read()
        #转为灰度图片
        if success is True:
            gray = cv2.cvtColor(img, cv2.COLOR_BGR2GRAY)
        else:
            break
        #检测人脸,将每一帧摄像头记录的数据带入 OpenCV 中,让 Classifier 判断
        #人脸,其中 gray 为要检测的灰度图像,1.3 为每次图像尺寸减小的比例,5
        #为 minNeighbors
        face_detector = face_cascade
        faces = face_detector.detectMultiScale(gray, 1.3, 5)
        #框选人脸,for 循环保证一个能检测的实时动态视频流
        for (x, y, w, h) in faces:
            #x,y 为左上角的坐标,w 为宽,h 为高,用 rectangle 为人脸标记画框
            cv2.rectangle(img, (x, y), (x + w, y + w), (255, 0, 0))
            #样本数加 1
            sample_num += 1
            #保存图像,把灰度图片看成二维数组来检测人脸区域,此处保存在 data 缓冲文件夹内
            T = Total_face_num
            cv2.imwrite("./data/User." + str(T) + '.' + str(sample_num) + '.jpg', gray[y:
y + h, x:x + w])
        pictur_num = 30  #表示摄像头拍摄取样的数量,越多效果越好,但获取以及训练的越慢
        cv2.waitKey(1)
        if sample_num > pictur_num:
            break
        else:                    #控制台内输出进度条
            l = int(sample_num / pictur_num * 50)
            r = int((pictur_num - sample_num) / pictur_num * 50)
            print("\r" + "%{:.1f}".format(sample_num / pictur_num * 100) + "=" * l +
"->" + "_" * r, end="")
            var.set("%{:.1f}".format(sample_num / pictur_num * 100))  #控件可视化进度信息
            #tk.Tk().update()
            window.update()                         #刷新控件以实时显示进度

def Train_new_face():
    print("\n 正在训练")
    #cv2.destroyAllWindows()
    path = 'data'
    #初始化识别的方法
    recog = cv2.face.LBPHFaceRecognizer_create()
    #调用函数并将数据喂给识别器训练
```

```
    faces, ids = get_images_and_labels(path)
    print('本次用于训练的识别码为:')                    # 调试信息
    print(ids)                                          # 输出识别码
    # 训练模型,输入的所有图片转成四维数组
    recog.train(faces, np.array(ids))
    # 保存模型
    yml = str(Total_face_num) + ".yml"
    rec_f = open(yml, "w+")
    rec_f.close()
    recog.save(yml)

# 创建一个函数,用于从数据集文件夹中获取训练图片,并获取 id
# 注意图片的命名格式为 User.id.sampleNum
def get_images_and_labels(path):
    image_paths = [os.path.join(path, f) for f in os.listdir(path)]
    # 新建 list 用于存放
    face_samples = []
    ids = []
    # 遍历图片路径,导入图片和 id 添加到 list 中
    for image_path in image_paths:
        # 通过图片路径将其转换为灰度图片
        img = Image.open(image_path).convert('L')
        # 将图片转化为数组
        img_np = np.array(img, 'uint8')
        if os.path.split(image_path)[-1].split(".")[-1] != 'jpg':
            continue
        # 为了获取 id,将图片和路径分裂并获取
        id = int(os.path.split(image_path)[-1].split(".")[1])
        # 调用熟悉的人脸分类器
        detector = cv2.CascadeClassifier('haarcascade_frontalface_default.xml')
        faces = detector.detectMultiScale(img_np)
        # 将获取的图片和 id 添加到 list 中
        for (x, y, w, h) in faces:
            face_samples.append(img_np[y:y + h, x:x + w])
            ids.append(id)
    return face_samples, ids

def write_config():
    print("新人脸训练结束")
    f = open('config.txt', "a")
    T = Total_face_num
    f.write(str(T) + " User" + str(T) + " \n")
    f.close()
    id_dict[T] = "User" + str(T)
    # 这里修改文件的方式是先读入内存,然后修改内存中的数据,最后写回文件
    f = open('config.txt', 'r+')
    flist = f.readlines()
    flist[0] = str(int(flist[0]) + 1) + " \n"
    f.close()
    f = open('config.txt', 'w+')
    f.writelines(flist)
    f.close()
'''
以上是录入新人脸信息功能的实现
```

```
'''

def scan_face():
    #使用之前训练好的模型
    for i in range(Total_face_num):                    #每个识别器都要用
        i += 1
        yml = str(i) + ".yml"
        print("\n本次:" + yml)                          #调试信息
        recognizer.read(yml)
        ave_poss = 0
        for times in range(10):                         #每个识别器扫描十遍
            times += 1
            cur_poss = 0
            global success
            global img
            global system_state_lock
            while system_state_lock == 2:              #如果正在录入新面孔就阻塞
                print("\r刷脸被录入面容阻塞", end = "")
                pass
            success, img = camera.read()
            gray = cv2.cvtColor(img, cv2.COLOR_BGR2GRAY)
            #识别人脸
            faces = face_cascade.detectMultiScale(
                gray,
                scaleFactor = 1.2,
                minNeighbors = 5,
                minSize = (int(W_size), int(H_size))
            )
            #进行校验
            for (x, y, w, h) in faces:
                #global system_state_lock
                while system_state_lock == 2:          #如果正在录入新面孔就阻塞
                    print("\r刷脸被录入面容阻塞", end = "")
                    pass
                #这里调用cv2中的rectangle函数在人脸周围画一个矩形
                cv2.rectangle(img, (x, y), (x + w, y + h), (0, 255, 0), 2)
                #调用分类器的预测函数,接收返回值标签和置信度
                idnum, confidence = recognizer.predict(gray[y:y + h, x:x + w])
                conf = confidence
                #计算出一个检验结果
                if confidence < 100:   #可以识别出已经训练的对象——在屏幕上输出姓名
                    if idnum in id_dict:
                        user_name = id_dict[idnum]
                    else:
                        user_name = "Untagged user:" + str(idnum)
                    confidence = "{0}%", format(round(100 - confidence))
                else:   #无法识别此对象,那么就开始训练
                    user_name = "unknown"
                #加载一个字体用于输出识别对象的信息
                font = cv2.FONT_HERSHEY_SIMPLEX
                #输出检验结果以及用户名
                cv2.putText(img, str(user_name), (x + 5, y - 5), font, 1, (0, 0, 255), 1)
                cv2.putText(img, str(confidence), (x + 5, y + h - 5), font, 1, (0, 0, 0), 1)
```

```
                print("conf = " + str(conf), end = "\t")
                if 15 > conf > 0:
                    cur_poss = 1                    #表示可以识别
                elif 60 > conf > 35:
                    cur_poss = 1                    #表示可以识别
                else:
                    cur_poss = 0                    #表示不可以识别
            k = cv2.waitKey(1)
            if k == 27:
                #cam.release()                      #释放资源
                cv2.destroyAllWindows()
                break
            ave_poss += cur_poss
        if ave_poss >= 5:                           #有一半以上识别说明可行则返回
            return i
    return 0                                        #全部过一遍还没识别出说明无法识别
'''
以上是关于刷脸功能的设计
'''

def f_scan_face_thread():
    #使用之前训练好的模型
    #recognizer.read('aaa.yml')
    var.set('刷脸')
    ans = scan_face()
    if ans == 0:
        print("最终结果: 无法识别")
        var.set("最终结果: 无法识别")
    else:
        ans_name = "最终结果: " + str(ans) + id_dict[ans]
        print(ans_name)
        var.set(ans_name)
    global system_state_lock
    print("锁被释放 0")
    system_state_lock = 0                           #修改 system_state_lock,释放资源

def f_scan_face():
    global system_state_lock
    print("\n 当前锁的值为: " + str(system_state_lock))
    if system_state_lock == 1:
        print("阻塞,因为正在刷脸")
        return 0
    elif system_state_lock == 2:                    #如果正在录入新面孔就阻塞
        print("\n 刷脸被录入面容阻塞\n"
              "")
        return 0
    system_state_lock = 1
    p = threading.Thread(target = f_scan_face_thread)
    p.setDaemon(True)                   #把线程 P 设置为守护线程,若主线程退出,P 也跟着退出
    p.start()

def f_rec_face_thread():
    var.set('录入')
    cv2.destroyAllWindows()
```

```
        global Total_face_num
        Total_face_num += 1
        Get_new_face()                                  #采集新人脸
        print("采集完毕,开始训练")
        global system_state_lock                        #采集完就可以解开锁
        print("锁被释放 0")
        system_state_lock = 0

        Train_new_face()                                #训练采集到的新人脸
        write_config()                                  #修改配置文件

def f_rec_face():
        global system_state_lock
        print("当前锁的值为: " + str(system_state_lock))
        if system_state_lock == 2:
            print("阻塞,因为正在录入面容")
            return 0
        else:
            system_state_lock = 2                       #修改 system_state_lock
            print("改为 2", end = "")
            print("当前锁的值为: " + str(system_state_lock))

        p = threading.Thread(target = f_rec_face_thread)
        p.setDaemon(True)                  #把线程 P 设置为守护线程,若主线程退出,P 也跟着退出
        p.start()

def f_exit():                                           #退出按钮
        exit()
'''
以上是关于多线程的设计
'''

window = tk.Tk()
window.title('Cheney\'Face_rec 3.0')                    #窗口标题
window.geometry('1000x500')                             #这里的乘是小 x

#在图形界面上设定标签,类似于一个提示窗口的作用
var = tk.StringVar()
l = tk.Label(window, textvariable = var, bg = 'green', fg = 'white', font = ('Arial', 12), width =
50, height = 4)
#bg 为背景,fg 为字体颜色,font 为字体,width 为长,height 为高,这里的长和高是字符的长和高,
#比如 height = 2,就是标签有 2 个字符这么高
l.pack()                                                #放置 l 控件

#在窗口界面设置放置 Button 按键并绑定处理函数
button_a = tk.Button(window, text = '开始刷脸', font = ('Arial', 12), width = 10, height = 2,
command = f_scan_face)
button_a.place(x = 800, y = 120)

button_b = tk.Button(window, text = '录入人脸', font = ('Arial', 12), width = 10, height = 2,
command = f_rec_face)
button_b.place(x = 800, y = 220)

button_b = tk.Button(window, text = '退出', font = ('Arial', 12), width = 10, height = 2, command
```

```
 = f_exit)
button_b.place(x = 800, y = 320)

panel = tk.Label(window, width = 500, height = 350)          #摄像头模块的大小
panel.place(x = 10, y = 100)                                 #摄像头模块的位置
window.config(cursor = "arrow")

def video_loop():  #用于在 label 内动态展示摄像头内容(摄像头嵌入控件)
    global success
    global img
    if success:
        cv2.waitKey(1)
        cv2image = cv2.cvtColor(img, cv2.COLOR_BGR2RGBA)      #转换颜色从 BGR 到 RGBA
        current_image = Image.fromarray(cv2image)             #将图像转换成 Image 对象
        imgtk = ImageTk.PhotoImage(image = current_image)
        panel.imgtk = imgtk
        panel.config(image = imgtk)
        window.after(1, video_loop)
video_loop()

#窗口循环,用于显示
window.mainloop()
'''
以上是关于界面的设计
'''
```

参考文献

[1] LIE HETLAND M. Python 基础教程[M]. 袁国忠,译. 3 版. 北京：人民邮电出版社,2018.
[2] 吴茂贵,王红星,刘未昕,等. Python 入门到人工智能实战[M]. 北京：北京大学出版社. 2020.
[3] 杨柳,郭坦,鲁银芝. Python 人工智能开发从入门到精通[M]. 北京：北京大学出版社. 2020.
[4] 马瑟斯. Python 编程从入门到实践[M]. 袁国忠,译. 2 版. 北京：人民邮电出版社. 2020.
[5] 明日科技. Python 数据分析(从入门到精通)[M]. 北京：清华大学出版社,2021.
[6] 李永华. AI 源码解读：卷积神经网络(CNN)深度学习案例(Python 版)[M]. 北京：清华大学出版社,2021.
[7] 穆勒,吉多. Python 机器学习基础教程[M]. 张亮,译. 北京：人民邮电出版社,2018.
[8] 希尔皮斯科. 金融人工智能：用 Python 实现 AI 量化交易[M]. 石磊磊,余宇新,李煜鑫,译. 北京：人民邮电出版社,2022.
[9] 于营,肖衡,潘玉霞,等. Python 人工智能(原理实践及应用)[M]. 北京：清华大学出版社,2021.